光伏发电及并网技术

王顺江 等 编著

内 容 提 要

本书立足于光伏发电系统与并网技术的研究，以光伏发电技术与电力电子技术理论为基础，按照光伏发电与并网系统的组成架构，系统而全面地介绍了光伏发电和并网技术。其主要内容包括光伏发电基本概念、光伏发电发展历程、光伏发电机理、光伏发电材料、光伏发电层工艺、光伏板的装配工艺、光伏板的状态检测与修复、光伏逆变器、保护策略、光伏站自动化技术、光伏电源特性与治理、光伏电站的运行管控、光伏发电的无功电压控制、光伏发电的有功频率控制、光伏发电及并网展望。

本书适用于从事新材料、新能源、光伏发电、光伏器件等科研院所、企事业单位及相关学科的科研人员、工程技术人员和爱好者。

图书在版编目（CIP）数据

光伏发电及并网技术/王顺江等编著．—北京：中国电力出版社，2023.11（2024.10重印）

ISBN 978-7-5198-8261-7

Ⅰ. ①光… Ⅱ. ①王… Ⅲ. ①太阳能发电—研究 Ⅳ. ①TM615

中国国家版本馆 CIP 数据核字（2023）第 209213 号

出版发行：中国电力出版社
地　　址：北京市东城区北京站西街 19 号（邮政编码 100005）
网　　址：http://www.cepp.sgcc.com.cn
责任编辑：孙　芳（010-63412381）
责任校对：黄　蓓　李　楠
装帧设计：赵丽媛
责任印制：吴　迪

印　　刷：三河市航远印刷有限公司
版　　次：2023 年 11 月第一版
印　　次：2024 年 10 月北京第三次印刷
开　　本：787 毫米×1092 毫米　16 开本
印　　张：16.25
字　　数：337 千字
印　　数：1351—2350 册
定　　价：90.00 元

编委会

前 言

随着科技的日新月异与经济的不断发展，化石燃料的消耗逐年增大，由此引发能源危机日益加剧、生态环境日益恶化，为了未来经济科技进一步发展与生态环境得到改善，寻求一种新型能源势在必行。光伏发电是 21 世纪以来新兴发展起来的，其是一种利用半导体材料将光能转化为电能的发电技术，发电过程简单、无噪声且无污染，对于节约资源保护环境和促进经济发展具有重要的现实意义及深远的历史影响。21 世纪 20 年代，光伏并网发电系统已经得到了蓬勃的发展，我国光伏并网发电关键技术及其重要设备与世界先进水准的差距日益缩小，且一些产品技术已经达到世界顶尖水平。

本书结合光伏发电与并网技术实际，以光伏发电技术与电力电子技术理论为基础，按照光伏发电与并网系统的组成构架，系统而全面地介绍了光伏发电与并网技术的基础知识和实际应用，主要内容包括光伏发电基本概念与发展历程、光伏发电的原理与特性、光伏电池的机理与主要材料、光伏发电层生产工艺、光伏板的装配技术与生产工艺、光伏板的状态检测与修复、光伏支架的种类与技术、光伏逆变器的种类结构与工艺、光伏并网保护技术、光伏自动化与智能技术、光伏电源特性与治理、光伏电站的运行管控、光伏发电的无功电压控制、光伏发电的有功频率控制，以及光伏发电及并网展望。

在光伏发电与并网技术蓬勃发展之际，面对如此巨大的国内外需求，诸多高等院校、研究院，以及生产企业都积极开展相关研究工作，国内外众多学者专家编著了光伏发电与并网技术相关书籍，为推动光伏并网产业的发展起到了积极作用。因此，本书参考了大量光伏发电与并网技术的著作和文献，与时俱进地向读者介绍了当前光伏发电与并网技术的概况，并尽可能地反映光伏发电与并网技术的发展水平。本书分别从光伏系统的构架、并网技术与光伏防护技术入手展开论述，不仅讨论了光伏发电与并网技术当前存在的组件与技术，还对光伏发电并网系统的未来进行展望，诸如新型光伏电池、智能逆变器与并网自动化智能保护等方面。希望读者在了解光伏发电与并网技术概况之后，也能对光伏系统的未来技术发展进行深入思考。

在本书的编撰过程中，得到了王铎、贺睿、王闯、孟垚、郭祎珅、王彦宇、刘杨、邱鹏、宋丽、顾欣然、丁帅等专家与学者的帮助，还有李艳、魏荣鹏、高伟、李嘉懿、李宇宸、石阳、朱新元等对本书做出了多种形式的贡献，在这里无法一一列举，在此谨向你们一并表示感谢！

本书旨在起到抛砖引玉的作用，希望在得到同行批评指正及认同的同时，共同推进光伏发电与并网技术的发展。

限于编者的学术与写作水平，书中难免存在不足与疏漏之处，敬请读者批评指正。

编者

2023 年 10 月

目 录

第一章
概述

第一节　光伏发电基本概念

将光伏发电代替传统化石燃料燃烧发电是解决能源危机和环境问题的方案也是未来发展趋势之一，中国作为世界煤炭大国，将光伏发电作为了战略替代能源电力的重要一步，大力开发太阳能光伏发电是保证我国能源供应和可持续发展的必然选择。光伏发电并网技术是指将太阳能经光伏阵列产生的直流电转换为符合城市电网要求的交流电，并将能量输送到公共电网。光伏并网技术研究是提升新能源消纳能力，提高电网智能化水平，实现“双碳”目标，以及加快构建现代能源体系的重要举措之一。

光伏发电（photo voltaic，PV），光伏发电是一种通过某些物质（如半导体材料）的光生伏特效应将所采集到的太阳辐射能转换为电能的一种发电方式。光伏发电技术在我国整体新能源技术之中占据主要地位，属于我国目前应用最广泛的新能源技术之一。

一、光伏发电系统组成

光伏发电系统是一种利用太阳能将光能转化为电能的系统。光伏发电系统由许多部分组成，通常包括光伏组件、逆变器、控制器等，典型的光伏发电系统如图 1-1 所示，多个光伏

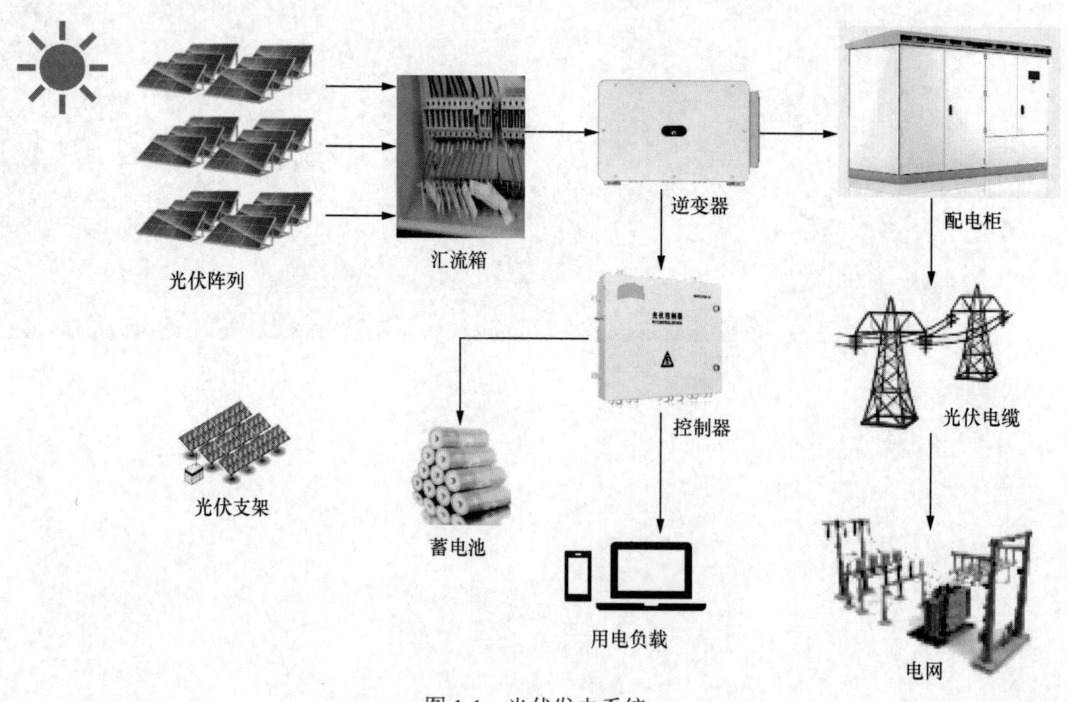

图 1-1　光伏发电系统

组件构成光伏阵列，太阳通过光伏阵列产生电能后，通过汇流箱对产生的电能进行一级汇流，然后通过逆变器将直流电能转换成交流电能。在光伏户用时，转换后的电能可通过控制器存储在蓄电池组内供用户使用，也可直接对用电设备供能；当需要并网时，逆变后的电能通过配电柜进行二级汇流，通过电缆传输进入电网实现再分配。

二、光伏发电优势

光伏发电相比于许多传统的常规能源发电，其优势表现在以下几个方面：

（1）环保：随着人类社会的迅猛发展，对能源的需求日益增长，相比于传统的化石燃料，太阳能是一种清洁环保型能源。化石燃料燃烧产生的二氧化碳将会导致温室效应，燃烧产生颗粒物、二氧化硫等是大气污染物的主要来源之一，而在光伏发电的过程中，不会产生废水废渣，更不会对大气产生污染，太阳能成为比化石燃料更可替代的首选能源之一。

（2）可持续、可再生：化石燃料是由古代生物遗骸经过一系列复杂变化并经过漫长岁月而形成的，属于不可再生资源，但随着开采量的增加，其储量逐渐枯竭。太阳能资源丰富，太阳的寿命对于人类来说更是无穷无尽，太阳每秒照射到地球的能量高达173000TW，因此，太阳能的利用也将为未来地球可持续发展提供有利条件。

（3）经济效益：与风力发电相比，光伏发电免除了风能开发所用的风力机、柴油机等设备购买、维护费用及高额运输费用，并且安装较简单，可广泛分布。在“自发自用，余电上网”的运行模式下，光伏组件安装之后不仅能够为用户产生电力供日常所需，多余电量还可以反馈进入公共电网，获取收益的同时还减少了光伏对大电网的冲击。

将光伏发电作为战略替代能源电力技术，加快能源调整步伐是我国光伏行业发展的主要任务。光伏发电的应用方式在过去几十年内发展迅速，随着政策的扶持和相关技术的不断革新，光伏发电的应用范围愈加广阔，发展前景乐观。

第二节 光伏发电发展历程

能源问题是当今世界的三大问题之一，全球能源市场发生严重的周期性能源短缺，没有能源的支持就无法实现国家的发展。光伏发电是现阶段人们开发设计的新能源中较可靠且十分充足的一种发电方式，预估在未来的一段时间，光伏发电将替代传统式发电变成发电的主流方式。光伏与我们的日常生活结合也将愈发紧密，“光伏+”的应用模式在交通、建筑、工业、商业等各个领域都仍有广阔的发展前景和应用场景。

世界光伏的发展历程最早可以追溯到19世纪上半叶。

一、国外光伏发电发展

1839 年，法国科学家爱德蒙·贝克雷尔（Edmond. Becquerel）在实验室中发现当光照射在电解质溶液后，两个电极金属片之间产生了电动势，他将这种现象称为“光生伏特效应”，简称“光伏效应”，从此推开了光伏世界的大门。

1877 年，英国科学家威廉·格里尔斯·亚当斯（W. G. Adams）和他的学生理查德·埃文斯·戴伊（R·E·Day）在凝固的硒（Se）上观察到了光伏效应，发表了一篇关于硒电池的论文，他的论文指出硒虽然无法为当时使用的电子元件提供需要的电能，但这证明了固体金属可以直接将光转换为电能。

1883 年，美国科学家查尔斯·弗里茨（Charles Fritts）首次把一层无定形的硒放在金属片上，并用透明的金薄膜覆盖在硒上，成功建立了第一块光伏电池。他在报告中说道，这种硒阵列在阳光下产生的电流“是连续的、恒定的且相当大的”，尽管转换效率仅有 1%。

1887 年，德国物理学家赫兹（Hertz）在研究电磁波的发射和接收时，首次发现了光电效应现象。1905 年，阿尔伯特·爱因斯坦（Albert. Einstein）发表了 4 篇具有跨时代意义的论文，这一年又称为物理史上的“奇迹之年”，其中一篇是关于《光的产生与转化的一个启发性观点》，提出了光量子假说，解释了赫兹提出的光电效应现象，明确提出了光电效应理论，两年后，爱因斯坦提供了对这一理论的解释，于 1921 年获得诺贝尔物理学奖，光伏技术的发展从此步入快车道。

1916 年，波兰化学家柴可拉斯基（Czochralski）发现了提纯单晶硅的拉晶工艺，即利用旋转着的籽晶从坩埚中的熔体中提拉制备方法，并以他的名字命名这种方法，柴可拉斯基法（CZ 法）简称“柴氏法”。随着半导体行业的发展，单晶硅作为半导体行业的基础材料需求巨大，这种提拉工艺也在不断发展。

1940 年，美国电化学家罗素奥尔（Russell Ohl）制造出了固体二极管内的基本结构 PN 结，为太阳能电池的发明制造奠定了基础，极大地推进了光伏发电的发展。

1947 年，美国贝尔（Bell）实验室研制出了一种点接触型的晶体管，晶体管从此问世。晶体管的问世引发了半导体行业的革命，半导体技术开始飞速发展，为光伏发电技术的发展奠定了基础。

1954 年 5 月，贝尔实验室的恰宾（Chapin）和皮尔松（Pearson）首次制成了有实际应用价值的单晶硅太阳能电池，该太阳能电池的转换效率为 6%，第一个单晶硅电池问世。同年，在美国莱特帕特森空军基地（Wright-Patterson Air Force Base）制成了基于 Cu2S/CdS 的薄膜异质结太阳能电池，为薄膜太阳能电池研究奠定了基础。

1977 年，卡尔森（D.E.Carlson）和朗斯基（C.R.Wronski）对 W.E.Spear 独立开发的在非晶硅（a-Si）中制造 PN 结的技术进行分析研究，在其基础之上，制成世界上第一个 a-Si 太阳能电池。

1989 年，澳大利亚新南威尔士大学马丁格林（MartinGreen）研制单晶硅的光伏电池效率达到 20%。这一效率上的突破使得以硅为主要光伏材料的光伏电池在以后的商业应用中得到了实现，并沿用至今。马丁教授后来也被誉为“光伏之父”。

1991 年，德国化学家米夏埃尔•格雷策尔（Michael Grätzel）领导的研究小组在太阳能光电池领域取得了突破性进展，首次采用高比表面积的纳米多孔材料 TiO_2 作为光阳极材料，研制出一种纳米晶染料敏化太阳能电池（Dye Sensitized Nanocrystalline Photovoltaic Cells，DSSc），被誉为“染料敏化太阳能电池之父”。

2009 年，日本桐荫横滨大学宫坂力教授（Tsutomu Miyasaka）发现钙钛矿材料 $CH_3NH_3PbBr_3$ 与 $CH_3NH_3PbI_3$ 能有效地敏化 TiO_2，取代传统染料敏化电池中的染料作为一种新型光敏化剂，在此基础上制备出了首个真正意义的钙钛矿太阳能电池（Perovskite Solar Cells，PSCs），从此拉开了钙钛矿吸光材料的序幕，钙钛矿材料也被誉为下一代最具前景的光电材料之一。

2018 年，韩国化学技术研究所（KRICT）的 Jaemin Lee 等人相对于传统的能级适配的空穴传输材料 spiro-OMeTAD 和 PTAA，发展了一种命名为 DM 的氟端空穴传输材料，制备出了效率突破至 23.2%的高效稳定钙钛矿太阳能电池。

2021 年，德国弗劳恩霍夫太阳能系统研究所（Fraunhofer ISE）的研究人员使用一种由砷化镓（GaAs）制成的薄光伏电池，在半导体结构的背面上应用了几微米厚的高反射导电镜，组件在 858 纳米激光下照射，获得了 68.9%的转化效率的光伏电池。迄今为止，这是砷化镓电池在光能转化为电能方面获得的最高效率。

2022 年，卡尔斯鲁厄理工学院的马科・普雷西亚多博士（Marco A.Ruiz Preciado）领导的国际研究团队成功生产了钙钛矿/CIS 串联太阳能电池。研究人员称，将钙钛矿与铜铟二硒化物或铜铟镓二硒化物等其他材料结合，有望催生柔韧而轻便的串联太阳能电池。其光电转化效率最高为 24.9%，为此类电池迄今最高光电转化效率。

二、国内光伏发电发展

1958 年，丁守谦带领团队在天津玛钢厂的 601 实验所（中国电科 46 所前身）研制出中国第一颗硅单晶，一举突破技术封锁，敲开了我国通往信息时代的大门，而当时的美国已经做出了第一块集成电路。两年后，经过反复改良和试验，他们得到了纯度达到 7 个 9（即 99.99999%）的硅单晶，这也是我国第一根区熔高纯度的硅单晶。

1960 年，时属四机部的天津第十八研究所，研制出了 PN 型太阳电池，转换效率达到 6%，为我国自行研制出的第一个太阳电池。

1971 年，太阳电池单体电池和卫星方阵小组合板被应用于中国“实践一号”卫星上，在太空中运行了 8 年多时间。在随后的 50 年里为我国历次航空航天工程贡献了不小的力量。1975 年宁波、开封市先后成立太阳电池厂，电池制造工艺模仿早期生产空间电池的工艺，太阳能电池的应用开始从空间降落到地面。

1992 年，我国首次提出因地制宜地开发和推广太阳能，当时光伏发电主要用于通信系统和边远无电地区。在技术层面，我国实用型单晶硅电池效率已达到 12%～13%，多晶硅电池 9%～10%，非晶硅电池 5%～6%。虽然技术水平与国外相差不大，但生产水平却天壤之别。

2001 年，“光伏教父”施正荣带着技术归国，成立无锡尚德公司，建立了 10MW 的光伏电池生产线，产能相当于此前 4 年全国光伏电池产量的总和，将我国与国际光伏产业的差距缩短了 15 年。随后 3 年内，其他多家企业纷纷建立太阳电池生产线，使我国太阳电池的产能迅速增长。

2004 年，洛阳单晶硅厂与中国有色设计总院共同组建的中硅高科自主研发出了 12 对棒节能型多晶硅还原炉。以此为基础，2005 年，国内第一个 300t 多晶硅生产项目建成投产，从而拉开了中国多晶硅大发展的序幕。同年，《中华人民共和国可再生能源法》通过，将太阳能等可再生能源的开发利用列为能源发展的优先领域，并且将光伏发电的应用场景进行了较为明确的说明。此后，我国光伏逐步走入市场化。

2007 年，中国成为光伏电池产量最大的国家，达到 1088MW，在世界产量中占比为 24.4%。仅仅经历了 3 年发展，2010 年我国光伏电池产量就跃升至 8000MW 左右，占据世界产量的半壁江山。但是由于多晶硅提纯技术被国外公司垄断，我国国内应用市场尚未完全启动，形成了原材料和需求市场“两头在外”的尴尬局面。

2008 年，在“光明工程”先导项目和“送电到乡”工程等国家项目及世界光伏市场的有力拉动下，中国光伏发电产业迅猛发展。赛维 LDK 太阳能集团硅片产能达到 1GW，成为当时世界产能最大的太阳能多晶硅片制造企业。

2013 年，我国光伏产业逐渐开始回暖，光伏市场异军突起，新增装机容量开始连续 10 年位居全球首位，从高度依赖出口的瓶颈中破局而出，“两头在外”的卡脖子现象成为历史。

2018 年，我国光伏发电的财政补贴开始逐渐退坡，光伏进入平价上网时代，出现更加健康良好的发展局面，产能、产量、技术、装机规模等各方面都成为世界领跑者。随着“双碳”目标的提出，能源消费结构在逐步转变，数字化技术得以广泛应用，电力系统也在与时俱进，光伏发电已经成为我国能源供应与消费的重要组成部分。

2022 年 11 月，经德国哈梅林太阳能研究所（ISFH）最新认证报告，中国太阳能科技公司隆基绿能自主研发的硅异质结电池转换效率达 26.81%，打破了尘封 5 年的硅太阳能电池效率新纪录。这是继 2017 年日本公司创造单结晶硅电池效率纪录以来，时隔五年诞生的最新世界纪录，也是第一次由中国太阳能科技企业创造的迄今为止硅太阳能电池效率的最高纪录。

三、国外光伏并网发展

光伏并网发电开始于 20 世纪 80 年代初，由于当时的光伏技术仍不完善，太阳电池成本过高，并网发电成本很难受到电力公司的接受。建造初期，以政府投资的大型光伏并网试验性电站居多，规模也从 100kW 到 1MW 不等。

1973 年，能源危机爆发，当时的工业发达国家重新兴起了对太阳能开发的高潮，美国开始制订政府级阳光发电计划，对太阳能研发投入大量经费，并且成立太阳能开发银行，促进太阳能产品的商业化。1980 年美国正式将光伏发电列入公共电力规划。

1987 年，艾斯玛太阳能技术公司（SMA）推出全球首台光伏逆变器，成为第一个进入光伏逆变器市场的企业，并依靠优秀的电力电子技术积累起了巨大的先发优势，也为德国光伏并网计划的实施提供先天条件。

1993 年，德国首先开始实施由政府补贴支持的“1000 个光伏屋顶计划”，继而扩展为“2000 个光伏屋顶计划”，实际建成的屋顶并网太阳能光伏发电系统已超过 5000 座，同时制定了“可再生能源电力供应法”规定光伏发电的上网电价为 0.99 马克/度高于常规电价 0.6 马克/度的电价，电力公司对并网系统发出电的高价收购极大地刺激了光伏并网这一领域的商业性发展和技术完善。

1998 年，奥地利维也纳召开“第二届国际太阳能光伏会议”，其中专门论述光伏并网发电系统的论文达到 51.44%。据世界可再生能源企业年鉴报道，当时世界上能提供屋顶光伏并网服务的企业已经超过 200 家，包括美国的 Trace、Solarex，德国的 Siemens，日本的 Kyocera 等。这表明光伏并网发电系统产业已经是世界范围内一个蓬勃发展的高新技术产业，它和光伏发电器件同时并列为光伏产业的两大支柱。

2009 年，欧洲光伏工业协会（EPIA）发布“Set for 2020”，将欧洲光伏并网发电目标设定为基本发展模式、加速发展模式、理想发展模式，德国作为最先受到政策扶持的国家，连续多年居光伏并网发电装机容量第一，随着光伏成本的大幅度降低，光伏电价普遍降低甚至低于电网的零售电价，德国提出“自消费”即“自发自用，余电上网”的运行政策，使得自消费市场迅速扩大。

2012 年，日本推出《可再生能够元特别措施法案》，不断下调 FIT 收购的价格，政策的刺激带动了日本可再生能源特别是光伏的高速增长。在可再生能源装机容量中，光伏占比超过 90%，日本一跃成为全球第三大光伏应用市场。

2020 年，疫情蔓延对全球光伏行业产生负面冲击，电池片、硅原料、逆变器等价格都开始下跌。巴西、法国等多个国家的光伏项目招标推迟，各国对人流、物流的限制增加，导致电站建设受阻、并网点延后，欧洲电价快速下降。

2022 年，国际能源署光伏组织（IEA-PVPS）发布公告表示，全球安装的光伏系统装机容量（包括并网和离网的光伏系统）已达到 240GW，疫情对光伏组件生产和安装的影响开始减少，过去两年的装机数量在 2022 年得到部分补偿。预计在 2023 年安装的光伏系统数量将远远超过实际安装数量，光伏市场开始回暖。

四、国内光伏并网发展

20 世纪 90 年代，我国陆续开始“八五”和“九五”计划，我国开始将“光伏屋顶并网发电系统”列入了“国家科技攻关计划”，在深圳和北京分别建成了 100kWp、17kWp、7kWp、5kWp 的光伏屋顶并网发电系统并成功地实现并网发电。

21 世纪初期，随着电力电子技术和控制理论的不断进步，推动逆变技术朝着高效率、高稳定性、高频化方向前进，光伏并网逆变器技术开始快速发展。2003 年，阳光电源自主研发的中国首台具有完全知识产权的光伏并网逆变器在上海奉贤成功并网发电，一举打破国外并网逆变器垄断的现状。

2011 年，我国光伏新增装机首次超过 1GW，我国光伏市场进入倍增阶段。2014 年，我国分布式光伏新增装机突破 1GW。2015 年，我国光伏新增装机首次超过德国，累计装机容量为 43.18GW，成为全球光伏装机容量最大的国家。

2020 年，受新冠疫情的影响，全球经济倒退，而我国光伏行业逆流而上，截至 2020 年底，光伏累计并网装机量达 253GW，同比增长 23.5%，全年光伏发电量 2605 亿 kWh，同比增长 16.2%，占我国全年总发电量的 3.5%。

2023 年 3 月，国家能源局发布公告，过去一年我国新增光伏发电并网装机容量约 8740 万 kW，稳居世界首位。截至 2022 年底，光伏发电并网装机容量达到 3.92 亿 kW，接近 4 亿大关，其中分布式光伏累计约 2.34 亿 kW，集中式光伏累计约 1.57 亿 kW，近 10 年的对比图如图 1-2 所示，光伏发电集中式与分布式并举的发展趋势明显，户用光伏已经成为我国实现“双碳”目标和落实乡村振兴战略的重要力量。

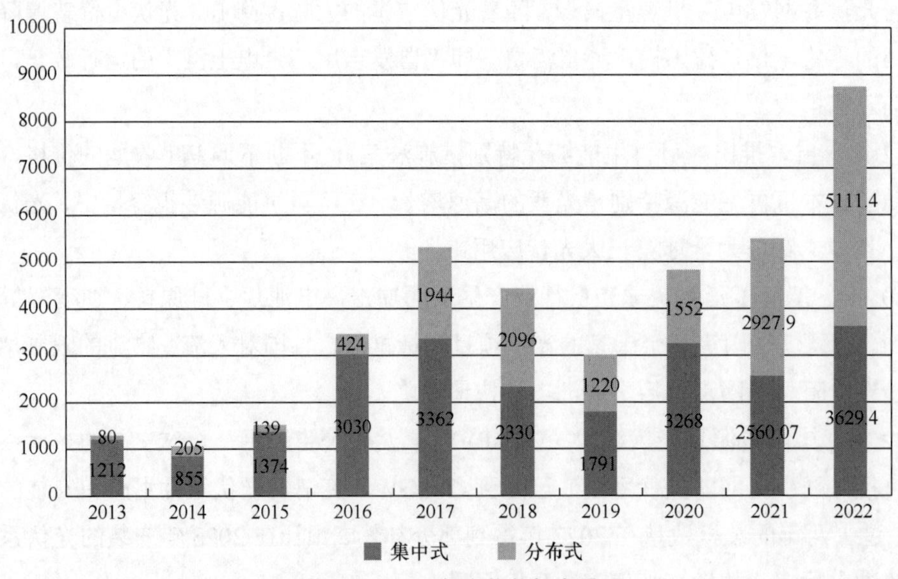

图 1-2　近 10 年光伏装机容量

2023 年 6 月，位于我国四川的柯拉光伏电站并网发电，柯拉光伏电站是迄今为止全球最大水光互补电站，由 212 万块光伏组件、5000 多台逆变器、300 多台箱式变电站组成，光伏装机规模达 100 万 kW，首次将全球水光互补电站规模提升到百万千瓦级。

第三节 光伏发电技术与设备

一、光伏电池技术

光伏电池按照使用材料和发展历程基本可分为三代，基本分类如图 1-3 所示。第一代主要以硅基半导体材料为主，包括单晶硅、多晶硅等，目前该技术已经发展成熟且应用最为广泛，但单晶硅太阳能电池对原料要求过高，多晶硅太阳能电池生产工艺过于复杂等问题仍然存在；第二代薄膜太阳能电池，以多元化合物为主，碲化镉（CdTe）、砷化镓（GaAs）为代表的太阳能电池是研究热点，该技术与晶硅电池相比，所需材料较少且容易大面积生产，成本方面优势较明显；第三代基于高效、绿色环保和先进纳米技术的新型薄膜太阳能电池，如染料敏化太阳能电池（DSSCs）、钙钛矿太阳能电池（PSCs）和量子点太阳能电池（QDSCs）等，这类电池易于制备、材料来源广泛、成本也较低廉。

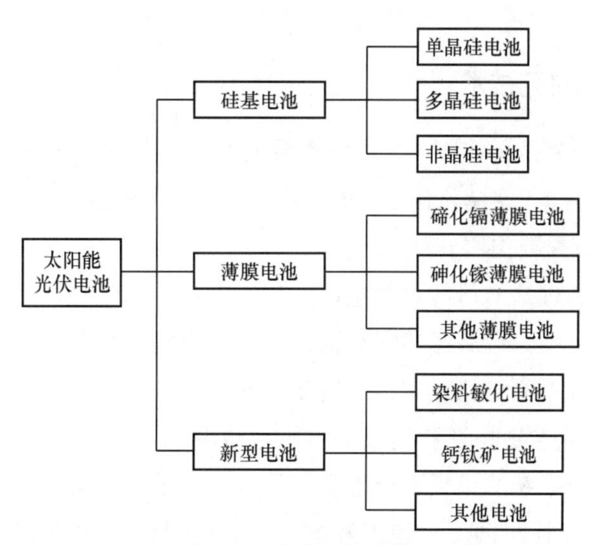

图 1-3　光伏电池分类

在“双碳”政策的扶持下，光伏电池的高效率、低成本研发技术正不断取得突破性进展。随着传统的电池逐渐接近转换效率的理论极限，新型电池如隧穿氧化层钝化接触太阳能电池（TOPCon）、异质结电池（HJT）、混合钝化背接触电池（HPBC）等电池片技术开始受到资本市场的关注。对电池生产工艺的优化、对光伏电池缺陷的改进也是当前各大光伏电池厂商的主要研究方向之一。

二、光伏并网技术

（一）分布式光伏并网技术

分布式光伏发电系统通常为小功率发电系统，是借助分散式资源，在用户附近分散布置小规模装机量的光伏发电系统。其采用就近发电、就近使用、就近并网的原则，即在安装光伏组件、蓄电池等设施设备后，由光伏组件持续将所吸收的太阳能转换为电能后，输入公共电网或为周边用户直接供电。其在一定程度上，缓解局部“电荒”问题，避免大规模断电的现象，提高电力系统的抗灾能力和可靠性。

分布式光伏并网技术是指将多个分散布置的光伏组件产生电能经过处理后接入公共电网并网运行的技术。分布式光伏电站最根本的能量来源集中于太阳光照，因此能源来源的稳定性和运行稳定性都存在一定的问题。除此之外，由于受到光照因素的影响较大，在发电的过程中也会有难以预测、稳定性不足的特征，如云层遮挡、天气变化。因此，分布式光伏电站的建设对于选址以及能源供应方式的选择都有非常严格的要求，需要结合多方面的影响因素进行针对性分析，以便克服光伏发电预测难、稳定性不足、波动较大的问题和特征。对分布式并网技术的研究将更好地发挥出分布式光伏电站在电力资源供应和配电网络运行稳定性保障中的积极作用。

（二）集中式光伏并网技术

集中式光伏并网技术是指将多个光伏发电系统集中连接到一个光伏电站，然后通过电网进行并网运行的技术。其在规模化建设、电能传输效率、土地占用和环境影响，以及供电稳定性和可靠性方面具有重要作用。

集中式光伏电站通过站内母线对发电单元输出电流进行汇流，然后通过电站出口并网点的升压变压器升压上网，最后经架空线路输送汇入电网。与分布式电站相比，集中式电站的这种结构需要大容量的光伏逆变器，逆变器间采取统一的集中控制策略，更容易实现规模化建设，减少设备重复购置和建设成本，也更容易运维和监控。集中式光伏并网技术有助于提高光伏发电系统的供电稳定性和可靠性。通过集中连接和并网运行，可以实现光伏发电系统之间的互补和调度，使得发电量更好应对电网的要求，提高供电的稳定性和可靠性。同时，在电网故障或灾害发生时，集中式光伏发电系统也可以更灵活地进行应急调度和恢复供电。与分布式光伏发电系统相比，集中电站将各发电系统的电能集中后，通过高压直流输电技术进行电能传输，大大减少了电能输送中的线路损耗，传输效率更高。

三、逆变技术

光伏逆变技术是太阳能光伏发电系统中的一项关键技术，光伏逆变装置作为实现光伏并网的重要组成部分，被广泛应用于商业屋顶、户用光伏、集中电站等各大场景，逆变器的主要作用是将直流（DC）电流转换为交流（AC）电，功率传输实现与电网电压的同相同频，从而与电网进行交互。光伏逆变器按照电路方式可分为组串式、集中式和微逆变器。组串式配置最为灵活，应用场景最广；集中公式逆变器主要应用于大型的地面电站或大型建筑屋顶、幕墙，需要专业人员维护；微逆变器出现时间较晚，结构较小，常被安装在电池板的背后，因此转换效率也最低。

（一）最大功率点跟踪技术

最大功率点跟踪（maximum power point tracking，MPPT）技术是一种将光伏组件转换的能量最大化利用的技术，常被应用于逆变器内。光伏阵列具有非线性，输出特性受到光照、温度、负载情况的影响。在一定的光照和温度下，光伏阵列的输出功率存在一个唯一的最大功率点，而最大功率跟踪的目的就是研究光伏组件的输出电压和电流，得到最大的功率点，减少能量的损失。光伏组件阵列与负载通过 DC/AC 电路连接，最大功率跟踪装置不断检测光伏阵列的电流电压变化，并根据其变化对 DC/AC 变换器的 PWM 驱动信号占空比进行调节。对于线性电路来说，当负载电阻等于电源内阻时，电源即有最大功率输出。在极短的时间内，可以将 DC/AC 转换电路认为是线性电路。因此，只要调节 DC/AC 转换电路的等效电阻使它始终等于光伏电池的内阻，就可以实现光伏电池的最大输出，也就实现了传统的 MPPT。

实现最大功率跟踪的控制算法有很多，包括恒流电压控制法（CVT）、扰动观测法（P&O）、导纳增量法（INC）、模糊控制法（FL）等，不同的算法在实际应用中存在不同的优缺点。CVT 是最早使用的一种控制方法，控制简单易实现，且电压稳定性较好，但当光照强度变化较大时其控制精度会出现较大偏差，跟踪精度差，对最大功率点变化的适应能力较弱；P&O 是最常见的寻优算法之一，控制思路简单，但因自身算法问题，稳态时会在真正的最大功率点附近振荡运行，存在着因功率跟踪过程中非单调性造成的误差；INC 动态稳定性较出色，效果较高，但控制算法较复杂，成本较高。针对不同问题，国内外许多学者基于传统的跟踪算法进行了一定改进和优化，陆续提出灰狼优化算法（GWO）、粒子群优化算法（PSO）、细菌觅食优化算法（BFOA）等。最大功率跟踪是提高光伏发电转换效率的一种重要方式，对于 MPPT 技术的研究仍具有重要的实际意义。

（二）电流波形控制技术

电流波形控制技术（current waveform control technology）目的在于实现对电路中电流的

精确控制，广泛应用于电力系统、电子设备、自动化系统中。光伏电流逆变是光伏发电并网中的重要一环，输出电流中的谐波含量和功率因素是衡量逆变器并网电能质量的重要指标，但引入逆变器时就会引入谐波，而不同频率的波形会导致电网污染、设备故障和响应问题。因此，对于并网电流波形的控制技术是并网逆变器领域的研究热点和难点。

衡量并网逆变器性能主要包含动态性能和稳态性能两个方面。其中，动态性能是指由于系统负载的增减或光照变化时，系统的输出超调量 σ%和达到稳态的调整时间 T_s；稳态性能是指系统在稳定运行时的输出波形质量。对于逆变器电流波形主要控制算法包括比例积分（PI）、比例谐振控制（PR）、双环控制等。PI 控制结构简单且能够在固定频率处产生一定的增益，但其增益值受固定参数影响无法变动，抗干扰能力较差。同时，在大容量三相系统中 PI 控制需要先进行坐标变换将交流信号转换成直流信号，延长了调节时间，难以实现无静差调节，系统稳定性较差；PR 控制，系统稳定性较好，无静差跟踪能力强，可较好地减小稳态误差。在实际场景中，PR 控制器较 PI 控制器硬件设施成本增加，控制精度要求较高。双环控制是从滤波器角度出发，并网电流单环反馈无法获得较好的控制效果，考虑加入电容电流、电容电压或网侧电压进行二次反馈，不同控制测量对谐振的抑制效果不同，系统损耗也不相同。在实际应用中，各个发电系统差异很大，接入后系统内部耦合情况更加复杂，因此电流的控制技术对光伏发电并网具有重要实际意义。

四、保护技术

（一）反孤岛保护技术

反孤岛保护技术（anti-islanding protection technology）是指针对光伏发电系统中可能出现的孤岛效应进行的保护措施和技术。“孤岛效应”是指当电网供电因故障、误操作或停电维修等原因造成中断供电，光伏并网发电系统仍在运行，并向周围负载供电，构成一个电力公司无法控制的自给供电孤岛现象。

现有反孤岛保护措施可分为四种：

（1）主动式保护。主动式保护是指通过逆变器内部功能切断电网连接的保护方法，保护方案主要包括频移法、阻抗测量法等。频移法顾名思义就是检测电流或电压频率上的偏移决定是否进行保护脱网；阻抗热量法是利用电网断开前后阻抗的变化来判断是否脱网保护。

（2）被动式保护。常见的被动孤岛保护策略包括过欠压保护、过欠频保护、相位突变保护。对于基于过欠压保护的被动孤岛保护方案，逆变器规定电网电压运行范围，在超过这一范围后，逆变器会主动停机保护。对于基于过欠频保护的被动孤岛保护方案，逆变器在锁相得到运行频率后，判断是否超过允许的运行范围，超过范围则停机保护。对于基于相位突变的保护方案，其方法是利用锁相环得到输出电流与 PCC 处电压的相位差，若该差值大于逆变器设定的阈值，则触发保护。

（3）插入阻抗法。在公共接入点开关动作时联动投入电容器组或电阻，破坏下游非计划性孤岛平衡运行状态，以实现孤岛保护的目的。

（4）远跳技术。开关跳闸时通过通信通道向下游线路上的分布式电源发跳闸命令，远方跳闸保护装置负责在收到对上端发来的跳闸命令后跳本端断路器。

反孤岛保护常涉及孤岛快速检测技术。通过监测电网状态，及时检测到电网故障、频率异常或电压异常等情况。另外，也可以通过监测电网频率的变化，当频率超出设定范围时，触发反孤岛保护动作；当电压超出设定范围时，触发反孤岛保护动作；当检测到电网故障时，自动切断与电网的连接。孤岛快速检测技术是光伏并网发电系统乃至分布式发电并网系统安全稳定运行的关键技术之一。反孤岛保护技术能有效避免光伏电站在电网故障或停电时继续供电，保护电网的稳定运行。

（二）谐波抑制技术

光伏并网发电系统是一个复杂耦合系统，各光伏系统之间交互影响，同时受电网侧波动影响。并网形成的高阶耦合系统将引入新的谐振频率，因其结构更加复杂输出谐波含量也必然会增加，更易造成系统谐振。系统谐振脱网将会造成重大损失，而这种结构中，在逆变器出口箱式变压器、并网点主变压器，以及输电线路的分布式电容的共同作用下，并网系统原本的电流控制效果将会劣化，并且谐波电流在传输过程中也可能会受到放大的作用，这都会对系统的稳定性带来很大的负面影响。因此，对于光伏系统的谐波治理研究十分重要。

消除谐振的常用方式是引入滤波器和陷波器。滤波器存在多种结构类型，应用较多的有L型、LC型和LCL型。其中，LCL型具有三阶结构特性，较小的滤波电感值便能实现较好的滤波效果，但其结构特性存在固有的谐振频率，可能造成系统谐振。陷波器是一种能够产生反向峰值的数字滤波器，当陷波器中心频率与谐振频率一致时可以偿谐振峰，产生谐振抑制效果。在实际系统中，电网阻抗不断变化会引起系统谐振频率也跟随变化。当陷波器中心频率和系统谐振频率不一致时，陷波器的补偿效果将大幅减弱，因此常需搭配一种阻抗在线检测技术共同使用。

在滤波器的谐波抑制中，传统的抑制方法有无源阻尼法和有源阻尼法。

（1）无源阻尼法的核心思想是添加实际电阻提高LCL滤波器阻尼，从而消耗掉谐振状态下过多的能量。这种方法原理简单且容易实现，由于加入实体电阻可靠性较高，在大型电力系统中仍然广泛应用。

（2）有源阻尼法的核心思想都是通过改变控制策略增加虚拟阻尼，未加入实体电阻却能实现同样的谐振抑制效果。因此，有源阻尼法不会增加系统损耗引起严重发热现象，同时反馈控制中参数可以根据系统参数变化实时调整，从而可以有效跟随谐振频率变化实现自适应效果。

光伏系统的谐波治理对于大型光伏发电并网系统的安全稳定运行，以及避免脱网停机、损害器件具有重要意义。

（三）逆功率保护

逆功率是指电源不向外输出功率反而吸收功率的现象，当光伏发电量大于负载所消耗电量时，会有部分电流流向0.4kV的电网负荷，即逆功率。在一些光伏并网发电系统中，白天发电所产生的能量主要自发自用供给自己的用电负荷，晚上仍需使用电网输电而不向电网输送。逆功率会导致逆变器承受额外的负载而过热或损坏，长期反向流入电网可能还会对其他组件造成严重损坏，影响光伏系统的性能和寿命，同时逆功率流入电网可能会影响电网的整体稳定性进而造成其他危害。

根据《光伏电站接入电网技术规定》（Q/GDW 1617）当光伏电站设计为不可逆并网方式时，应配置逆向功率保护设备。当检测到逆向电流超过额定输出的5%时，光伏电站应在0.5～2s内停止向电网线路送电。为了防止光伏系统产生的电力馈入配电网配置所采用的装置称为逆功率保护装置。逆功率保护装置能够检测到这种逆功率现象并采取相应的保护措施，从而保护光伏系统的安全稳定运行。

逆功率保护的原理如图1-4所示。当电网的供电回路中出现逆功率现象，检测到的逆功率值大于设定值时，保护装置向断路器发出指令，断开并网开关并向光伏站发出通信，并网断开后，若测量点逆功率消失，并且检测到负荷功率大于某一门槛值时，经延时并网系统中就可重新接入。

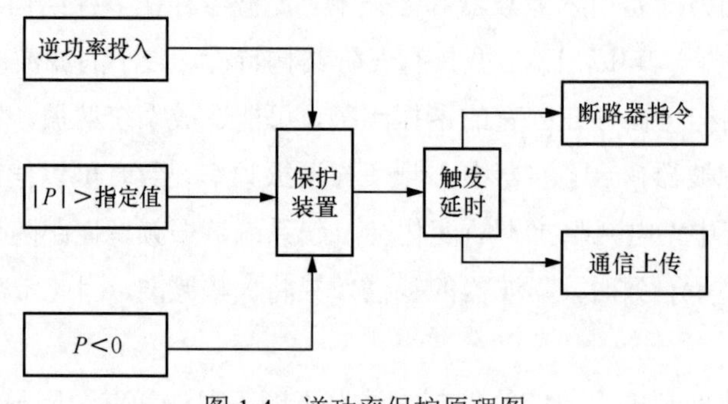

图1-4　逆功率保护原理图

（四）逆变器保护

光伏逆变器作为光伏发电系统内部重要的电气设备之一，设备本身所配备的多种保护功能且较为完善以确保系统的安全可靠性，包括过载保护、短路保护、过温保护、过压保护、欠压保护等。

（1）过载保护是指负载超过逆变器的额定功率自动断开电路防止过热损坏的保护功能。

（2）短路保护是指当逆变器输出端发生短路时立即采取措施切断电路以防止电路过流和烧毁，通常动作时间不超过0.5s。

（3）过温保护是指逆变器内部设有温度传感器，在逆变器过热时会自动断开电路，以防止损坏。

（4）过压保护是指逆变器本身有一个电压承受范围，当电网电压超过逆变器承受范围时，逆变器会切断电路保护其内部电子元件，当电压低于工作标准时也会切断电路即欠压保护。

这些保护措施旨在确保逆变器的安全运行，延长其寿命，并确保电力系统的稳定运行。需要注意的是，在使用逆变器时，还应遵循逆变器制造商提供的使用说明和维护手册中的指导内容。

五、其他技术

（一）监控技术

光伏监控技术（photovoltaic monitoring technology）是一种对光伏发电系统进行实时监测，保障光伏发电可靠性实现高效并网的技术。通过安装在光伏系统中的传感器、数据采集设备等，实时获取光伏发电系统的电力输出、功率曲线、系统运行状态等信息参数，并对这些数据进行采集、记录，通过 GPRS、以太网、Wi-Fi 等方式上传到网络服务器、本地电脑记录和备份，帮助运维人员了解光伏系统的运行状况，及时发现故障和异常情况。同样也可通过分析数据优化调整方案，最大限度地提高光伏系统的发电效率和可靠性。近几年，随着通信技术的发展，对于光伏电站的监控系统架构也在不断更新，基于新的优化算法、基于物联网技术、基于 CAT.1（4G 网络分支），甚至基于 5G 通信的光伏监控系统层出不穷。相信不久之后，光伏电站的运行能力、安全稳定性等方面的性能将会提升。

总之，光伏监控技术可以实时监测和管理光伏发电系统，提供重要的数据和信息，帮助用户更好地了解系统的性能和运行情况，及时发现和解决问题，提高系统的效率和可靠性。这些技术可以提供智能化的监控和管理解决方案，为光伏发电行业的发展和运维管理提供有力支持。

（二）太阳跟踪技术

太阳跟踪技术（sun tracking technology）是一种用于光伏发电系统的技术，旨在最大程度地利用太阳能资源。太阳能光伏自动跟踪器，就是通过机械、电气、电子电路及程序的联合作用，调整光伏组件平面的空间角度，实现对入射太阳光跟踪，以提高光伏组件发电量的装置。跟踪系统通常由电机（直流、步进、伺服等）、传感器、单片机、机械转轴等一列的装置构成。将阳光垂直地照射到光伏组件的面板上，以此来获得最大功率。目前有两种常用的太阳跟踪方法，即光电检测追踪和机械运动追踪。

（1）光电检测追踪是一种即时响应的系统，主要是通过光电传感器来接收太阳光信号，根据阳光入射角和强弱的改变来判断是否给电机转动的信号。当太阳光发生偏转时，光电传感器的所产生的电流（电压）就会发生改变，然后将差值进行放大处理后，给到电机，使得电机根据所给差值的大小转动相应的角度，这样就可以实时地跟踪太阳光的位置。

（2）机械运动追踪又分为单轴和双轴跟踪两种方式。

1）单轴跟踪方式即绕一维轴旋转，单轴太阳跟踪通常基于水平轴或垂直轴进行旋转，使光伏组件随着太阳的东西方向移动。这种系统可以使得光伏组件平面尽可能被太阳光垂直入射的跟踪系统，提供相对较高的能量收集效率。单轴太阳跟踪系统适用于多种应用场景，包括固定式建筑安装、农业温室和光伏电站等。

2）双轴太阳跟踪系统具备更高的精度和灵活性，它既可以随着太阳的东西方向移动，也可以根据太阳的高度角进行倾斜调整。这种系统能够在不同季节和时间段内最大化太阳能的捕获，提供最佳的能量产出。双轴太阳跟踪系统通常应用于需要高度精确追踪的场景，如科研实验、航天设备和一些特殊工业用途。

太阳跟踪技术的优势在于增加了光伏发电系统的效率和发电量。通过保持光伏组件始终面向太阳并以最佳角度接收太阳辐射，太阳跟踪系统可以提高电池板或集热器的太阳能转换效率，进而提高整个系统的发电性能。这对于那些需要大量电力供应的场所或具有高要求的应用来说尤为重要。

（三）光伏站网损改善技术

光伏站网损改善技术是指采取措施降低光伏电站在输电和配电过程中的损耗，以提高电站的发电效率和经济性。常见的措施有选择合适的输配电线路、优化电缆布置、采用无功补偿等。

对于输配电线路来说，合理地选择输配电线路截面积和材料，将降低电阻损耗，并能确保电能的高效传输，同时，在输配电过程中，采用特高压也将大大提高电网自身的安全性、可靠性。优化电缆布置对光伏电站布局具有一定的优化作用，在此过程中将有效减少电缆使用量，从而降低线路上的功率损耗，同时还能降低光伏电站的投资建设和运行成本，避免了大型光伏电站集电箱和电缆布局的盲目性，提高了设计人员的工作效率，为光伏电站设计提供快速有效的设计工具。无功补偿广泛存在于电力系统中，用以维持系统的电压稳定性。在大型光伏并网系统中，典型的两种补充形式是串联补偿和并联补偿。

（1）串联补偿是指将无功补偿设备与电网电感串联在一起，可以等效消除电网电感在基波频率处的阻抗值，从而消除整体阻抗上的压降，保证逆变侧输出电压的稳定。

（2）并联补偿则是将无功补偿设备并联接入电路，通过向系统注入相应的无功电流，改变流经阻抗上电流的矢量角度和逆变侧电压的矢量关系，进而实现对逆变器输出侧电压的调节。

总而言之，运用合适技术和措施，可以有效改善光伏电站的网损情况，提高发电效率，降低能源成本，并对电力系统运行的稳定性和可靠性产生积极影响。在实际应用中，需要根据具体电站的情况和要求，选择适合的技术和方案来进行网损改善。

六、光伏设备

光伏发电及并网过程中涉及许多设备，主要包括光伏组件或光伏阵列、光伏逆变器、光伏控制器、储能变流器，同时还包括诸如光伏支架、光伏电缆、配电柜、汇流箱、检测系统、储能系统等。以下对主要设备进行介绍。

（一）光伏组件

光伏组件（photovoltaic module）是整个发电系统里的核心部分，由光伏组件片或由激光切割机、钢线切割机切割开的不同规格的光伏组件组合在一起构成。因为单片光伏电池片的电流和电压都很小，所以要先串联获得高电压，再并联获得高电流，通过一个二极管（防止电流回输）输出，然后封装在一个不锈钢、铝或其他非金属边框上，安装好上面的玻璃及背面的背板、充入氮气、密封。把光伏组件串联、并联组合起来，就成了光伏组件方阵，也称光伏阵列。

（二）光伏逆变器

光伏逆变器（photovoltaic iniverter）是太阳能光伏系统的心脏，是光伏阵列系统中重要的核心设备之一。光伏逆变器是一种将光伏组件产生的直流电转换为交流电的装置，可以配合一般交流供电的设备使用。其主要由逻辑控制电路、滤波电路与以及逆变电路组成。光伏逆变器主要有三种类型：串联逆变器、并联逆变器和微逆变器。

（1）串联逆变器适用于大规模光伏电站，将多个太阳能电池板串联在一起接入逆变器。

（2）并联逆变器适用于家庭和商业光伏发电系统，多个太阳能电池板并联接入逆变器。

（3）微逆变器是一种安装在每个太阳能电池板上的小型逆变器，可最大程度提高光伏发电系统的效率。

（三）光伏控制器

光伏控制器（photovoltaic controller）是防止蓄电池过充电和过放电，使蓄电池在安全电压和安全电流下工作的自动控制设备。采用高速 CPU 微处理器和高精度 A/D 模数转换器，是一个微机数据采集和监测控制系统，既可快速实时采集光伏系统当前的工作状态，随时获得光伏站的工作信息，又可详细积累 PV 站的历史数据，为评估 PV 系统设计的合理性及检验系统部件质量的可靠性提供了准确而充分的依据，还具有串行通信数据传输功能，可对多个光伏系统子站进行集中管理和远距离控制。

（四）储能变流器

储能变流器（power conversion system）又称双向储能逆变器，应用于并网储能和微网储能等交流耦合储能系统中，连接蓄电池组和电网（或负荷）之间，是实现电能双向转换的装置。储能变流器既可把蓄电池的直流电逆变成交流电，输送给电网或者给交流负荷使用，也可把电网的交流电整流为直流电，给蓄电池充电。

（五）光伏支架

光伏支架（photovoltaic bracket）是支撑光伏组件的“骨骼”，其性能直接影响光伏电站的运营稳定性、发电效率和投资收益，在光伏电站建设中具有重要地位。光伏支架是用于安装、支撑和固定光伏组件的特殊功能支架。光伏支架具有多种分类方式：按照连接方式分为焊接式和组装式；按照安装结构分为固定式和逐日式；按照安装地点分为地面式和屋顶式等。

（六）光伏电缆

光伏电缆（photovoltaic cables）也就是光伏专用电缆，主要用在光伏电站。与普通电缆相比，二者所用导体基本一致，都采用铜导体或镀锡铜导体；不同之处在于二者绝缘材料不同，光伏电缆一般采用辐照交联聚烯烃绝缘，相比于普通电缆的聚氯乙烯或交联聚乙烯重量更轻，具有耐高温、耐寒、耐油、耐酸碱、防紫外线、阻燃环保、使用寿命长等优点，主要用于环境较恶劣的气候条件下。

（七）交直流配电柜

交、直流配电柜（AC/DC power distribution cabinet）的主要作用就是对交、直流电能进行分配、监控、保护。交、直流配电柜包含直流配电单元和交流配电单元。

（1）直流配电单元提供直流输入、输出接口，主要是将光伏组件输入的直流电源进行汇流后接入逆变器或直接供给充电电源、蓄电池等直流负载。

（2）交流配电单元主要通过本柜给逆变器提供并网接口，配置输出交流断路器直接供交流负载使用。

（八）光伏汇流箱

光伏汇流箱（photovoltaic combiner box）是一种保证光伏组件有序连接和汇流功能的接线装置。其是指用户可以将一定数量、规格相同的光伏电池串联起来，组成一个个光伏串列，然后再将若干个光伏串列并联接入光伏汇流箱，在汇流箱内汇流后，通过控制器、直流配电柜、光伏逆变器、交流配电柜的配套使用从而构成完整的光伏发电系统，实现与市电并网。其主要是用在大中型光伏系统中。

（九）监控系统

监控系统（monitoring system），采用开放式分层分布式网络结构，由计算机监控子系统和光伏发电监测子系统组成，如图 1-5 所示。其中，计算机监控子系统由站控层、间隔层及网络设备构成。光伏电站计算机监控系统的主要任务是对电站的运行状态进行监视和控制，向调度机构传送有关数据，并接受、执行其下达的命令。其中，站控层设备按电站远景规模配置，间隔层设备按工程实际建设规模配置。

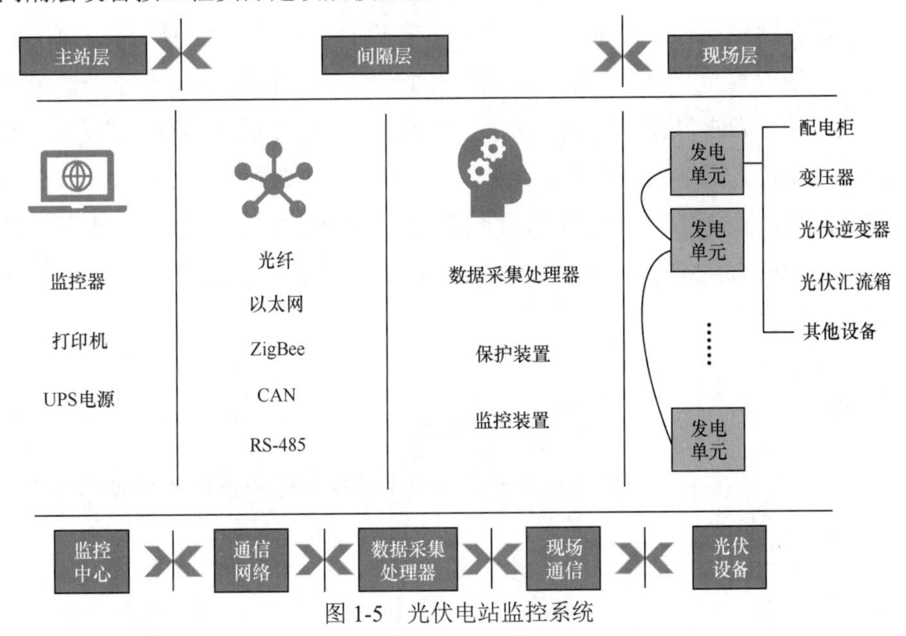

图 1-5 光伏电站监控系统

（十）储能系统

储能系统（energy storage system），在光伏系统中一般采用蓄电池作为储能装置，并网式光伏发电系统直接与配电网连接，电能直接输入电网。目前，一般不配置储能系统，但随着光伏、风力发电“弃光限电”现象严重，以及光伏、风力发电系统电力输出的波动较大等因素对可再生能源的利用与推广限制日益严重后，在并网式光伏系统中配置储能系统已成为目前大规模储能系统的研究方向之一。独立式光伏发电系统配置储能系统是有效提升光伏电力输出利用、增强系统稳定性的有效手段，同时储能系统还具有为负荷提供启动电流、钳制电压等的作用。

第四节 光伏电池特性

一、光谱特性

光谱特性是指光的频率或波长的分布特性，太阳电池对不同波长光的吸收能力不同，而即使同一波长下，对不同类型、不同表面处理的太阳电池，其光能转换为电能的能力也不同。

光谱响应是指光伏电池对不同波长光的响应程度。当某一波长的光照射在电池表面上时，每一光子能产生一定数量的载流子数，也可以理解为太阳能电池将不同波段入射光的光能转换成电能的能力，即光照的频谱分布对光伏电池输出电流的影响。

不同类型的光伏电池对光的吸收和转化效率在不同波长范围内有所差异。每一波长以一定等量的辐射光能或等光子数入射到太阳能电池上，所产生的短路电流与整个波段的短路电流比较，按波长的分布求得其比值变化曲线，即为该太阳能电池的相对光谱响应。测量时，使用一定强度的单色光照射太阳能电池，测量此时电池的短路电流，然后依次改变单色光的波长，再重复测量，以得到在各个波段下的短路电流。通常情况下，以晶硅太阳能电池的吸收特性为例，实际测试所用的波长范围一般为300～1200nm。不同类型的光伏电池的光谱响应曲线如图 1-6 所示。

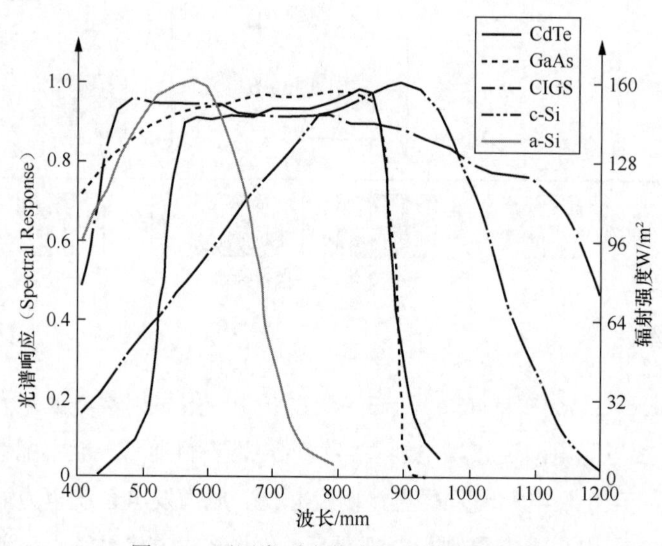

图 1-6　不同类型光伏电池光谱响应曲线

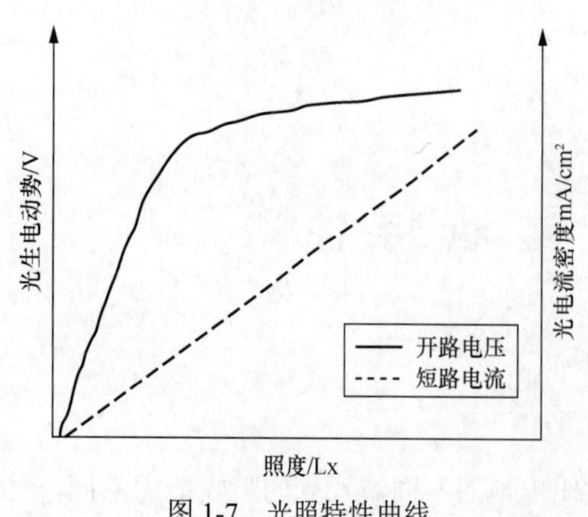

图 1-7　光照特性曲线

二、光照特性

光伏材料在不同的光强照射下，有不同的光电流和光生电动势。光照度是指照射到物体上的光的强度，通常以勒克斯（Lx）为单位表示，决定了物体的明亮度和可见性。而光照特性就是指经光伏材料输出的电信号（包括光生电流和光生电动势）随光照度而变化的特性。

以硅光电池为例，硅光电池的光照特性曲线如图 1-7 所示。可以观察到，在较大范围内，短路电流与光强呈线性关系。然而，开路电压的变化与光强是非线性的，并且在照度达到2000Lx时趋于饱和，即指在光照强度逐渐增加的过程中，光敏物质对光的响应逐渐饱和的现象。这种现象被称为光饱和现象，当光照强度足够大时，进一步增加光照强度不会引起光敏物质的更大响应，即光敏物质达到了饱和状态。因此，在使用光电池作为测量元件时，应将其视为电流源而不是电压源。短路电流是指在光电池外部连接负载电阻时产生的微小光电流，相对于光电池本身的内阻来说很小。随着照度增加，光电池的内阻减小，因此可以通过选择不同大小的负载电阻来近似满足"短路"条件。较小的负载电阻可以获得更好的光电流与光强之间的线性关系，并且线性范围更广。对于不同的负载电阻，可以在不同的照度范围内使光电流与光强保持线性关系。

三、温度特性

光伏电池的温度特性是指光伏电池性能随着温度变化而发生的变化，即光伏电池的开路电压和短路电流随温度变化而变化，温度升高时，载流子的产生速率增加，同时电子与空穴的复合速率增加，导致短路电流增加，开路电压减小，光伏电池的短路电流和温度成正比，与开路电压成反比，如图 1-8 所示。

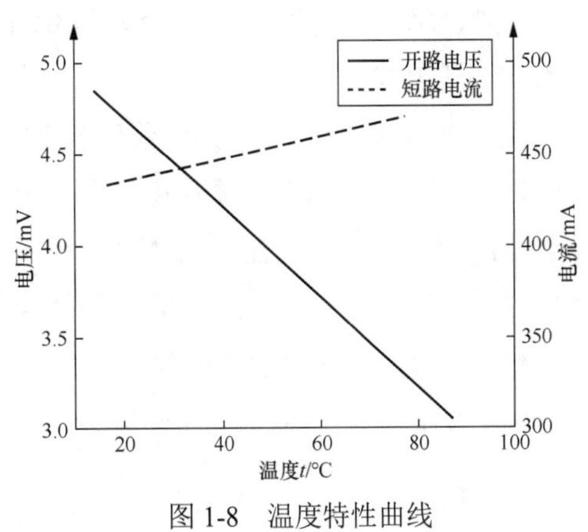

图 1-8 温度特性曲线

除此以外，光伏电池的填充因子与温度呈负相关。当温度升高时，光伏电池的填充因子会下降，填充因子对光伏电池的温度变化非常敏感。

光伏电池的输出功率同样受太阳辐射量和温度的影响而变化，由于功率=电流×电压，温度主要使电压产生变化，在标准的 1000W/m² 太阳辐射量条件下，温度从 20～70℃，从短路电流来看变化幅度很小。但是，开路电压会低至 0.3V 左右，同时，最适工作电压也会变低，其值约为25℃时的最适工作电压的 10%，因此发电功率也会大大降低，即温度越低，输出功率越高，温度升高则输出功率降低。

综上所述，光伏电池的温度特性对其性能和输出功率有重要影响。在光伏系统的设计和运行中，需要考虑光伏电池的温度变化，并采取相应的措施来优化光伏电池的工作温度，以提高系统的效率和性能。

四、伏安特性

光伏电池的伏安特性是指在不同电压和电流下的关系。光伏电池的伏安特性是系统分析的重要技术数据之一，通过分析伏安特性曲线可以帮助我们了解光伏电池的性能和工作状态，根据这些特性可以选择适合的光伏电池类型和设计光伏系统。通常有以下几个重要参数：

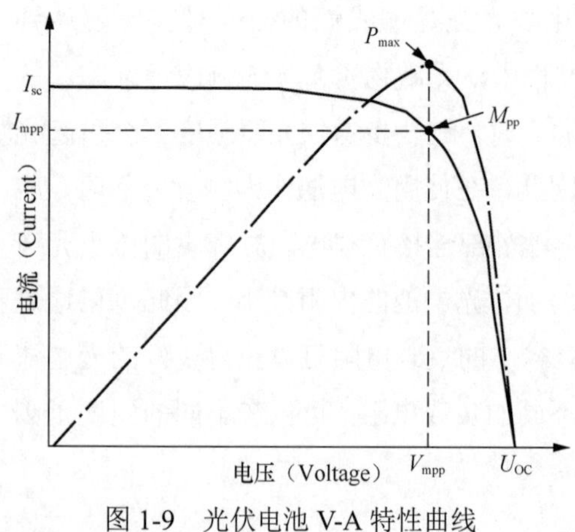

图 1-9　光伏电池 V-A 特性曲线

开路电压（U_{oc}）即给定条件下的最大输出电压。短路电流（I_{sc}）：给定条件下的最大输出电流。最大功率点（M_{pp}）：光伏电池伏安特性曲线上的最高点称为最大功率点。在该点上，光伏电池的输出功率达到最大值，同时有一定的输出电压和输出电流。填充因子（FF）：填充因子是光伏电池伏安特性曲线的一个参数，是光伏电池品质的量度，定义为实际的最大输出功率除以理想状态的输出功率，填充因子的数值范围一般在 0 和 1 之间，越接近 1 表示光伏电池的性能越好，通常 FF 处于 60%～85%之间，填充因子的大小也由材料和组件结构共同决定。V-A 特性曲线如图 1-9 所示。

五、输出特性

从光伏电池的 V-A 特性中可看出，曲线拐角平滑，随着电流逐渐增大（负荷逐渐增大），电压逐渐降低。电压变为零（短路）时，电流达到最大。顶端的点为最大功率点 P_{max}（$V_{pm}\times I_{pm}$）。如果太阳能电池保持在这个点的状态工作，就能持续获得最大输出功率。

光伏电池的转换效率与外界环境因素紧密相关，其中一个重要因素便是光照强度。设定温度为 25℃时，电池的电流和电压在不同的光照条件下光伏的关系曲线如图 1-10（a）所示。光伏电池的电压和功率在不同的光照条件下的关系曲线如图 1-10（b）所示。电池输出电流会随着光照数值的变化而产生明显的变化，光照增强，电流增大，光伏电池输出电压的变化却十分小。但是光伏电池向外界输送的功率是由电流和电压共同决定的，随着光照强度的增加，输出功率也明显增加，变化显著。

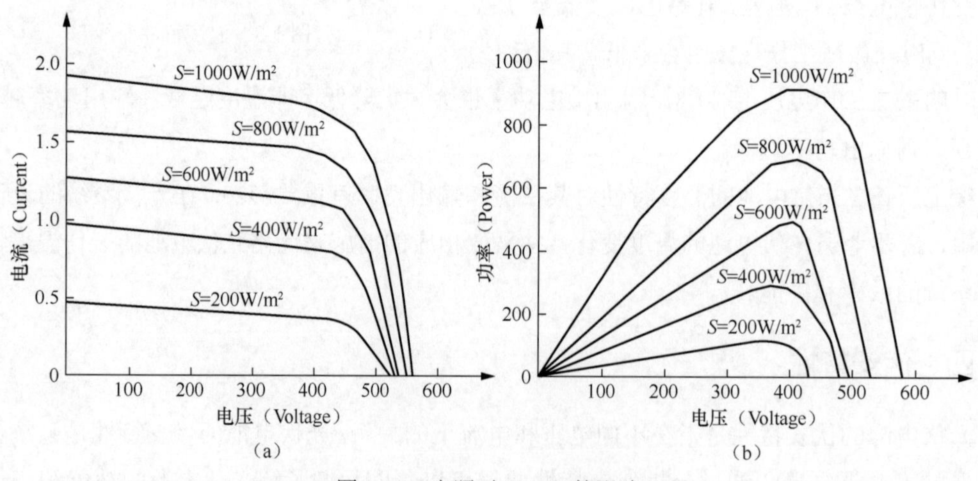

图 1-10　光照对 V-A-P 的影响

（a）不同光照下的 V/A 关系曲线；（b）不同光照下的 P/V 关系曲线

六、电池寿命

光伏电池的寿命是指其能够保持额定功率输出的时间，通常以年为单位计算。光伏电池的寿命受多种因素影响，包括材料质量、制造工艺、环境条件等。一般情况下，随着时间的推移，光伏电池的功率输出会逐渐下降。这是因为光伏电池中的材料会受到光辐射、温度、湿度等因素的损耗和疲劳，导致电池效率下降。根据不同的材料和制造工艺，典型的光伏电池在20～30a后可能会出现功率衰减约20%的情况。当光伏电池的功率衰减达到一定程度后，通常被认为已经到达寿命结束的阶段。虽然电池仍然能够继续运行，但功率输出已经无法满足需求。通常情况下，光伏电池的寿命结束时的功率输出为初始功率的80%左右。

不同材料的寿命不同，晶硅光伏电池的平均寿命为25～30a；非晶硅光伏电池的平均寿命在15～20a以上；而其他材料的光伏电池寿命也能达到20～30a。在实际应用中，其功率衰减和结束寿命可能会有所不同。光伏电池的寿命还受到环境因素的影响，如温度、湿度、辐射等。适当的安装和维护可以延长光伏电池的使用寿命。因此，在光伏系统的设计和运行中，需要考虑光伏电池的寿命以及其长期性能表现。

第二章
光伏发电机理

第一节　晶体与非晶体

光伏组件又称太阳能电池、光伏电池，其原理是基于光生伏特效应将太阳能转换为电能的一种发电器件，光伏组件是整个光伏发电系统的核心器件，本章从微观结构说起，对比晶体、非晶体结构，从半导结构到能带理论引出电子跃迁产生电流的过程，阐述 P-N 结的机理及形成，然后对光生伏特效应进行最终解释，阐述一下光伏组件是如何实现光能转化为电能的过程。

固体物质是由大量的原子、分子或离子按照一定方式排列而成的，这种微观粒子的排列方式称为固体的微观结构。固态物质可根据组成质点（原子、离子和分子）排列规则的不同，可分为晶体（crystal）和非晶体（amorphous）两大类，如图 2-1 所示。晶体通常是指有固定熔点的固体物质，如硅、砷化镓、石英、云母、明矾、食盐等；非晶体是指没有确定的熔点、加热时在某一温度范围内逐渐软化的固态物质，如沥青、松香、塑料、石蜡、橡胶等。晶体按一定规则有序排列，因此可以从结构单位的大小来研究判断排列规则和晶体形态。非晶体则通常结构无序或者近程有序而长程无序，组成物质的分子不呈空间有规则周期性排列的固体[1]，它没有一定规则的外形，它的物理性质在各个方向上是相同的，称为“各向同性”。

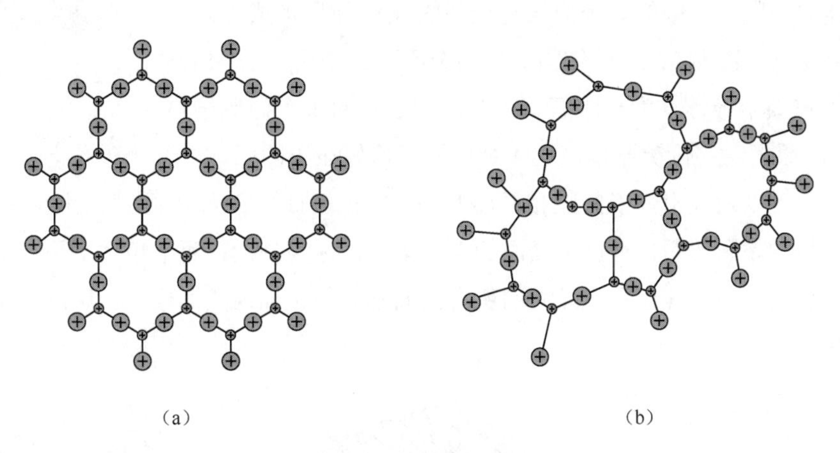

（a）　　　　（b）

图 2-1　晶体、非晶体二维示意图
（a）晶体；（b）非晶体

晶体可以分为单晶体和多晶体两种类型。单晶体是一种整块材料，其内部的晶体结构按照统一的规则周期性排列。而多晶体则由多个具有相同成分和晶体结构的小晶体（即晶粒）组成。在多晶体中，不同晶粒的原子排列顺序是不同的。举例来说，普通的硅棒就是单晶体，而粗制冶金硅和蒸发或气相沉积制成的硅薄膜则是多晶体，也可称为无定形硅。

单晶体是一个凸多面体，其表面是光滑的，被称为晶面。多晶体则由许多小的单晶体（晶粒）构成。在多晶体中，只有各晶粒内部的原子是有序排列的，而不同晶粒之间的原子排列是不同的。所有的晶体都是由原子、分子、离子或这些粒子集团按照一定规则在空间中排列而成的。这种对称且有规则的排列被称为晶体的点阵或晶体格子，简称为晶格。晶体中最小的晶格单位称为晶胞，而晶胞的各个边长则被称为晶格常数。将晶胞按照周期性地重复排列，就形成了晶体的结构。与之不同的是，非晶体材料的原子排列不具有晶体结构的周期性，但它们的原子排列也不是完全无序的。

一、硅晶体微观结构

以硅材料为例，硅的原子结构如图 2-2 所示，最内层 2 个电子，次外层 8 个电子，而最外层均匀分布 4 个电子，晶体硅晶胞结构如图 2-3 所示，每个硅原子与周围四个硅原子形成正四面体结构。相邻原子之间的距离（称为键长）和连线之间的夹角（称为键角）都是相同的。晶体硅具有金刚石结构，金刚石结构是由一系列六原子环组成。非晶硅材料中每个硅原子周围也是四个近邻原子，形成四面体结构，只是键长和键角无规则起伏。非晶硅的结构就是由这些四面体单元构成的无规则网络，其中不仅有六原子环，还有五原子环、七原子环等。

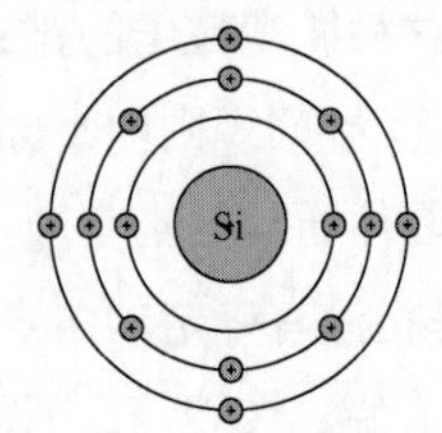

图 2-2　硅原子结构

晶体硅的晶胞结构中的每个原子与相邻的 4 个原子形成正四面体，故单胞内原子数为 5，这种结构被称为金刚石式结构。硅（Si）、锗（Ge）等重要半导体均为金刚石式结构。中心点的 1 个硅原子与 4 个相邻的硅原子由共价键连接，这 4 个硅原子恰好在正四面体的 4 个顶角上。

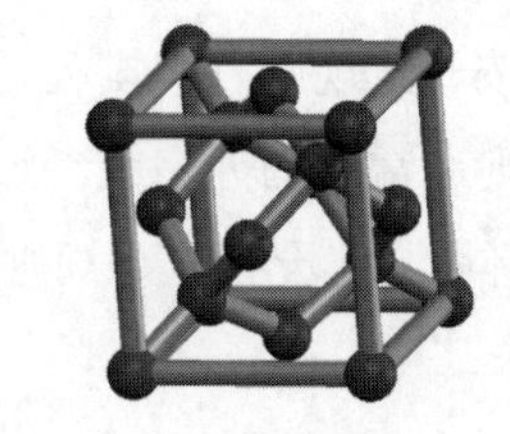

图 2-3　晶体硅晶胞结构

硅原子中可以划分出许多间距相同而互相平行的平面，称为晶面，如图 2-4 所示；晶面之间的距离称为晶面间距；垂直于晶面的法线方向，称为晶向；两个相互不平行的晶面之间的夹角称为晶面夹角；具有同一晶向的所有晶面都相似，称为晶面簇。一块晶体可以划分出许多晶面簇。

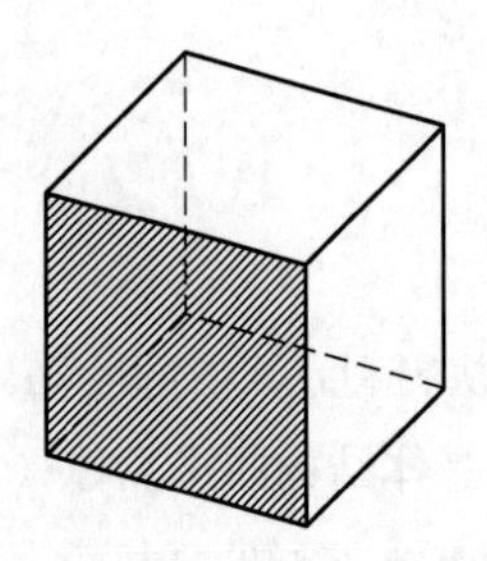
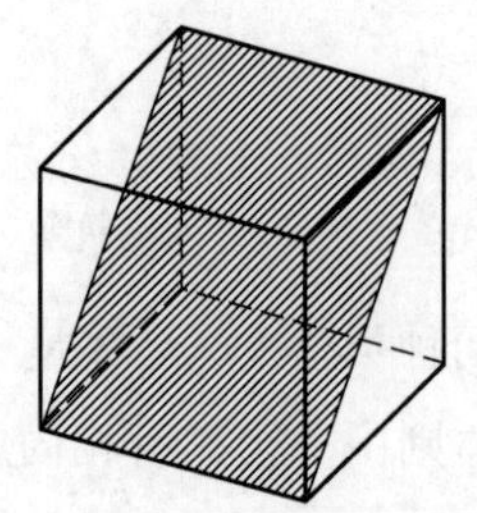
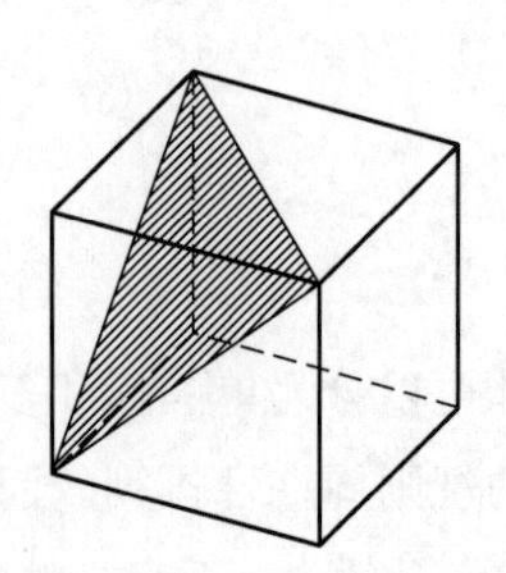

图 2-4　晶体硅晶面示意图

二、壳层模型

壳层模型（shell model）是用于描述原子内结构的一种模型。它是由核子（质子和中子）组成的原子核与核外电子构成的模型。根据壳层模型，原子外电子分布在一系列能级上，这些能级被称为壳层。原子的壳层模型认为，原子的中心是一个带正电荷的核，核外存在着一系列不连续的、由电子运动轨道构成的壳层，电子在壳层里绕核运动。在稳定状态，每个壳层里运动的电子具有一定的能量状态，所以一个壳层相当于一个能量等级，称为能级，在绝对零度下，电子能够占据的最高能级称为费米能级，一个能级也对应电子的一种运动状态。

孤立原子的电子在不同能级的轨道上稳定运行，吸收光子能量后电子从原本轨道跳入到新的能级轨道上，称为能级的跃迁（quantum transition），内层上的电子离原子核近，受到的束缚作用强，能级低，最外层电子离原子核较远，受到束缚最弱，能级也最高。从低能级跃迁高能级需要吸收能量，从高能级向低能级跃迁则会释放能量。对于原子中的电子，能级由低到高可分为 E1、E2、E3、E4 等，低能级电子吸收能量后可跃迁到高能级，分别对应于 1S、2S、2P、3S 等一系列壳层，如图 2-5 所示。

原子核外电子排布通常满足三大原则。

（一）泡利不相容原理：一个原子轨道最多只能容纳两个电子，并且自旋方向相反。即在同一原子里，不会出现电子层、电子亚层、电子云伸展方向和电子自旋状态完全相同的电子。

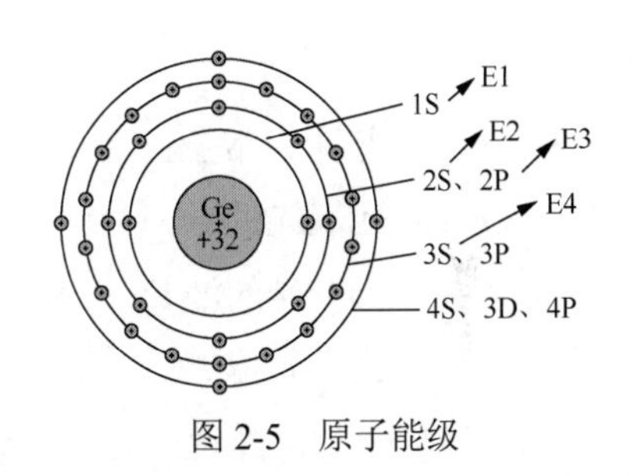

图 2-5　原子能级

（二）能量最低原理：在满足泡利不相容原理前提下，电子将按照使整个原子体系总能量最低的原则填充，电子会尽可能占据能量最低的轨道。

（三）洪特规则：又称等价轨道规则，在同一个电子亚层中排布的电子，总是尽量先占据不同的轨道，且自旋方向相同。

三、能带理论

半导体的导电性介于导体和绝缘体之间，从能带的角度解释，原因在于半导体能带的带隙。带隙反映固体原子中最外层被束缚电子跃迁变为自由电子所需要的能量。自由空间的电子所能得到的能量值基本上是连续的，在半导体中，由于量子效应，孤立原子中的电子占据非常固定的一组分立的能线，当孤立原子相互靠近时，规则整齐排列的晶体中，由于各原子的核外电子相互作用，使得原本孤立的原子中电子的高能级轨道发生交叉，相互重叠，电子产生能量差异，能级扩展为带状，称为能带。最外层电子受到相邻原子的影响大，能带较宽，内层受影响较小，则能带较窄，被占据的能带之间，通常不允许电子占据，这个没有被电子占据的范围称为禁带。电子通常会先占领能量较低的能带，内层能量较低，当将其占满后的能带称为满带，没有任何电子占据的能带称为空带。

原子最外层能带的电子称为价电子，价电子对应的能带称为价带（Valence Band）。价带的顶的能级用 E_V 表示；价带以上未被填满的能带或空带称为导带（Conduction Band）。导带的底的能级用 E_c 表示；E_V 与 E_c 之间存在能量间隔，用 E_g 表示，称为禁带宽度（Forbidden Band），又称为带隙（Band gap）。

在经典物理学中，光具有波粒二象性，光的本质就是可见光频率的光子流在真空中传播，光子的能量公式为

$$E = h\upsilon \tag{2-1}$$

光子的动量公式为

$$P = \frac{h}{\lambda} \tag{2-2}$$

光频率计算公式为

$$\upsilon = \frac{c}{\lambda} \tag{2-3}$$

可推出光能量公式为

$$E = \frac{hc}{\lambda} \tag{2-4}$$

式中 h——普朗克常量；

υ——代表光的频率；

λ——代表光的波长；

c——代表光速。

由上式可知，光速一定的情况下，光的波长越长，光子能量越小，波长越短，光子能量越大。表 2-1 为太阳光谱对应波长，由表可知，偏紫光部分波长较短，而偏红光部分波长较长。

表 2-1　太阳光谱对应波长

类型	不可见光		可见光							不可见光	
种类	X/Y 射线	紫外区域	紫	蓝	青	绿	黄	橙	红	红外区域	微波/无线电波
波长/μm	＜0.2	0.2～0.38	0.38	0.43	0.49	0.575	0.595	0.626	0.76	0.76～5.6	＞5.6

当光线照射到半导体材料时，光子会激发半导体价带中的电子，使其跃迁到导带上，同时在原来的价带中产生空穴。这个过程被称为光的吸收。然而，并非所有光都能被无条件地吸收。当光子的能量低于带隙能量 E_g 时，光能不被导带和价带之间的能隙所吸收，部分光能转化为热能。只有当光子携带的能量大于或等于带隙能量 E_g 时，光子才能被半导体吸收。

与带隙能量相等的光子被电子吸收并形成电子-空穴对。无论光子携带的能量有多大，一个光子最多只能激发一个“电子-空穴对”，多余的能量以热量的形式散失。

太阳光谱的高功率主要分布在可见光和接近红光的部分，功率峰值位于 0.5μm 附近，能量大约为 2.5eV，因此，为使光伏电池获取最大功率，得到最大吸收，半导体的带隙是影响转换效率的关键之一。

选择低带隙材料（如 1.0eV）可以实现广谱吸收，从红外线到紫外线的光子均能激发电子空穴对，从而增加光伏电流的产生。然而，一个光子只能激发一个电子空穴对，导致高能量光子所携带的额外能量无法被充分利用，并以热能的形式散失。举例来说，绿光（波长 0.5μm，光子能量为 2.5eV）在使用 1.0eV 带隙材料激发一个电子空穴对后，仍有 1.5eV 能量转化为热能，使得光伏转换效率仅为 40%。因此，低带隙材料并不利于获得高效的光伏能量转换效率。相比之下，选择带隙较大的材料可以提高光伏转换效率，因为它们更好地匹配光子能量，减少能量浪费，从而实现更高效的光伏性能设计。因此，在光伏器件设计中需要综合考虑材料的带隙能量、光谱范围和转换效率等因素，以获得最佳的光伏性能。

如果采用高带隙材料（如 2.5eV），虽然可以提高高能量光子的转换效率，但是却无法吸收波长大于 0.5μm 的稍低能量光子。这将导致这些光子要么穿过材料而直接透过，要么被散射和反射，无法有效转换为电能，并且可能使光伏转换效率降低。因此，在选取高带隙材料时，需要权衡考虑光谱范围和转换效率之间的平衡。

因此，在理想情况下我们可以选择能够在光谱范围内高效吸收光子的材料，包括低能量光子和高能量光子。一种解决方案是采用多结构光伏器件，其中不同材料层可以针对特定波长的光子进行优化吸收，从而提高整体的光伏转换效率。这种方法通过组合不同带隙能量的材料来实现光谱范围的宽覆盖。因此，在设计光伏器件时，需要综合考虑材料的带隙能量、光谱范围以及转换效率等因素，以实现最佳的光伏性能。各种不同材料制作的光伏电池的理想转换效率[2]见表 2-2。

表 2-2　部分光伏材料在 25℃的理论最大转换效率

光伏材料	带隙 E_g（eV）	最大转换效率 η_{max}（%）
锗（Ge）	0.6	13
硅（Si）	1.1	27
非晶硅（a-Si:H）	1.65	27
铜铟硒（CIS）	1.0	24
砷化镓（GaAs）	1.4	26.5
碲化镉（CdTe）	1.48	27.5
硫化镉（CdS）	2.42	18

第二节　半导体材料

半导体材料根据不同属性和组成可进行不同的分类，按照分子结构，分为有机半导体和无机半导体；按其化学成分，分为元素半导体和化合物半导体；按其是否含有杂质，又可分为本征半导体和杂质半导体。杂质半导体按其导电类型，又分为N型半导体和P型半导体。此外，根据半导体材料的物理特性，还有铁磁半导体、玻璃半导体、复合半导体等。目前获得广泛应用的半导体材料有锗、硅、硒、砷化镓、磷化镓、硫化镉、锑化铜等，其中锗、硅材料的半导体生产技术最为成熟、应用得最多。

半导体材料是一类具有半导体性能、可用来制作半导体器件和集成电路的电子材料，一般情况下，导体的电导率一般为 10^2～10^8S/cm，绝缘体电导率一般小于 10^{-10}S/cm，而半导体其电导率正是介于导体与绝缘体之间的一种物质，其导电性低于导体又高于绝缘体，其电导率在 10^{-3}～10^{-9}S/cm 范围内。半导体材料的电学性质对光、热、电、磁等外界因素的变化十分敏感。半导体主要有 3 个特性，即即光敏特性、热敏特性和掺杂特性。光敏特性是指在半导体受到强烈光照射后，其导电性能大增强；移除光照后，其导电性能大减弱。热敏特性是指当外界环境温度升高时，半导体的导电性能也随着温度的升高而增强，随温度降低而减弱。掺杂特性是指在纯净的半导体中，如果掺入极微量的杂质可使其导电性能剧增。这三大特性对于半导体材料的应用及光电子器件的设计开发具有重要意义。

一、本征半导体

本征半导体是指未经任何杂质掺杂的纯净半导体材料，其导电性质由自由载流子（电子和空穴）的热激发来实现。在本征半导体中，电子和空穴的浓度相等，从而使得正电荷和负电荷的总电荷为零。在绝对零度时，本征半导体价带上的电子都被填满，导带上没有电子存在，所以呈不导电性，是完美的绝缘体，但是当其受到外部作用时，能够激发电子从价带跃迁到导带上，形成自由电子和空穴，使得半导体呈现出可导电的性质，这一过程称为本征激发。本征激发的主要形式包括光激发和热激发，当光的能量与半导体带隙的能量匹配时，光子被吸收，光激发过程在光电器件（如太阳能电池）中得到广泛应用；当材料受热时，原子振动引起晶格中的电子和空穴被激发到导带和价带中使得导带中的电子和价带中的空穴浓度增加，从而增强半导体的导电性。所以，本征半导体的导电性质非常依赖于外部环境。本征半导体中的载流子浓度增加会提高其导电性。本征半导体在电子器件和半导体工艺中起着重要的作用，也为探究半导体基本性质提供了重要的基础。

二、杂质半导体

杂质半导体又称掺杂半导体，是指在纯洁的本征半导体中掺入某些杂质原子，改变电子结构进而调节其导电性质的半导体材料。通常按照掺入元素的不同，杂质半导体可分为 N 型半导体和 P 型半导体。

（1）N 型半导体是指在硅、锗等半导体材料中，掺入磷、砷、锑等 V 族元素的半导体材料，掺入元素的 5 个价电子中 4 个围绕硅、锗等原子形成共价键，剩下 1 个价电子脱落形成自由电子，于是在杂质半导体中产生大量的自由电子，自由电子也会填补附近空穴，最终导致材料中自由电子数量远远大于空穴，形成 N 型半导体。因此，N 型半导体的主要载流子是电子。

（2）P 型半导体则是掺入硼、铝、镓、铟等三价元素，元素中 3 个价电子与硅原子形成 3 个共价键，剩下 1 个共价键会捕捉电子形成负电离，在晶体中产生大量空穴，此时空穴数量将远远大于自由电子，形成 P 型半导体。当空穴出现时，相邻原子的价电子比较容易离开它所在的共价键而填补到这个空穴中来使该价电子原来所在共价键中出现一个新的空穴，这个空穴有可能被相邻原子的价电子填补，再出现新的空穴。价电子填补空穴的这种运动相当于带正电荷的空穴在运动，且运动方向与电子运动方向相反。为了区别于自由电子的运动，把这种运动称为空穴运动，并把空穴看成是一种带正电荷的载流子，即 P 型半导体的主要载流子是空穴。

综上，本征半导体是未经掺杂的纯净半导体材料，其导电性由本征激发引起；而杂质半导体是通过有意地引入杂质原子来改变其电子结构和导电性质的半导体材料，可以形成 N 型或 P 型半导体，提高导电性能。

第三节 PN 结

在半导体材料中，电子和空穴通常是成对存在的，称为电子空穴对。电子从价带向导带跃迁（产生电子和空穴）或者从杂质能级向导带跃迁（产生电子）或者从价带向杂质能级跃迁（产生空穴）称为载流子的产生过程；电子和空穴同为载流子，载流子流动中，电子从导带回到价带或杂质能级上或者空穴从价带回到杂质能级的过程称为复合过程。载流子的定向移动刚刚会产生电流，即半导体的导电过程。当 N 型半导体材料或 P 型半导体材料单独存在时，掺入的杂质浓度非常低，几乎没有可移动的载流子存在，因此都是呈现电中性的，但是当两者接触后，在其接触面会形成 PN 结。

一、平衡载流子与非平衡载流子

在热平衡条件下，半导体内载流子数目是恒定的，载流子的产生与复合是相等的，载流子的浓度乘积一定，即拥有统一的费米能级（fermi level），此时的内部状态称为热平衡状态。费米能级描述了电子在半导体中的能量的状态，是热平衡状态的标志之一。在热平衡条件下，载流子的能量分布服从热统计学的麦克斯韦-玻尔兹曼分布，内部的载流子称为平衡载流子。

当半导体受到外部的作用（如电压、光照、辐射等），半导体平衡状态受到干扰，载流子的分布与平衡态相偏离，内部的载流子浓度发生变化，此时的半导体状态称为非平衡状态。由于外界的影响，非平衡态中比平衡态多出来一部分载流子，称为非平衡载流子。非平衡载流子的平均生存时间称为非平衡载流子的寿命。不同材料的寿命非平衡载流子寿命差异较大，锗的寿命比硅要高，而砷化镓的寿命要短得多：较完整的锗单晶 10^4μs，较完整的硅单晶：10^3μs，较完整的砷化镓单晶：10^{-2}～10^{-3}μs。

二、扩散运动与漂移运动

扩散运动（diffusion）与漂移运动（drift）是在半导体中描述载流子运动的两种基本机制。在 N 型半导体中主要的载流子是自由电子，电子浓度高，而在 P 型半导体中主要载流子是空穴，电子浓度低。当两种杂质半导体相连接后，产生浓度梯度。由于存在浓度差异，载流子从浓度高的区域向浓度低的区域移动，称为载流子的扩散运动，自由电子从 N 型向 P 型扩散，空穴从高 P 型向 N 型扩散。扩散运动速度主要受浓度梯度的大小及材料温度等因素的影响。

扩散导致主载流子浓度下降，在半导体接触面附近形成一个浓度远高于远离接触面浓度的范围，这一区域称为空间电荷区。在这一区域形成一个 N 区指向 P 区的电场，称为内建电场，又称势垒电场。在势垒电场的作用下，载流子受到电场力的驱动而发生运动，此过程称为漂移运动。具体来说，空穴向着电场方向移动，电子朝着相反方向运动，漂移的速率与势垒电场的大小有关。

三、PN 结形成

扩散现象导致空间电荷区加宽，内电场增强，但内电场会阻碍主载流子扩散，加强漂移运动，最终载流子扩散运动与漂移运动达到动态平衡，即主载流子的通过与电场阻碍达到平衡，空间电荷区宽度趋于稳定，内电场强度趋于稳定。当这两种运动达到平衡状时态，即产生了一个 PN 结，如图 2-6 所示。

在无外部因素的影响下，空间电荷区内载流子数目极少，又称为耗尽层。稳定状态下，空间电荷区的宽度和电位差达到恒定值，这些恒定值的大小由材料的特性所决定。当具有

P-N 结的半导体受到光线照射后，电子、空穴数目增加，在内电场的作用下，P 区的电子移动到 N 区，N 区空穴移动到 P 区，在 PN 结的两端出现电荷累积形成电势差 U。这一电势差大小通常与半导体中掺杂浓度有关，掺杂浓度越高，电势差也就越大。

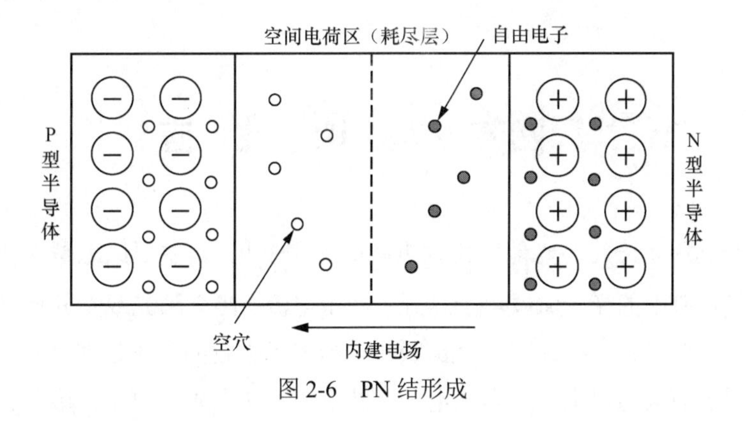

图 2-6　PN 结形成

四、PN 结伏安特性

PN 结的伏安特性用来描述正向或反向偏置下，电流电压之间的关系，它显示了 PN 结在不同电压下的导通和截止行为。

当在 PN 结外加一个正向电压时，即 P 区加高电压，N 区加低电压，这时 PN 结的内电场与外加电场方向相反，外电场大大削弱了内电场，同时由于外电场的作用使得 N 区的电子向 P 区移动，P 区的空穴向 N 区移动，使得电荷被中和，导致 PN 结位置的阻挡层变薄。同时，由于内电场受到外电场的影响，使得扩散运动大大提高，这样多子在外电场的作用下顺利通过阻挡层，这种特性被称为正向导通。

如果加上反向电压即 P 区加低电压，N 区加高电压，会导致内电场变得很大，使得阻碍层变厚，这时漂移运动会因为内电场的增强而变得剧烈，多子的扩散运动无法进行，少子的漂移运动增强。但是由于少子数量少，无法形成较大的电流，这时在宏观状态下 PN 结在反向电压下呈现截止状态，即反向截止。因为这种单向导电性，所以半导体多运用于整流、滤波等电路。

PN 结的伏安特性曲线如图 2-7 所示。当 PN 结在外加反向电压时，会产生一个反向饱和电流，当反向电压越来越大，电流也会急剧增大，这时 PN 结就被击穿了，这一区域称为击穿区域。击穿方式通常有两种：雪崩击穿和齐纳击穿。①雪崩击穿一般发生在掺杂浓度较低、外加电压又较高的 PN 结中。因为掺杂浓度较低的 PN 结，空间电荷区宽度较宽，发生碰撞

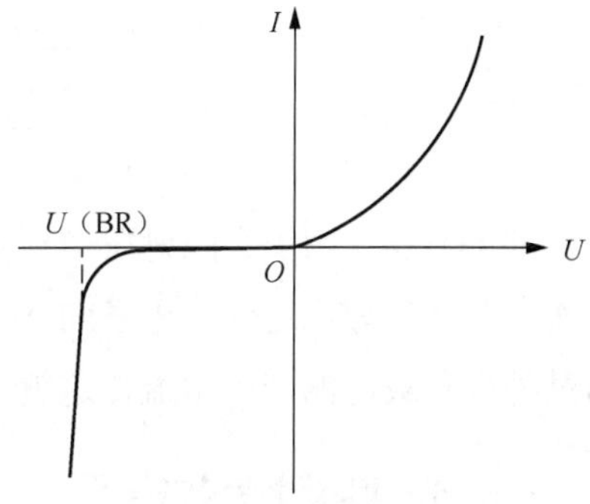

图 2-7　PN 结伏安特性曲线

电离的机会较多。②齐纳击穿一般发生在掺杂浓度较高的PN结中。因为掺杂浓度较高的PN结，空间电荷区的电荷密度很大，宽度较窄，只需加较低的反向电压，就能建立起很强的电场，发生齐纳击穿。

第四节 光伏效应

光伏发电是利用太阳能将光能转化为电能的过程[3, 4]。其主要原理是光伏效应，即在光照作用下，光伏材料中的光子激发电子跃迁，产生电流。当太阳光或是其他光线照射在半导体表面之上时，其能量被半导体电子全部吸收，当电子吸收的能量足够大时，克服内部引力做功，离开金属表面逃逸出来，成为光电子。硅原子有4个外层电子，掺入有5个外层电子的原子如磷原子，就成了N型半导体；掺入有3个外层电子的原子如硼原子，就成了P型半导体。当P型和N型结合在一起时，接触面就会形成PN结，由于PN结的结构特性，形成内建电场进而产生电压。也就是说太阳光经过一系列变化与化学反应，最后会呈现光电子的离散现象，此种现象在一定程度上能够促使异号电荷带动光电子运动，产生电压。若此时，将太阳能所产生的电能的两极，进行连接，则在2个电极的连接处会产生光电流，就能实现从太阳能到电能的转变，如图2-8所示。这一过程就是光伏发电的过程。

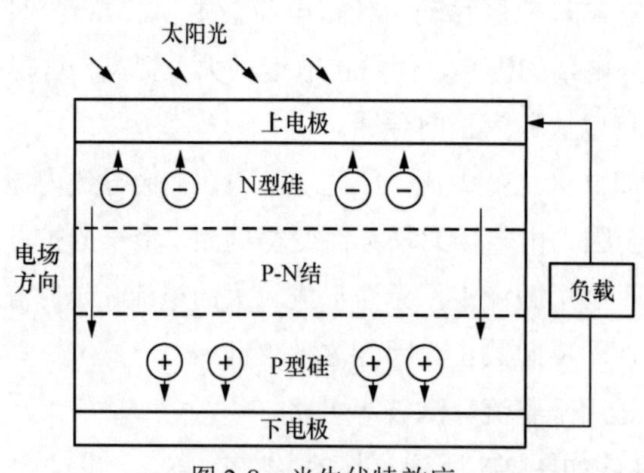

图2-8 光生伏特效应

综上所述，由于光照射在半导体材料中产生电子空穴对，电子空穴对在PN结的内建电场作用下产生分离运动，电子向N区移动，空穴向P区移动，并在两电极上产生电势差，通过外部负载电路产生电流，这就是光生伏特效应。

一、光伏电池等效模型

光伏电池特性与二极管类似，二极管正向导通时代表光伏电池发电，反向截止时代表光伏电池无法发电。这种模型假设光伏电池的电压与电流之间存在一个固定的关系。二极管建立的等效模型如图 2-9 所示。其中，等效电路由直流电流源、二极管、串、并联电阻和负载构成，I_{ph} 表示光伏电池的光生电流，I_d 表示内部暗电流，I 表示负载电流即输出电流，R_s 表示内部等效串联电阻，R_{sh} 表示内部并联电阻，I_{sh} 表示漏电流，U 表示负载电压，R 表示负载电阻。

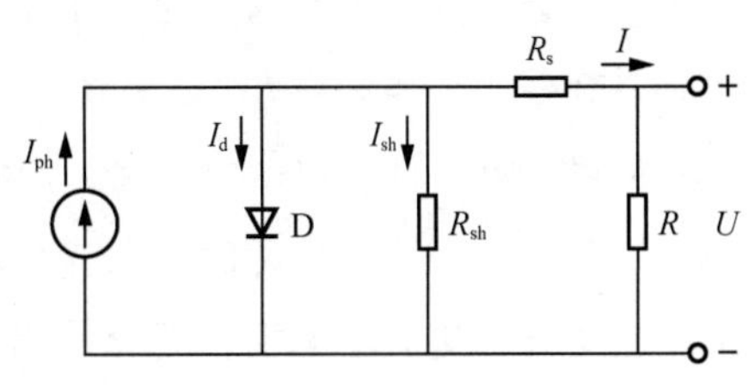

图 2-9　光伏电池等效电路

光伏电池内部存在着一定的串联电阻 R_s 和并联电阻 R_{sh}，它们是电池内部存在的固有电阻，也可说是太阳电池的内阻。考虑这些电阻的存在，光生电流 I_{ph} 的一部分通过等效二极管的电流 I_d 而损耗，一部分经并联电阻 R_{sh} 成为旁路电流 I_{sh} 而损耗，剩余部分电流 I 经串联电阻 R_s 流出光伏电池进入负载电阻 R，并在 R 上产生电压降 U。

由 KCL 基尔霍夫电流方程可求出输出电流计算公式为

$$I = I_{ph} - I_d - I_{sh} = I_{ph} - I_0\left[e^{\frac{q(U+IR)}{nkT}} - 1\right] - \frac{U + IRS}{R_{sh}} \tag{2-5}$$

式中　I_0——二极管反向饱和电流，A；

q——电子电量，1.6×10^{-19}C；

n——二极管性能理想因子，输出高电压时取 1，输出低电压时取 2；

k——玻尔兹曼常数，1.38×10^{-23}J/K；

T——光伏电池板绝对温度，$T=t+273$，t 为环境温度（单位：℃），K。

当太阳电池受到稳定的光照并接上负载 R 时，若不考虑其内部存在的串联电阻 R_s 和并联电阻 R_{sh}，即认为 R_{sh} 趋于无穷而 R_s 趋于零，则其工作情况可以用等效电路图 2-10 来描述，它相当于一个能产生光电流 I_{ph} 的恒流电源与一个对应于光伏电池内部 PN 结的等效二极管的并联电路。其中流过负载电阻 R 的电流为 I，而 R 两端的电压为 U，上述这种认为并联电阻接近无穷大（$R_{sh}\to\infty$），而串联电阻接近于零（$R_s\to0$）的情况称为理想情况，如图 2-10 所示。

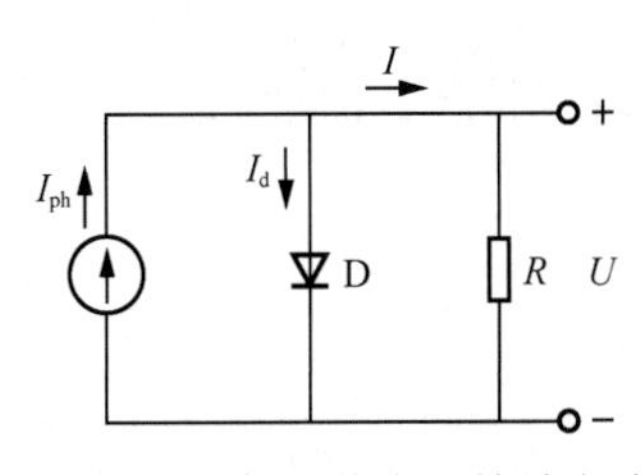

图 2-10　理想光伏电池等效电路

二、光伏发电汇流

太阳能发电系统主要由光伏电池组件、光伏汇流箱、并网逆变器、交流配电柜等组成，如图 2-11 所示。不同规格的光伏阵列发出电量不同，在太阳的光照下，光伏组件中产生电流然后通过光伏汇流箱的汇流作用将光伏组件产生的电流汇总传入光伏逆变器然后进行电能变换，变换成电能后通过配电即可并入电网。

并网时，通常需要将这些电量集中起来逆变后共同并入电网，即需要光伏汇流。此时，需要用到光伏汇流箱。光伏汇流箱在光伏发电系统中是保证光伏组件有序连接和汇流功能的接线装置，用户可以将一定数量、规格相同的光伏电池串联起来，组成一个个光伏阵列，然后再将若干个光伏阵列并联接入光伏汇流箱，在汇流箱内汇流后，通过控制器、直流配电柜、光伏逆变器、交流配电柜、配套使用从而构成完整的光伏发电系统，实现与市电并网。

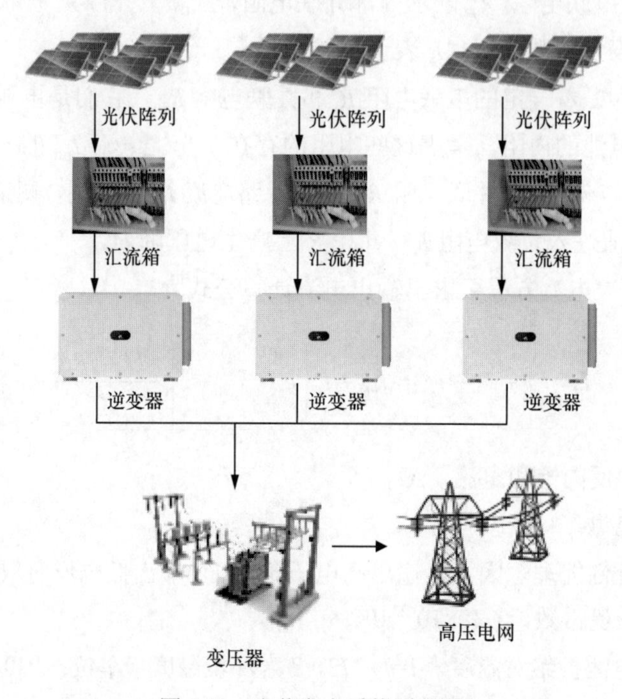

图 2-11　光伏发电系统原理图

光伏汇流箱还包括监测和保护的功能，是由光伏熔断器、防反二极管、浪涌保护器、汇流短路器、隔离开关等组成，其工作原理如图 2-12 所示。

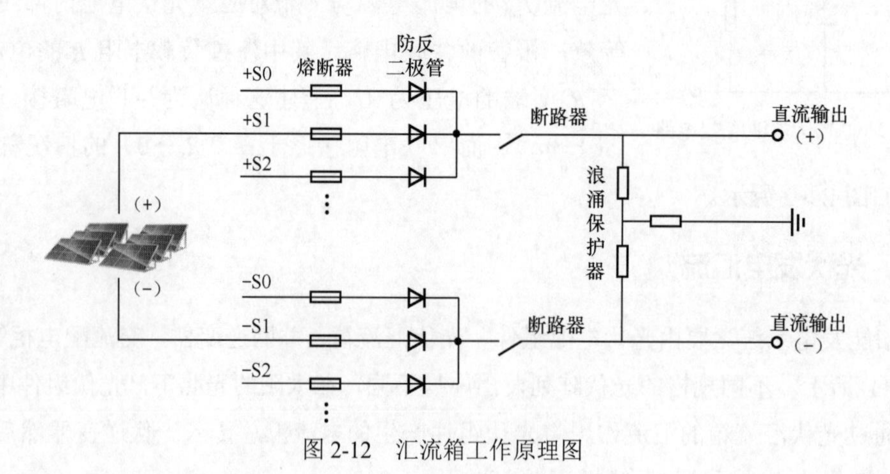

图 2-12　汇流箱工作原理图

（1）熔断器主要作用是当电路发生故障时防止因电路中的倒灌电流过大对光伏组件造成过大的损害，所以每个光伏组件的输出回路中都要安装一个熔断器。

（2）防反二极管是防止当太阳能电池组不发电时电路中发生反送电现象进而会使组件发热甚至可能损坏组件，或者当某阵列受不明物体遮挡使得此支路的电压下降，进而电路中产生高低压间的环流。

（3）断路器顾名思义是用于控制电路的通断，同时在前向电路发生故障时通过断路器来保护后向电路的安全。

（4）浪涌保护器是当电路中出现瞬间高压时，在很短的时间内将高压分流对电路进行保护的装置，由于汇流箱常被安装在一些复杂的工作环境下，所以常需安装防雷装置防止雷击对设备造成损坏。

三、光伏发电逆变

经汇流后的电流通过逆变后即可通过变压器接入高压电网。光伏逆变的主要作用是将直流（DC）电流转换为交流（AC）电，功率传输实现与电网电压的同相同频，从而与电网进行交互。光伏逆变器是光伏发电中电能转换的关键设备，通常由开关电路、滤波电路等组成。

（1）开关电路中的核心元件是功率半导体，如 IGBT 和 MOSFET。IGBT 是一种绝缘栅双极型晶体管，MOSFET 是一种金属氧化物半导体场效应晶体管，二者可以实现对电路的快速开启和关闭，通过不同桥臂间的换流即可将输入侧直流电源变成方波型交流电源，即“斩波”，因此开关电路也称斩波电路。

（2）滤波电路能够去除方波中的高频成分，通过脉冲宽度调制（PWM）实现调压调频，可以将方波变换成平滑的正弦波输出，以适用交流负载。常见的滤波电路有 L 型、RC 型、LC 型、LCL 型等。采用不同滤波电路时，因为结构的不同滤波性能也存在差异，可能会导致一定程度的谐振问题，所以在滤波电路选择时要考虑诸多因素，十分有必要采取一定的措施对其谐振尖峰进行阻尼，从而避免系统发生谐振现象威胁系统稳定。

随着科技的发展和成本的下降，光伏发电系统的效率不断提高，成为一种可靠和可持续的能源解决方案。光伏发电系统主要包括太阳能电池板、逆变器和电网三部分。其中太阳能电池板是光伏系统的关键组件，由多个光伏电池组成，通过对光伏电池的发电机理可以帮助科学家和工程师更好地理解光伏技术的工作原理和性能特点，帮助人们探索改进光伏电池效率、提高光电转换效率、降低制造成本的创新方法。

总之，通过光伏电池的发电机理的了解，对于技术研究、性能改进、设备选择和系统设计等方面都具有重要意义，推动光伏发电技术的发展和应用，促进清洁能源的可持续利用。

第三章

光伏发电材料

第一节　硅基光伏电池

一、单晶硅电池

单晶硅太阳能电池在生产过程中，需要将高纯度的单晶硅棒作为主要原料，是目前开发及创新速度比较快的太阳能电池，其构造、生产工艺已基本定型。在光伏发电系统建设过程中，可广泛应用单晶硅，提高光伏系统的光电转换率。单晶硅是当前使用比较普遍的光伏发电材料，是太阳能电池发展和应用过程中较成熟的太阳能电池生产技术，与多晶硅、非晶硅太阳能电池相比，其具有较高的光电转换效率。单个晶硅电池输出性能小，通常不直接使用。通常是将多个晶硅电池进行阵列排布，即通过串焊、层叠、层压等工艺制备成晶硅电池组件，也称光伏组件，再将多个光伏组件阵列相连以光伏电站的形式向外输出电量用于实际生活。

在单晶硅生产过程中，需要将单晶硅棒切成片，单晶硅棒片的厚度为0.3mm，对硅片进行抛磨、清洗加工使其成为原料硅片。在硅片上进行掺杂、扩散，掺杂物（微量硼、磷、锑等），主要在石英管高温扩散炉中完成。利用丝网印刷方法，在硅片上使用银浆印制栅线，应用烧结制成背电极，并在栅线面涂覆减反射源，防止大量光子被光滑的硅片表面反射。在硅片切割过程中，产生的废水主要以生产废水和生活污水为主。处理生产废水时，可将絮凝沉淀法与酸性水解法相结合，提高废水处理效率。

单晶硅组件技术起步最早，也最为成熟，主要采用单晶硅片制造。单晶硅材料的晶体完整，光学、电学和力学性能均匀一致，纯度较高，载流子迁移率高，串联电阻小，与其他光伏组件相比，性能稳定、光电转化效率高。单晶硅光伏组件将不断向超薄、高效的方向发展。一些研究者已提出了最佳电池结构及其效率极限的概念，假定所有可以避免的损耗全都被排除，即完全消除反射损失，并通过理想的陷光技术最大程度吸收入射光；假定除俄歇复合外，SRH 和表面复合均可避免；理想的接触电极既不遮光又无串联电阻损耗；在基片中不存在转移损耗，且基片中载流子分布是十分均匀的，以致在给定电压下，载流子的复合可减至最小。为了尽可能减小俄歇复合和自由载流子吸收，最佳电池用本征半导体硅材料制造，厚度约为 80μm，在对载流子复合和光吸收进行综合处理后，结果得出在一个太阳光强、AM1.5 和 25℃条件下，单晶硅太阳电池效率可接近 29%。

二、多晶硅电池

多晶硅材料是由许多具有不同晶向的小颗粒单晶硅组成。在小颗粒的单晶晶粒内部，硅原子呈周期性有序排列。多晶硅的硬度介于锗和石英之间，室温下质脆，切割时易碎裂。多晶硅加热至 800℃以上即有延性，1300℃时显出明显变形。多晶硅与单晶硅的主要区别是不同晶向的单晶晶粒间存在晶粒间界。所谓的晶粒间界是指晶粒间的过渡区结构复杂，硅原子呈无序排列，存在着能在禁带中引入深能级缺陷的杂质。一方面作为界面态耗尽了晶界附近的载流子形成具有一定宽度的耗尽层和势垒，另一方面作为复合中心俘获电子和空穴。晶界势垒阻碍载流子的传输又增大了串联电阻，这对填充因子不利。晶界的复合损失降低了收集概率，对开路电压和短路电流不利，从而影响太阳能电池的转换效率。

由于多晶硅技术的发展及成本优势，多晶硅光伏电池逐渐抢占了市场份额。多晶硅片由大量不同大小和取向的晶粒构成，在这些结晶区域里的光电转化机制完全等同于单晶硅电池。由于多晶硅片由多个不同大小、不同取向的晶粒组成，而在晶粒界面光电转化易受到干扰，因此多晶硅电池的转化效率相对单晶硅略低。同时，多晶硅的光学、电学和力学性能的一致性也不如单晶硅。随着技术的发展，多晶硅电池的转化效率也在逐渐提高。

第二节　无机薄膜光伏电池

目前，晶硅太阳电池是商业化程度最高的太阳电池，若仅考虑高性能，任何技术都无法取代晶硅太阳电池。但是薄膜太阳电池发展至今仍未被晶硅电池完全取代，是由于其在材料利用率、大规模生产和组件集成制备性能等方面的独特优势。

薄膜太阳电池作为第二代太阳电池，所使用的材料吸收系数比较高，吸收层用量仅为晶硅电池的 1/100，因而制造成本更低。另外，薄膜太阳电池还具有能量回收期短、能够大规模连续生产、弱光性能好、温度稳定性好等优点，还可以做成柔性可卷曲形状，应用场景比晶硅太阳电池更加广泛。薄膜太阳电池主要包括硅基和化合物薄膜太阳电池两大类。其中硅基薄膜太阳电池有非晶硅太阳电池；化合物薄膜太阳电池种类较多，包括 CdTe、铜铟镓硒（$CuInGaSe_2$，CIGS）、GaAs 等传统薄膜太阳电池。

一、非晶硅薄膜电池

非晶硅电池是一种可以以玻璃、塑料和不锈钢等材料为基板的薄膜电池。非晶硅电池的最上层为透明氧化铟锡导电薄膜镀层（ITO），导电性能好。在可见光部分具有高透过率，而且膜层硬度高、耐磨、耐化学腐蚀。非晶硅电池可采用单结、双结或者三结的结构，目前商业化的非晶硅电池的效率分别为 4%～5%、6%～7%、7%～8%。由于单结非晶硅电池稳定性差且效率低，已经较少使用，而稳定性好且效率高的多结和叠层非晶硅电池是发展的主要方向。采用的三结非晶硅电池从上到下依次为顶层非晶硅合金、中层非晶硅锗合金、底层非晶硅锗合金。非晶硅电池的最底层则为不锈钢柔性基板，可以层压在集热器的铝吸热板上同时具有高的导热性能。

非晶硅太阳能电池是目前大规模商业化应用的薄膜电池。由于反应温度低，非晶硅材料可以沉积在玻璃、不锈钢板、柔性塑料片等上，而且成本较低。虽然作为光伏材料非晶硅电池在 PV/T 的应用中较晶硅电池得到了较少的关注，但是目前非晶硅电池已经被广泛应用于光伏窗、光伏墙、建筑集成光伏系统网，以及热电发电等太阳能利用装置中。非晶硅电池的一些特性使其非常适合在中温工作，非晶硅电池的功率温度系数为-0.2～-0.1%/℃，这明显低于晶硅电池，使其适用于中温运行且不会出现明显的电能损失；非晶硅电池的薄膜特性能够节约硅材料，与晶硅电池相比具有更低的热阻，而且非晶硅电池可以避免较大的热应力，能够克服 PV/T 集热器在温度波动较大时产生的破损和断裂的现象。

与晶硅电池相比，非晶硅电池具有一个显著特点就是光致衰减效应，即长时间的强光照射导致电池内部产生缺陷，降低其光电转换性能。光致衰减效应被认为是限制非晶硅电池进一步推广应用的主要因素之一，然而这一观点仅局限于电池在常温工作的情形。在长时间暴露在阳光下，光致衰减效应导致的缺陷状态会趋于稳定和饱和，这种状态称为衰减稳定状态。幸运的是，高于 150℃的热退火可以减少非晶硅电池的缺陷状态，甚至可以使非晶硅电池的电性能恢复到原始状态。温度越高，非晶硅电池达到衰减稳定状态越快而且在衰减稳定状态时的电效率越高，所以非晶硅电池在中温可以表现出更优异的电性能。

虽然目前市场上商业应用的非晶硅电池效率相对较低，但其电性能有望在未来得到提高。

综上所述，非晶硅电池是一种有前景的太阳能电池，低的功率温度系数、热退火效应、薄膜特性，以及可以避免大的热应力使得非晶硅电池是中温 PV/T 集热器的理想选择。

二、砷化镓薄膜电池

GaAs 薄膜太阳电池最早是在 1956 年被研制出来。GaAs 的禁带宽度为 1.424eV，是比较理想的太阳光吸收层材料，PN 结内建电场较大，载流子迁移率较高，光吸收系数也很高。这些特点使得 GaAs 电池光谱响应特性较好，可靠性较高。此外，高能粒子辐射产生的缺陷对 GaAs 中光生载流子的复合影响相对较小，电池具有较强的抗辐射能力。因而尽管其生产成本很高，很难与硅太阳电池相比，但仍被广泛用于航天飞行器和人造卫星中。

由于使用了有毒的 As 元素，GaAs 电池产品的封装和回收需要慎重考虑。GaAs 材料需采用外延技术来制备，在 GaAs 电池的研究初期，一般采用液相外延法制备。液相外延在近乎热平衡条件下完成，制备的外延层结晶性很好，且杂质在外延生长过程中在固 / 液界面存在分凝效应，所以外延层的纯度很高。然而受相图和溶解度等因素的限制，液相外延很难用于制备多层复杂结构。金属有机化学气相外延是另一种被广泛用于制备 GaAs 的技术。该技术制备的外延片厚度均匀，浓度可控，并且可实现多层复杂结构的电池制备，缺点是该技术使用的设备和气源材料价格昂贵，技术复杂。

单结 GaAs 太阳电池转换效率的理论极限值为 32%，目前小面积 GaAs 太阳电池的最高转换效率已接近该理论极限，达到29.1%。具有最高效率的电池是通过金属有机化学气相外延技术制备GaAs层，随后从衬底上剥离出约2pm厚的GaAs薄膜并将其转移到金属Cu衬底上得到的。进一步提高电池的转换效率需要对电池的光反射、光捕获，以及金属背接触的光吸收引起的电流损失进行深度优化，如使用指状交叉背面点接触结构等。

三、铜铟镓硒薄膜电池

CIGS太阳电池是从铜铟硒（$CuInSe_2$，CIS）太阳电池发展而来的。由于采用Ga原子取代CIS中部分In原子，实现了吸光层材料禁带宽度在1.02eV（$CuInSe_2$）和1.7eV（$CuGaSe_2$）间可调，增大了电池的光电转换效率。CIGS电池具有优良的电学和光学特性，是一种有前途的光伏材料。首先，CIGS材料的晶界面是无活性的，即使晶粒尺寸小于1μm，也能用于制备高效率电池；其次，CIGS吸收层和CdS窗口层之间的晶格失配和杂质等缺陷对电池的性能影响很小，使得制备过程中即使在PN结形成之前暴露于空气也没有问题。CIGS薄膜材料可以通过多种方式制备，其中最常用的是多元素直接合成法和沉积金属预制层后硒化的方法。

由于Cd元素有毒性，近年来，使用无镉的前电极缓冲层替代CdS层也被广泛研究其中。Nakamura等人在2019年报道了使用环境友好的无镉前电极缓冲层制备的电池最高转换效率可达23.35%，是目前CIGS电池的世界最高转换效率。降低光反射，增强光捕获，减少背接触CdS以及和Al－ZnO中的光吸收，在Mo和CIGS之间形成良好的欧姆接触和避免CIGS中生成杂相副产物是接下来进一步提高CIGS电池转换效率的关键。

四、碲化镉薄膜电池

CdTe是一种稳定的化合物，可由多种方法制备得到作为直接带隙半导体，CdTe具有较大的光吸收系数。CdTe薄膜太阳电池具有突出的成本优势，吸引了研究人员的广泛关注。近年来，CdTe电池已成为最有竞争力的薄膜太阳电池。通过优化前电极CdS的制备工艺，优化CdTe薄膜的生长工艺，采用CdTe对CdTe进行热处理和使用含Cu背接触材料等手段，将CdTe薄膜太阳电池的转换效率从20世纪70年代的6%左右提升到21世纪初左右的16.5%。

CdTe是一种室温下禁带宽度为1.45eV的直接带隙半导体。从与地表太阳光谱的匹配度来说，该禁带宽度在光伏转换最佳带隙范围1.2～1.5eV内；而且作为直接带隙半导体，CdTe在可见光范围内具有高达10^4～10^5cm^{-1}的吸收系数。高的吸收系数使得厚度仅为1～2μm的CdTe即可完成对太阳光的高效吸收，这不仅大大节约了原材料用量和成本，提高了电池的能量回收期，而且微米量级的少子扩散长度也大幅降低了对材料质量的要求。CdTe薄膜的生产工艺简单，沉积速度较快且易于控制，衬底温度小于600°C也能生产出优质的薄膜。CdTe为P型导电，也可以通过掺杂实现N型导电和P型导电，因而CdTe是一种用于制备太阳电池的理想材料。此外，CdTe太阳电池的理论转换效率为32.1%，相对于晶硅太阳电池，还具有温度系数更低，弱光性能更好，可制成柔性器件等优势。

CdTe 薄膜太阳电池的结构包括上衬底和下衬底结构两种。由于 CdTe 的高功函数，人们不得不在背电极处加入特定的缓冲层，才能获得准欧姆接触，制备出高转换效率的电池，因此 CdTe 电池一般采用上衬底结构。上衬底结构的 CdTe 电池，是在玻璃衬底上依次沉积透明导电氧化物（TCO）、N 型窗口层、P 型 CdTe 吸收层、背电极缓冲层和金属电极得到的。

五、硒化锑薄膜电池

Sb_2Se_3 是一种V-VI族的弱 P 型二元半导体材料，物相单一，结构稳定，毒性较低，载流子迁移能力强，相对介电常数为 19。薄膜材料中的 Sb 和 Se 元素地壳储备丰富。在室温条件下，其直接带隙宽度为 1.17eV，间接带隙宽度为 1.03eV，与单节太阳能电池的最优能隙宽度相近。

结构特性方面，Sb_2Se_3 属于一维链状材料，其纳米带的键合形式较为复杂，即大量一维不同方向的$(Sb_4Se_6)_n$ 纳米带，带与带之间通过范德华力连接而成；而$(Sb_4Se_6)_n$ 纳米带内部的 Sb 和 Se 之间则通过键合能力较强的共价键连接，Sb_2Se_3 的一维链状结构使其成为一种特殊的异性材料，载流子沿纳米带上传输速率远高于纳米带间传输。（001）取向的$(Sb_4Se_6)_n$ 晶粒由倾斜的纳米带纵向堆积而成，由于其具备低表面能的特性，Sb_2Se_3 通常具备良性晶界，能一定程度上降低体复合引起的损耗。在光学特性方面，薄膜的光学带隙约为 1.2eV，可有效吸收波长在 300～1100nm 的太阳光能量，且吸光系数大（$>105cm^{-1}$），只需要几百纳米厚的薄膜就可以吸收大部分入射太阳光，低厚度的特性使得其在大面积集成上具有较大优势。在电学特性方面，Sb_2Se_3 电池器件的载流子扩散长度较长，在 290～1700nm 之间，能够满足作为平面结构薄膜太阳电池的条件。因此，Sb_2Se_3 薄膜非常适宜作为太阳电池的吸光层，目前 Sb_2Se_3 太阳电池转换效率已接近 10%，初步表现出工业化应用潜力。

第三节　新型光伏电池

一、染料敏化电池

染料敏化太阳电池（dye-sensitized solar cells，DSSC）相比第一、二代太阳电池，具有成本低廉、可打印、可柔性、可多彩、可半透明等特点。20 世纪 60 年代，德国科学家 Tributsch 等首次提出了染料敏化半导体产生电流的机理，此后染料被广泛应用于光电化学电池研究中。染料敏化太阳电池的原理不同于 PN 结太阳电池，而更像是模拟光合作用。常见的染料敏化太阳电池包括三个部分：染料敏化的纳米晶多孔光阳极、附着了催化剂的对电极和氧化还原电解液。

电池中理想的传输途径为，染料被光激发产生光电子，光生电子注入半导体中被外电路收集，失去电子的染料分子被电解质还原，流经外电路的电子到达对电极后与电解质发生还原反应。然而不可避免的是电子在传输过程中存在损耗：染料中，光激发产生的电子直接由激发态弛豫到基态；注入半导体导带中的电子没有传输到导电衬底上，而是回传给氧化态的染料；半导体导带中的电子直接与电解质发生复合反应，这些损耗限制了电池转换效率的进一步提升。

针对 DSSC 的缺陷以及主要原因，大量的科学研究试图从理论上或实验上对 DSSC 的性能进行优化，包括新型敏化剂的开发、高效电解质的开发、新型光电极的制作、DSSC 原型的设计和性能模拟等。进一步总结发现，大多数的研究都是针对单一 DSSC 某个部件的性能特征开展的研究，而且在这些研究中有两个问题始终没有解决好。第一个，DSSC 对太阳光的宽光谱利用无法实现，仍然只是对短波的高能量光子吸收和低效率的利用；第二个，DSSC 在工作过程中积累的大量的废热不能有效地排出或被充分利用，进而 DSSC 的性能一直由于较高的温度影响而表现不佳。由于电池转换效率较低，稳定性较差，使用寿命较低等问题，2010 年后国内外对染料敏化太阳电池的研究热情逐步降低，电池发展进入停滞。目前，DSSC 电池的最高转换效率为 14.0%。

二、有机光伏电池

有机太阳能电池从最早的两个电极夹一层有机半导体材料的结构发展到现在，其常用的结构主要有正向结构、反向结构和叠层结构。每种结构包括电极层、活性层、界面层和基底。电极通常使用氧化铟锡 ITO 作为透明导电电极，常直接制备于基底玻璃（非柔性器件）或 PET 薄膜（柔性器件）上；活性层是有机太阳能电池最重要的部分，是光能转化为电能的地方，对器件的能量转化效率起到决定性作用；界面层又称界面修饰层或缓冲层，主要作用是调节能级、减少各层之间接触势垒、控制载流子的传输方向。

有机太阳能电池是利用活性层材料吸收入射光，通过光生伏特效应在正负电极上产生电压，从而对外部电路输出电能的装置。其工作原理可以分为下面 4 个步骤：吸收入射光产生激子；激子的扩散；激子的分离；电荷的收集。具体内容如下：

（1）当有机太阳能电池活性层材料分子吸收了足够能量的光子后，电子突破能级势垒 E_g，从最高占据分子轨道（highest occupied molecular orbital，HOMO）能级跃迁到最低未占分子轨道（lowest unoccupied molecular orbital，LUMO）能级，成为激发电子，并且留下空穴，形成电子-空穴对。这要求活性层材料具有较高的吸光系数并且吸收光谱与太阳光谱相匹配。激子需要扩散并传输到给体分子与受体分子的界面上才能进行下一步电荷分离，由于电子和空穴存在辐射复合和非辐射复合等方式进行复合，这将造成激子的损失，浪费吸收的光能，对给体分子与受体分子结合的形貌提出了要求，相分离尺寸不能过大。

（2）当激子扩散到了给体分子与受体分子的界面上时，由于给体分子与受体分子的 LUMO 能级势，电子将从给体分子 LUMO 能级流入受体分子 LUMO 能级中，空穴留在给体分子的 HOMO 能级上，这将形成自由电子和空穴。在有机太阳能电池各层材料的内部势能差的作用下，分离得到的电子将从受体材料中逐步传输到阴极电极上，同时空穴将从给体材料中逐步传输到阳极电极上，收集到电极上的电荷可以对外电路产生光电压和光电流。由于空穴和电子在传输过程中高度可逆并且不可避免会受到各种缺陷而损失，因此加入合适的电子传输层和空穴传输层促进电子和空穴向合适的方向快速移动。各层材料也需要通过改善表面形貌、调节接触势垒等方式减少电荷损失。

有机薄膜太阳电池的吸光层材料采用有机小分子或聚合物作，具有以下优点：

（1）选材丰富，可以根据需求设计分子材料的结构；

（2）毒性小，污染不严重；

（3）加工容易，成本低廉；

（4）可用于制备大面积柔性电池和半透明电池。

但有机电池同时也存在以下问题：

（1）目前有机太阳电池的最高转换效率仅为 18.2%，低于无机光伏电池；

（2）电池稳定性较差，使用寿命短。

综上，有机太阳电池的主要应用在小型电子器件以及可穿戴设备上。

三、钙钛矿电池

自 2009 年以来，有机一无机杂化钙钛矿材料（ABX_3）以光伏材料的“身份”出现在人们的视野中。基于有机金属卤化物吸收材料的钙钛矿太阳电池，该材料表现出来的光伏特性与材料的固有属性有着密切的关系，如适宜的直接能隙（1.55eV）、较小的激子结合能、较高的缺陷容忍度、较长的载流子扩散长度和出色的迁移率等性质，因其卓越的能量转换效率和极低的成本被认为是一种极有前途的光伏技术。除优异性能之外，在器件的制备方面，以有机一无机杂化钙钛矿薄膜材料为例，其制备方法主要有一步旋涂发气二步旋涂法、分步液浸法，以及分步气相辅助沉淀法等，这些生产制备工艺相对简单，且所需的原材料的成本低廉。不足之处在于，目前报道的高效率钙钛矿器件均包含有重金属元素 Pb。由于 Pb 会渗入土壤和水体中对人类和其他生物造成危害，同时自身结构的稳定性仍具有挑战（如遇水、光、热等导致分解），这些不利情况将是科研人员需要解决的一个重要问题。

对于光伏材料而言，在可见光区域和近红外光区域具有较宽的吸收带是实现高光电转换效率的必要条件。虽然能隙越小，能够吸收更多的入射太阳光，但会导致其电池的开路电压变小，从而影响整个电池的转换效率。值得留意的是，在钙钛矿材料中，可以通过调控晶体结构的元素组分对能隙进行调节，进而使其得到较为合适的吸收能隙。目前，为了提高钙钛矿电池的性能主要有两种基本思路：①从钙钛矿电池材料出发，抑制材料在使用过程中产生分解；②采用合适的电池封装技术，阻碍电池与外界环境发生反应。

光生载流子的扩散与迁移速率是影响器件光电转换效率的重要因素。这是因为载流子在器件内部扩散并转移至电池的两极过程中，部分的光生电子一空穴对在库伦作用下会发生复合，导致光伏器件的光电转换效率降低。因此，对于光生载流子的迁移率较高的材料而言，其载流子的复合概率相对较低，进而对将光能转换为电能的器件越有利。传统型太阳能电池材料的空穴有效质量通常大于电子的有效质量；而对于钙钛矿材料来说，两者之间差别加大或者表现出相反的特性，这些现象与材料本身在带边附近的电子态有着密切的联系。对于Pb基的钙钛矿光伏材料来讲，由于Pb^{2+}存在着孤立的S电子对使其光伏材料具有与传统型太阳能电池材料不同的属性，其带边的电子态分布与传统型恰好相反，因此在基于Pb的钙钛矿材料中空穴的有效质量将会变小，这对载流子的扩散和迁移非常有利。

四、量子点光伏电池

量子点敏化光伏电池（quantum dot sensitized solar cells, QDSC）是从传统的染料敏化光伏电池衍生而来的，两者的结构和工作原理是一致的，不同点是量子点敏化光伏电池采用窄禁带宽度的量子点取代染料敏化光伏电池中有机染料分子作为电子激发的敏化剂。因为量子点独特的多重激子效应，所以有望突破S-Q极限，其理论光电转换效率高达44%，高于半导体理论光电转换效率的32%。与有机染料相比，量子点不仅具有MEG效应，而且还具有其他优点：

（1）量子点光谱吸收范围更广，其带隙可以根据量子点尺寸调节；

（2）量子点具有比有机染料分子更大的消光系数和光化学稳定性；

（3）量子点具有大的固有偶极矩，利于激发态电子一空穴的分离。

量子点敏化光伏电池主要是由导电透明电极（如掺杂氟的SnO_2透明导电玻璃，简称FTO）、多孔光阳极（如TiO_2薄膜）、量子点敏化剂（如CdS量子点）、电解质（如多硫化物）和对电极（如Cu_2S）组成。在入射光的作用下，量子点中的电子受激发从价带跃迁到导带，激发态的电子快速注入TiO_2光阳极导带中，在FTO玻璃上富集并通过外电路流向对电极，量子点中留下的空穴与电解质中的S^{2-}离子发生氧化还原反应，S^{2-}离子被氧化成Sx^{2-}离子，Sx^{2-}离子扩散到对电极，得电子被还原成S^{2-}离子，这样就完成一个光电化学循环。

第四节　各类光伏电池的性能对比

太阳能光伏电池可以划分为三代电池：第1代晶硅电池，第2代薄膜电池和第3代新型高效电池。

太阳能光伏电池主要的类型是单晶硅太阳电池和多晶硅太阳电池，其技术成熟度高、产业规模较大，是一种主流产品。据有关资料，单晶硅太阳电池的光电转换效率为17%左右，实验室效率最高可达到24.8%。但是，单晶硅制备过程复杂且能耗高，导致光伏发电成本较高。近年来，基于硅基与多元化合物的薄膜太阳能电池发展迅速，其光电转换效率已接近晶硅太阳能电池。这类电池原料丰富、成本低廉、质量轻、可溶液加工，且光伏性质优越，在光伏电站、光伏建筑，以及可穿戴光伏器件等领域显示出巨大的应用潜力。硅基光伏电池和薄膜光伏电池材料的有些应用缺陷短期内很难解决，研究人员试图找到新的材料来推进光伏电池产业化进程，于是新型光伏电池进入研究人员的视野。新型光伏电池的主要特点是薄膜化、理论转化效率高、原料丰富、无毒性。目前较为热门的新型光伏电池有染料敏化电池和钙钛矿电池等。

从目前全球光伏市场来看，单晶硅和多晶硅电池因具较高性价比，仍然占市场主体。然而，薄膜光伏电池或新型光伏电池由于其较高的理论转化效率和较低的制备成本也显示出诱人的发展前景。从“碳中和”应用角度出发，对比分析它们的转化效率、优缺点、成本，以及主要应用场景。虽然目前新型光伏电池种类繁多，但其中已经能够产业化并且应用到民用领域的光伏电池只有钙钛矿光伏电池。从表3-1中对比可看出，每种光伏电池都有各自的应用场景，仍未有一款完美的光伏电池同时做到高效低成本，为实现“30·60”目标，仍需大力发展高效率和低制备成本的光伏电池。

表3-1　　各类光伏电池的综合性能对比

电池类型	最高转换效率（%）	制备成本	使用寿命	主要限制因素
单晶硅电池	26.7	高	25年以上	生产成本高
多晶硅电池	22.3	中	25年以上	转化率有待提高
燃料敏化电池	11.9	低	15～20年	稳定性低寿命短
有机光伏电池	17.3	低	15～20年	稳定性低寿命短
量子点电池	16.6	低	50～100年	稳定性低
钙钛矿电池	23.7	低	不到1年	技术不成熟寿命短
非晶硅电池	14.8	低	20年以上	稳定性低
砷化镓电池	32	较高	20年以上	成本较高环境敏感
铜铟镓硒电池	23.35	低	约25年	面积大稳定性低
碲化镉电池	17.3	低	约30年	制造原料有毒

在“碳中和”愿景下，需要大力发展新型光伏电池，然而，新型光伏电池属于发展较晚的电池种类，其电池技术也一直在进步，国内外研究人员一直在积极地推动新型光伏电池的产业化进程。评估一种光伏电池是否有应用前景，其光电转化效率是一个重要衡量标准，除了要保证电池的转化效率外，电池的工作稳定性也是目前光伏电池研究的重要方向之一，电池材料的环境友好性是决定一种光伏电池能否大规模应用的又一重要因素。研究人员主要改进方向有两种：一是彻底替换原先的有害元素；二是利用掺杂的手段，降低原先有毒元素的毒性。电池大面积制备技术是能否实现新型光伏电池产业化的最后一步。

目前，很多新型光伏电池制备技术只能满足实验室研究使用，无法满足大规模工业化生产所需的大面积以及低成本的要求。因此，对于大面积制备技术的主要研究方向是如何保障电池效率没有因为大面积量产而降低并且是低成本的制造工艺。

钙钛矿太阳电池经过短短几年时间的发展，其转换效率就从最初的 3.8%飞速发展至 23.3%。该类电池的制备工艺简单、原材料廉价，被认为是一种引领低成本、低嵌入式的光伏技术。目前，钙钛矿太阳电池的研究方向主要集中在提高效率、增强稳定性、大面积制备、柔性器件和研发新材料等方面。

有机太阳电池具有质轻、成本低、制备过程简单、半透明、可大面积低成本印刷、环境友好、可制备成柔性器件等优点。有机太阳电池中的活性层材料由电子给体和电子受体组成。不过该类电池目前面临有机共轭分子光吸收有限、二元活性层吸光范围较窄、不能充分覆盖太阳辐射光谱，以及富勒烯衍生物受体材料存在诸多缺点的情况，因此，发展高性能的受体材料是该类电池技术面临的挑战性难题。但随着新材料的不断出现，有机太阳电池的转换效率近几年有新的提升。

染料敏化太阳电池具有低价、高效、弱光下转换效率高、颜色可调控等优势，是新型太阳电池家族的重要成员，目前其最高转换效率为 14%。该类太阳电池的研究方向主要集中在进一步通过材料设计以提高染料吸收效率、设计新型固态电解质以提高器件稳定性等方面。其主要发展瓶颈在于此类电池转换效率的进一步提升。

量子点太阳电池中量子点尺寸介于宏观固体与微观原子、分子之间。与其他吸光材料相比，量子点具有独特尺寸效应，通过改变半导体量子点的大小，就可以使太阳电池吸收特定波长的光线。目前基于胶体量子点的太阳电池的效率已超过 13%，相对钙钛矿太阳电池等其他太阳电池而言，胶体量子点太阳电池的开路电压较小，其电压值一般与禁带宽度的值相差 0.5eV 以上，这是目前制约量子点太阳电池效率的一个重要因素。

第四章

光伏发电层工艺

第一节　光伏结构概述

一、光伏板结构

太阳能电池板主要是由玻璃、电池片、背板、EVA（Ethylene vinyl acetate）、接线盒、铝框等部分构成，见图 4-1。各部件的运行可靠性能及价格成本，将直接影响太阳能电池板的使用寿命及销售价格，进而影响整个太阳能发电系统。

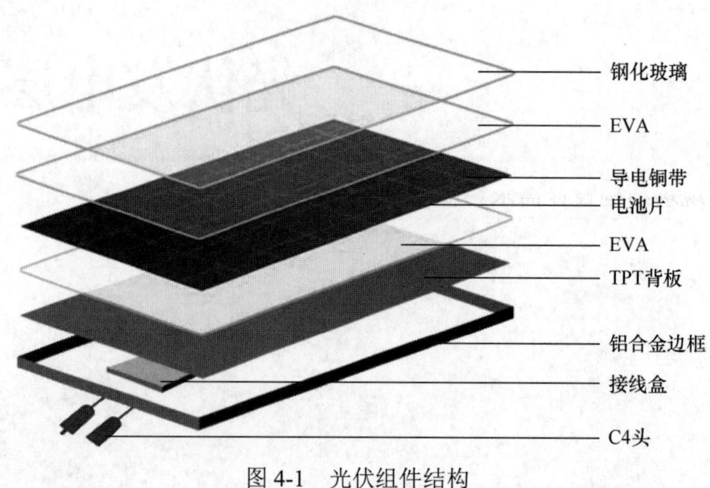

图 4-1　光伏组件结构

（一）电池片

根据电池片制备工艺的不同，主要分为单晶电池片和多晶电池片。其中单晶电池片主要采用提拉法生长硅棒，多晶电池片主要采用铸锭法生长硅锭，因生长方式不同，致使两种电池片的内部晶格结构、弱光响应、转换效率等不同。

（二）EVA

EVA 在整个太阳能电池板中主要起胶粘剂的作用，分为高透型 EVA（玻璃面）、高截止型 EVA（背板面），EVA 的交联度一般需控制在 80%～90%（二甲苯萃取法），EVA 与玻璃间的剥离强度不小于 60N/cm，与背板间的剥离强度不小于 40N/cm，透光率大于 91%，拉伸强度不小于 16MPa，断裂伸长率不小于 500%，纵向收缩率不大于 3%，横向收缩率不大于 2%，吸水率小于 0.1%等。

（三）背板

背板材料作为与环境的接触层，其黄变指数、开裂情况、击穿电压、水汽阻隔能力等都将影响电池板的使用寿命。目前，主流的背板类型包括 TPT、KPE、TPE、KPK、FPE、尼龙等。其中，TPT 和 KPK 是最常用的背板类型，T 指的是杜邦公司的聚氟乙烯（PVF）材料，K 指的是阿克玛公司的偏聚氟乙烯（PVDF）材料，P 是聚对苯二甲酸乙二醇酯（PET）薄膜，起支撑骨架作用。

PVF 材料具有结构稳定、耐候性好等特点，被广泛应用于室外环境中。但 PVF 材料的含氟量相对较少，且容易出现针孔，水汽阻隔能力相对较弱，故背板厂家往往通过增加 PVF 膜层厚度来保证产品质量，进而造成 TPT 背板价格相对较高。

（四）铝框

硅基太阳能电池板一般采用阳极氧化铝铝框，氧化膜平均膜厚不低于 15μm，表面维氏硬度不低于 8.0HW，弯曲度不大于 0.3mm/300mm，铝边框上带有安装孔、漏水孔、接地孔等，以满足项目现场结构设计需求。常规的阳极氧化铝铝框建议安装在距离海岸线 500m 以外的区域，而临海区域建议使用盐雾铝框，氧化膜平均膜厚不低于 18μm，以防止海水侵蚀铝框，降低电池板的使用寿命。

二、光伏支架结构

光伏系统安装支架结构是光伏电站长期、稳定、安全运行的重要保障。光伏支架是光伏发电系统中的重要组成部分，它承载着光伏组件，并将其安装在适当的位置上，确保其能够最大限度地接收到太阳辐射，如图 4-2 所示。

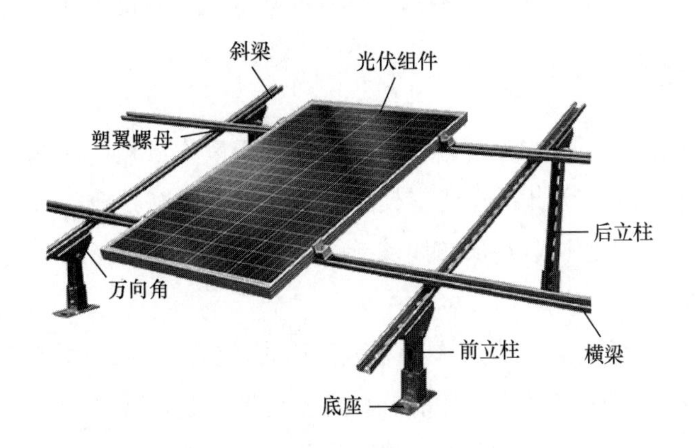

图 4-2　光伏支架的结构

（一）支架主体结构

光伏支架的主体结构通常由支撑柱、托架和连接件组成。支撑柱是支架的主要承重部分，它通过嵌入地面或固定在建筑物上，将光伏组件固定在适当的高度上。托架是连接光伏组件和支撑柱的部件，其形状和结构根据实际需求和安装方式而有所不同。连接件主要用于连接支撑柱和托架，起到加固和稳定整个支架结构的作用。

（二）调整机构

为了使光伏组件能够最大限度地接收到太阳辐射，光伏支架通常配备有调整机构。调整机构可以根据太阳的位置和光伏组件的倾角，调整光伏组件的朝向和倾角，以提高光伏发电系统的发电效率。调整机构主要包括调整杆、调整支架和调整装置等部分，通过调整杆和调整装置的协调运动，实现光伏组件的精确调整。

（三）固定装置

为了保证光伏组件的稳定性和安全性，光伏支架通常还配备有固定装置。固定装置主要用于将光伏组件固定在托架上，防止其在强风等恶劣天气条件下受到损坏或脱落。常见的固定装置包括螺栓、螺母、垫片等，通过将它们固定在光伏组件和托架之间，确保光伏组件的稳定性和安全性。

（四）接地装置

光伏支架还需要配备接地装置，用于将光伏组件与地面形成良好的接地连接。接地装置主要包括接地线、接地极和接地电阻等部分，通过将它们连接在光伏组件和地面上，可以有效地防止光伏组件受到雷击和静电的影响，保障光伏发电系统的安全运行。

（五）防腐处理

由于光伏支架通常暴露在户外环境中，长时间处于风吹日晒、雨淋雪打等恶劣天气条件下，容易受到腐蚀和损坏。因此，光伏支架通常需要进行防腐处理，以延长其使用寿命。常见的防腐处理方法包括热镀锌、喷涂防腐漆等，通过在支架表面形成一层保护层，有效地防止腐蚀和损坏的发生。

光伏支架的组成包括支架主体结构、调整机构、固定装置、接地装置和防腐处理等部分。这些组成部分相互配合，确保光伏组件能够稳定安全地安装在适当的位置上，并能够根据太阳的位置和光伏组件的倾角进行调整，以提高光伏发电系统的发电效率。通过合理设计和选择适当的材料，光伏支架可以具备良好的承载能力、稳定性和耐腐蚀性，为光伏发电系统的长期运行提供可靠的支撑。

第二节　光伏生产工艺概述

一、光伏生产工艺

光伏生产工艺：经电池片分选→单焊接→串焊接→拼接（就是将串焊好的电池片定位，拼接在一起）→中间测试（中间测试分红外线测试和外观检查）→层压→削边→层后外观→层后红外→装框（一般为铝边框）→装接线盒→清洗→测试（此环节还分红外线测试和外观检查，判定该组件的等级）→包装。

太阳能光伏组件要满足以下要求：

（1）能够提供足够的机械强度，使太阳能光伏组件能经受运输、安装和使用过程中发生的冲击、振动等产生的应力，经受住冰雹的冲击力。

（2）具有良好的密封性，能够防风、防水、隔绝大气条件下对太阳能电池片的腐蚀。

（3）具有良好的电绝缘性能。

（4）抗紫外线辐射能力强。

（5）工作电压和输出功率按不同的要求设计，可以提供多种接线方式，满足不同的电压、功率电流输出要求。

（6）因太阳能电池片串、并联组合而引起的效率损失要小。

（7）太阳能电池片间连接可靠。

（8）工作寿命长，要求太阳能光伏组件在自然条件下能够使用 20 年以上。

（9）在满足前述条件下，封装成本尽可能低。

二、光伏电池工艺

制造晶体硅太阳能电池按照先后制造工序一般包括硅片检测分选、硅片的表面处理、扩散制结、刻蚀周边、去磷硅玻璃、蒸镀减反射膜、印刷电极和太阳能电池分类筛选等 8 道工序。太阳能电池和其他半导体器件的主要区别是需要一个大面积的 PN 浅结实现光电转换。电极用来收集从太阳能电池内部到达正负极表面的载流子进而向外部负载输出电能。减反射膜的作用是使电池外表“更黑”以吸收更多的太阳光能使输出功率进一步提高。为使太阳能电池成为可以使用的器件，在电池的制造工艺中还包括去除背结和腐蚀周边两个辅助工序。一般来说，PN 结特性是影响太阳能电池转换效率的决定因素，即电极除影响太阳能电池的电性能外，还关乎太阳能电池的可靠性和寿命长短。

光伏电池的制造方法涉及以下步骤：

（1）材料准备：光伏电池的核心组件是半导体材料，通常使用硅或其他具有光电转换能力的材料。这些材料被准备成薄片或晶体形状，以便进行后续的加工。

（2）清洗：材料表面需要彻底清洁，以去除尘埃、油脂和其他杂质，以确保最佳的电子传导。

（3）染料敏化（可选）：某些类型的光伏电池，如染料敏化太阳能电池，需要在半导体表面涂覆一层敏化染料，以吸收光能并将其转换为电能。

（4）接触层制备：在光伏电池的正负电极上涂覆一层接触材料，通常是金属，以便电流可以流经电池。

（5）焊接：将正负电极与半导体材料连接起来，通常使用焊接技术，确保良好的电子传导和机械稳定性。

（6）粘合和封装：将光伏电池的各个组件粘合在一起，通常使用透明的胶水或硅胶，并使用封装材料将其封装在透明的外壳中，以保护内部结构免受环境影响。

（7）测试和质量控制：对光伏电池的电性能进行测试，确保其输出符合规定的标准和要求。在生产过程中，进行严格的质量控制以确保电池的可靠性和稳定性。

以上步骤是通常用于光伏电池制造的一般流程，具体的制造方法可能会因所使用的光伏技术类型而有所不同。

光伏电池的制造厚度和尺寸是根据具体的设计和应用需求而定的。①制造厚度。在光伏电池的制造过程中，常用的硅片厚度为180～200μm，但也有其他厚度的光伏电池存在，如薄膜太阳能电池。②尺寸方面，传统的光伏电池通常为方形或矩形形状，其尺寸可以从几厘米到几十厘米不等，取决于电池的类型和用途。另外，这些参数可能随着技术的发展和不同制造商之间的差异而有所变化。需要注意的是，光伏组件尺寸是根据组件串间距及片间距及组件爬电距离及电池的尺寸进行确定的。

（一）硅片的选择

硅片是制造晶体硅太阳能电池的基本材料，它可以由纯度很高的硅棒、硅锭或者硅带切割而成。硅材料的性质很大程度上决定太阳能电池的性能。选择硅片时，要考虑硅材料的导电类型、电阻率、品向、位错、寿命等。硅片通常加工成方形、长方形、圆形或者半圆形，厚度为180～200pm。

（二）硅片的表面处理

切好的硅片，表面脏且不平，因此在制造太阳能电池之前要先进行硅片的表面准备，包括硅片的化学清洗和硅片的表面腐蚀。

（1）化学清洗是为了除去玷污在硅片上面的各种杂质。

（2）表面腐蚀是为了除去硅片表面的切割损伤，获得适合制结要求的硅表面。

制结前硅片表面的性能和状态直接影响结的特性，从而影响成品太阳能电池的性能，因此硅片的表面准备十分重要，是太阳能电池制造生产工艺流程的重要工序之一。

（三）扩散制结

PN 结是晶体硅太阳能电池的核心部分。没有 PN 结，便不能产生光电流、也就不能称其为太阳能电池，因此 PN 结的制造是主要的工序。制结过程就是在一块基体材料上生成导电类型不同的扩散层。扩散的方法有多种，即热扩散法、离子注入法、外延法、激光法和高频电注入法等。在实际生产中，多采用热扩散法制结。热扩散法又分为涂布源扩散液态源扩散和固态源扩散法。目前，国内生产企业多采用液态源扩散法制结。

（四）腐蚀周边

在扩散过程中，硅片的周边表面也有扩散层形成。如果周围这些扩散层会使电池上下电极形成短路环，因此必须将其除去。周边上存在任何微小的局部短路都会使电池并联电阻下降，使电池成为废品。去边的方法主要有腐蚀法挤压法和等离子刻蚀法。目前，企业生产大多数采用等离子体刻蚀法。等离子体刻蚀法是采用高频辉光放电反应使反应气体激活成活性粒子，如原子或游离。这些活性粒子扩散到需刻蚀的部位，并在那里与被刻蚀材料进行反应，形成挥发性反应物而被去除。这种腐蚀方法也称为干法腐蚀。

（五）去除背结

在扩散过程中，硅片的背面和侧面也形成了 PN 结，因此在制作电极之前，需要去除背结。去除背结的常用方法主要有化学腐蚀法、磨片法和蒸铝或丝网印刷铝浆烧结法等。目前，企业大多数都采用适合大规模自动化生产的丝网印刷铝浆烧结法。

（六）制作上、下电极

为输出电池转换所获得的电能，必须在电池上制作正负两个电极。电极就是与电池 PN 结形成紧密欧姆接触的导电材料。

（1）对电极的要求：接触电阻小；收集效率高；能与硅形成牢固的接触；稳定性好；易于引线，可焊性强；污染小。

（2）制作方法：真空蒸镀法、化学镀镍法、银铝浆印刷烧结法等。

（3）所用金属材料：铝、钛、银、镍等。

习惯上，把制作在太阳能电池光照面的电极称为上电极，把制作在电池背面的电极称为下电极或者背电极。上电极通常制成窄的栅状线，这有利于对光生电流的收集，并使电池有较大的受光面积。下电极则布满全部或者绝大部分电池的背面，以减小电池的串联电阻。N*P 型硅电池上电极是负极，下电极是正极；P+N 型太阳能电池上电极是正极，下电极是负极。

（七）蒸镀减反射膜

光在硅表面的反射率高达 35%。为减少硅表面对光的反射，可采用真空镀膜法、气相生长法或者其他化学方法在已经制好的电池正面蒸镀上一层或者多层二氧化钛或者二氧化硅或者五氧化二钯或者氮化硅减反射膜。镀减反射膜的作用有两个：①具有减少光反射的作用；②对电池表面还可以起到钝化和保护作用。减反膜具有卓越的抗氧化和绝缘性能，同时具有良好的阻挡钠离子、掩蔽金属和水蒸气扩散的能力。它的化学稳定性也很好，除能被氢氟酸和热磷酸缓慢腐蚀外、其他酸与它基本不发生反应。对减反射膜的要求是：膜对反射光波长范围内的吸收率要小，膜的物理和化学稳定性要好，膜层与硅能形成牢固的粘结，膜对潮湿空气及酸碱气氛有一定的抵抗能力，并且制作工艺简单、价格低廉。它可以提高太阳能电池的光能利用率，增加电池的电能输出。

（八）检验测试

经过上述工艺制得的电池，在作为成品电池入库之前，需要进行测试，以检验其质量是否合格。在生产中主要测试的是电池的伏安特性曲线，曲线上可以读出电池的短路电流、开路电压、最大输出功率及串联电阻等电池参数。现在工厂一般都有自动化的测试分检系统。

三、光伏板尺寸

光伏组件尺寸是根据组件串间距、片间距、组件爬电距离，以及电池的尺寸进行确定的，如图 4-3 所示。

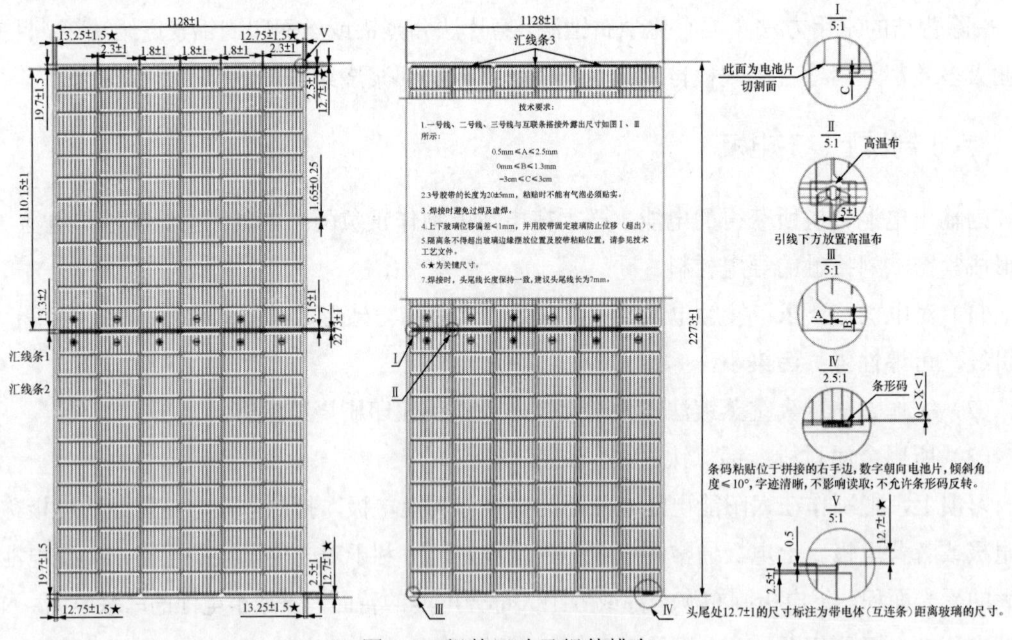

图 4-3　组件尺寸及组件排布

第三节 光伏工艺研究现状

一、光伏板工艺国外研究现状

光伏组件常铺设在气候相对恶劣的环境下承受巨大的老化应力，包括来自紫外、极端温度、巨大温差、冷热循环和极高湿度等的压力。在实际使用环境中，老化应力同时作用于光伏背板以及其他组件材料。光伏背板作为保护组件的最外层材料，具备高耐候性极为重要；光伏组件户外使用环境错综复杂，背板材料在风沙、酷寒等环境作用下会产生由外力作用导致的破损与老化，背板开裂、磨损、划伤或导致光伏组件内部电路被腐蚀，严重损坏光伏组件，甚至彻底失效。

国外近几年光伏工艺新技术如下：

（1）2019 年通过化石燃料产生能源的技术正日益被取代。在这种情况下，环境友好型创新获得了发展空间，太阳能就是可再生能源的一个分支，它通过光电板将辐照转化为电能或热能。因此，这项工作的目的是利用应用文本挖掘技术识别光伏技术，以确定光伏电池板的技术发展阶段。结果发现，近年来专利沉积量有所增加，从而提高了模块的效率，降低了成本。在多个知识领域都发现了创新，其中包括混合技术（既能发电又能发热的电池板）、制造方法、快速组装系统和自清洁系统。

在建筑物密集的城市地区，光伏建筑一体化（BIPV）系统有望得到普及。尤其是太阳能光伏百叶窗（SPB），它能阻挡进入室内的阳光并产生电力，正成为一种新的技术趋势。

（2）2020 年研究发现太阳能光伏电池板表面的颗粒沉积会阻碍太阳辐射到达太阳能电池，从而降低其性能。此外，它还可能导致电池板过热，从而进—步降低系统性能。表面灰尘沉积是一个复杂的现象，取决于大量不同的环境和技术因素，如位置、天气参数、污染、倾斜角度和表面粗糙度。因此，研究影响灰尘积聚的关键参数及其相互关系变得至关重要。

利用电动力的可拆卸清洁装置已得到改进，可清洁因光伏（PV）面板表面吸湿而几乎不附着的灰尘颗粒。该装置由连接在塑料框架中的平行屏幕电极组成。当向平行屏幕电极（其下部设置在弄脏的光伏板上）施加高交流电压时，产生的电动力作用在下部电极下的颗粒上。由于电动力的作用，颗粒在电极之间产生翻转运动，一些颗粒穿过上部筛网电极的开口，在重力作用下沿着倾斜的面板向下掉落。因此，沉积在面板上的灰尘被清理干净。以前的研究表明，通过施加低频高压可以有效地清除倾斜面板表面的灰尘。然而，对于强烈固定在面板上的颗粒，其性能较低。调整操作方案、改进电极配置和利用气流。这一改进技术有望实现在沙漠地区建设的大型光伏发电站的高效运行。

（3）2021 年发现光伏（PV）电池板的部分遮光效应是光伏系统中功率损耗的最大问题之一。当整个光伏板的辐照度不均等时，一些可能产生较高功率的电池将产生较低的功率并开始衰减。这项研究工作的目的是介绍、测试和讨论不同的技术，帮助减轻光伏电池板的部分遮光，观察和评论不同光伏技术在不同工作条件下的优缺点。其动机是通过研究、模拟和实验工作做出贡。

（4）2022 年在所有以可再生能源为基础的能源生产技术中，发现光伏电池板是全世界开发和应用率最高的技术。在这种情况下，为了提高光伏电池的性能，人们投入了大量精力研究创新材料。然而，提高现有技术能源产出的可能性也是存在的，并在不断探索之中，例如光伏组件的冷法。

（5）2023 年发现光伏电池板的效率会随着其温度的升高而降低，因此有必要对其进行有效冷却。基于相变材料（PCMs）的光伏板冷却是一种新兴的冷却方法，近年来受到了世界各国学者的关注。通过实验研究 PCM 对光伏板的冷却特性，研究 PCM 对太阳能光伏板冷却技术（PV-PCM）的冷却效果，探讨 PCM 从熔融状态到凝固状态的逆过程对太阳能光伏板冷却后温度的影响。结果表明，在无风、辐照度为 1000W/m^2 和环境温度为 7.3℃的条件下，PCM 可以有效降低太阳能光伏板的温度。在 300min 内，PCM 可使太阳能光伏板上表面和背面的平均温度分别降低 33.94℃和 36.51℃。此外，PCM 使太阳能光伏板的平均最大发电效率提高了 1.63%，平均最大输出功率提高了 1.35W。不使用 PCM 冷却的太阳能光伏板从最高温度冷却到室温只需 60min，而 PV-PCM 系统中的太阳能光伏板冷却到室温则需要 480min。

二、光伏板工艺国内研究现状

推动可再生能源的发展、实施可再生能源替代行动，是保障国家能源安全的必然选择，是“十四五”现代能源体系规划提出的美好愿景和宏伟蓝图，也是推进能源革命和构建清洁低碳、安全高效能源体系的重大举措。开发利用太阳能资源是我国向可再生能源发展转型的重要代表，有着满足全球能源需求的巨大潜力。在过去十多年中，光伏产业的规模以每年均增长 133%的速度扩张。2008 年，全球太阳能光伏的总装机容量约为 10.5GW，2018 年就迅速达到近 125GW。紧跟全球步伐，大力推进太阳能资源的合理利用，符合时代背景和全球战略的需要。中国“碳中和”大背景下，光伏作为新能源的重点，广受追捧，政策端给予大力的支持，包括鼓励性政策、规范性政策、指导性方针等。截至 2021 年年底，中国光伏发电并网装机容量达到 3.06 亿 kW，连续七年稳居全球首位，未来装机容量仍将爆发增长；光伏背板作为光伏组件的重要部分，随着光伏产业的飞速发展，背板的产量与市场需求也日益高涨，目前已形成庞大的产业规模，进入较为成熟行业阶段。随着供给与需求端不断配合，逐渐形成最合理的产品分布与商业模式，助力行业的健康与可持续发展。

光伏背板广泛应用于太阳能电池（光伏）组件，根据材料分类可主要分为含氟、非氟与

无机玻璃背板。在国家政策的整体推动下，光伏产业进入爆发式增长阶段，同时将带动背板行业的快速发展与规模扩张。目前，背板行业整体呈现储以含氟背板为主，以玻璃背板为辅，非氟背板较少的市场格局。近年光伏背板行业毛利率具有显著的下降趋势，行业头部5家企业最低已降至10%以下。主要原因是原材料成本上涨，企业积极采取应对措施，趋势或将得到缓解，国内各个机构也在积极探索光伏工艺新技术。

2017年，北京航空航天大学物理学院太阳能物理实验室重点探讨了太阳能光电、光热转换技术领域的材料研究现状与发展，主要包括光伏电池半导体材料和太阳光谱选择性吸收涂层光学材料膜系。太阳电池材料的关键问题还是成本与光电转换效率，钙钛矿太阳电池的研究成为光伏电池新的研究热点。太阳光谱选择性吸收涂层是太阳能光热利用领域的核心材料技术之一。太阳能的中高温热利用，尤其是聚焦热发电技术，作为与光伏发电平行的另一种主流太阳能发电方式，成为人们日益关注的焦点。另外，还阐述了中高温太阳光谱选择性吸收涂层在国内外的研究成果和最新进展。

杭州华三通信技术有限公司在国内外学者研究的基础上，从理论和实验方面，研究材料、陶瓷的金相组成、结构等与高温吸收涂层效率的关系。对双吸收层涂层Mo-Al_2O_3，计算其膜层变化和金属体积分数改变对涂层吸收和发射比的影响，结果显示，膜层厚度和Mo在吸收层占的体积比例对涂层的吸收比和发射比有很大的差异性；其次，选择控制因子是关键，它可以提高涂层的吸收比，并且控制涂层发射比。

2019年，乐凯胶片股份有限公司对光伏背板粘结涂层配方及工艺进行了分析研究，针对其涂层抗粘连性差的问题进行了一系列改进提升试验。研究了消光粉用量、催化剂用量以及不同类型氟碳树脂对涂层抗粘连性以及涂层其他相关性能的影响，并提出了提升涂层抗粘连性的解决方案，还发现光伏背板粘结涂层与封装胶膜乙烯醋酸乙烯酯（EVA）的粘结力是决定组件封装效果的关键因素。通过考察EVA胶膜的种类、放置时间，以及涂料配方中氟碳树脂与丙烯酸树脂的质量比、填料的类型和含量、涂层厚度对涂层与EVA胶膜粘结力的影响，结果发现通用型透明胶膜、抗蜗牛纹的胶膜与涂层的粘结力优于抗电位诱导衰减（PID）功能的胶膜，胶膜的放置时间越长，与涂层的粘结力越低。涂料中丙烯酸树脂的添加会增大涂层与EVA的粘结力，消光粉的表面有机处理、填料增多均会降低涂层与EVA的粘结力；涂层的厚度越厚，与EVA的粘结力越高。

苏州福斯特光伏材料有限公司从传统背板的3层结构来考量各层材料的性能要求及厚度搭配，得到最优化的CPO背板复合材料结构，同时阐述了外层氟涂层膜的超耐候、耐风沙特性。CPO背板各项可靠性性能均符合组件新、老标准的要求，是一款材料成本与结构设计最优的单面含氟背板。

2021年，为了改善光伏板表面吸能性能，周口职业技术学院汽车与机电工程学院采用石墨烯改性光伏板表面喷涂PU/Cu涂层，通过扫描电镜（SEM）观察以及光泽度、发射率、力学性能测试等考察了石墨烯加入量对涂层结构和光泽度的影响。结果表明：Cu粉都在涂层内形成了均匀分布的形态，大部分平行于涂层表面，形成均匀定向排列的状态有助于涂层更高效地反射红外光，达到低发射率的特性。当涂层内存在更高比例石墨烯时，形成了粗糙度更大的表面，使涂层更有效地吸收与散射可见光，达到更低的光泽度。利用加入石墨烯的方法来获得表面组织更粗糙的涂层，能够在保持较低发射率的条件下使涂层光泽度获得有效控制，在涂层内加入黑色石墨烯之后能够更加高效地吸收可见光。采用石墨烯改性 PU/Cu 涂层能够实现更高效吸收与散射可见光的效果，保持涂层原有发射率的条件下获得更低的光泽度。当涂层内的石墨烯含量提高后，粘附强度、表面硬度与抗冲击能力都未发生明显变化，说明石墨烯改性 PU/Cu 涂层可保持稳定的力学强度。

云南省内一些光伏电站投产早、技术相对现在不成熟，组件利用率不佳，发电效率不高。云南华电福新能源发电有限公司以光的波动学说和干涉原理作为理论依据，在组件玻璃表面进行减反射涂层，当太阳光到达涂敷有减反射涂层的组件表面时，大部分能够光透入玻璃到达电池片表面，从而提高了发电效率。

2022年，随着沿海光伏电站的快速发展，光伏电站的钢结构支架长期处于高盐分、高湿度的海洋大气环境中，受到严重腐蚀。为了解决沿海光伏电站支架构件的腐蚀问题，徐闻京能新能源有限公司测试 4 种不同配方的水性无机富锌涂料的耐腐蚀性和各项性能。结果显示：制备的新型水性无机富锌涂料的含锌量为 81.7%、石墨烯纳米材料含量为 0.8%时，附着力、铅笔硬度和柔韧性明显提高，涂层外观和成膜性更加完好，耐腐蚀性能大幅提升。研究结果可为沿海光伏电站钢结构支架提供可靠的防腐技术支持。

山西省检验检测中心针对光伏发电领域，空气污染物对光伏组件影响发电效率的突出问题，采用发电效率提升分析和纳米双成膜技术研究。通过在实际使用现场对照试验，考察了纳米双成膜技术的自清洁性能和提升发电效率的特性。结果表明，利用涂层的光催化降解能力和超亲水性特性，喷涂有纳米双成膜技术涂层的发电组，在此次统计范围内合计发电量增发率为 3.09%。因此，该技术在实际的使用环境下可有效提升光伏发电效率。

东华大学纤维材料改性国家重点实验室基于 TiO_2 的高折射率和高白度等特性，在光伏双玻组件背板玻璃上涂覆负载 TiO_2 的涂层，可显著提高光伏组件的太阳能利用率。采用丝网印刷工艺制备不同 TiO_2 负载率的无机反射涂层，通过扫描电子显微镜、X 射线衍射仪、智能分光测色仪、耐酸性检测和百格测试，研究涂层的结构形貌及理化性能，探讨 TiO_2 的负载率及晶型对涂层反射的影响规律。结果表明：在波段 400～700nm，锐钛矿型 TiO_2 负载率越高，涂层的平均反射率越高，当锐钛矿型 TiO_2 负载率为 53%时涂层的平均反射率达 83.40%；相同负载率下，负载锐钛矿型 TiO_2 的涂层比负载复合晶型的涂层平均反射率低，复合负载 35%锐钛矿型 TiO_2 和 15%金红石型 TiO_2 的涂层平均反射率达 84.05%。制备的锐钛矿型 TiO_2 反射涂层具有良好的化学稳定性和附着力。

兰州理工大学能源与动力工程学院发现表面积尘会严重影响光伏组件的发电效率，可涂覆疏水性涂层提高其自清洁能力来降低积尘量。该研究将灰尘颗粒视为规则球体，基于颗粒接触力学理论，建立光伏组件表面与灰尘颗粒的粘附力学模型，简化光伏组件自清洁时灰尘的受力模型。采用不同疏水性涂层来改变光伏组件表面参数，计算得到光伏组件的自清洁性能与灰尘粒径、表面性能间的关系。研究结果表明：①光伏组件表面自清洁性能与表面材料弹性模量和摩擦系数相关。②清洁 200μm 粒径以下的灰尘，光伏组件的表面弹性模量对自清洁性能起主要作用；清洁 200μm 粒径以上的灰尘，表面摩擦系数起主要作用。③涂覆不同的疏水性涂层，光伏组件可自清洁不同粒径范围的灰尘。④以中国西北地区为例，灰尘粒径分布为 250～500μm，可选择涂覆弹性模量在 0～2700MPa 内，摩擦系数为 0.1 的疏水性涂层以提高光伏组件的自清洁能力。研究结果可为旱区光伏电站制备及涂覆疏水性涂层除尘提供理论依据。

中电华创电力技术研究有限公司在简述光伏电站自清洁技术的基础上，详细介绍了无机纳米超亲水涂料及涂层设计。现场试验结果显示，改性后的纳米粒子有效提高了初始纳米粒子的亲水性及与基体界面的结合力，其涂层寿命及去污效果均较普通纳米粒子组合更好，可显著提高光伏电站的发电量，发电增益可达 3%以上，膜层寿命可达 6～10a。

第四节　光伏硅片尺寸经济性最优方案

一、技术背景

随着近年来光伏发电的平价化发展，降低光伏发电的成本具有重要的意义。目前，降低光伏发电系统成本常用的方法包括降低建设成本、运营成本和提高发电量。该方法需要从光伏发电系统的初期设计开始，通常具有较强的随机性、不确定性，不能较好地降低光伏发电系统成本。

光伏硅片是发电系统的核心，直接影响光伏发电成本。由于芯片广泛基于光刻逻辑电路的生产工艺，增加光伏硅片的尺寸，不仅可以增加芯片的生产数量节省单位光伏硅片的成本，还可以降低光伏硅片的缺陷概率提升质量。除此之外，光伏硅片尺寸增加可以提高硅片的光电转换功率，间接降低成本。然而，光伏硅片的生产尺寸基于整条产业线，同一设备很难兼容不同尺寸的硅片。改变硅片尺寸，需要进行较大的设备改造，增加使用成本。因此，对光伏硅片尺寸的经济性分析显得尤为重要。

二、技术内容

本技术要解决的技术问题是提供一种面向不同环境的光伏硅片尺寸经济性最优计算方法，通过该方法可以在不同环境下对不同尺寸的光伏硅片进行对比计算，从而得到经济性最优的方案。

面向不同环境的太阳能硅片尺寸经济性最优计算方法流程图如图 4-4 所示。

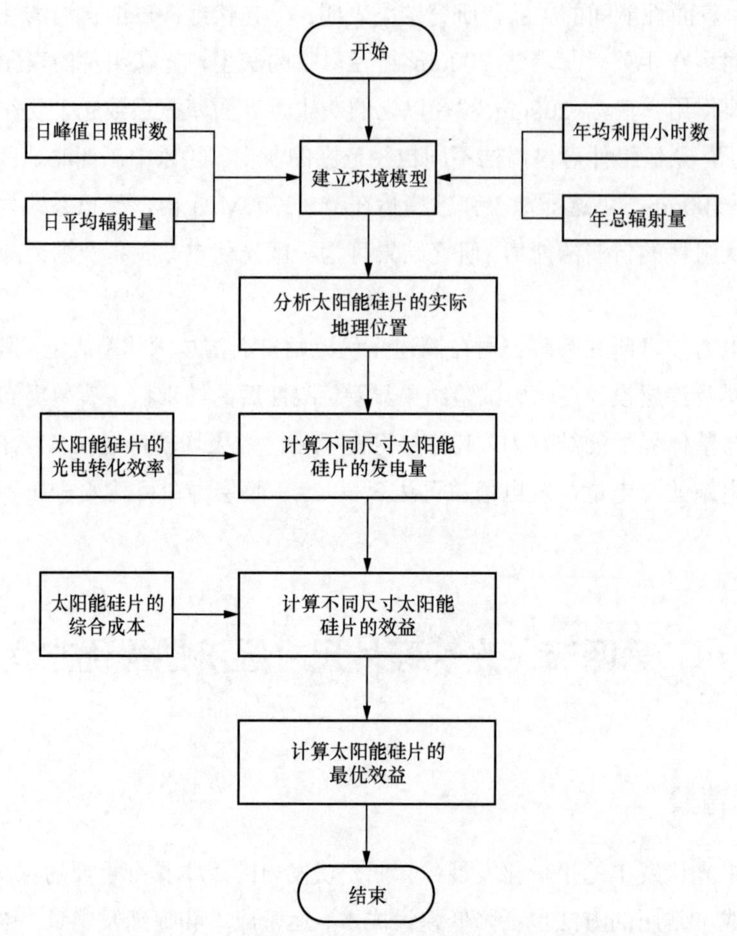

图 4-4　面向不同环境的太阳能硅片尺寸经济性最优计算方法流程图

一种面向不同环境的光伏硅片尺寸经济性最优计算方法，该方法包括以下方案：

（1）根据太阳能硅片所处地理位置的实际情况建立环境模型，将用于不同环境的太阳能硅片尺寸区别计算；

（2）根据不同尺寸太阳能硅片的光电转化效率 $\eta_i\left(\eta_1,\eta_2,\cdots,\eta_7\right)$，基于环境模型计算出单个太阳能硅片的发电量 Q_{ni}；

（3）根据不同尺寸太阳能硅片的综合成本 $C_i\left(C_1,C_2,\cdots,C_7\right)$，面向不同环境得到单个太阳能硅片所能收获的最优效益 $C_{\Delta i}$。

根据太阳能硅片所处地理位置的实际情况建立环境模型中建立的气象模型考虑因素包括日峰值日照时数、年均利用小时数、日平均辐射量以及年总辐射量，并将我国不同环境的地区总体分成五类，如表 4-1 所示。

表 4-1　　不同环境下气象模型的区域分类

区域	日峰值日照时数（h）	年均利用小时数（h）	日平均辐射量 [kWh/(m²·a)]	年总辐射量 [kWh/(m²·a)]
A 区	>5	>1450	>4.9	>1800
B 区	4.4～5	1270～1450	4.4～4.9	1600～1800
C 区	3.5～4.4	1010～1270	3.6～4.4	1300～1600
D 区	2.6～3.5	750～1010	2.7～3.6	1000～1300
E 区	<2.6	<750	<2.7	<1000

建立环境模型中涉及的太阳能硅片尺寸包括：边距为 L_1=156.75mm、L_2=158.75mm、L_3=163mm、L_4=166mm、L_5=182mm、L_6=210mm，面积为 S_1=245.5cm^2、S_2=252.0cm^2、S_3=265.4cm^2、S_4=274.9cm^2、S_5=330.8cm^2、S_6=441.0cm^2，厚度为 H=（0.165～0.2）mm。

计算光电转化效率中所述不同尺寸太阳能硅片的光电转化效率，即

$$\eta_{\mathrm{i}} = \frac{W_{\mathrm{i}}}{S_{\mathrm{i}} \times 10^3} \tag{4-1}$$

式中　η_{i} ——太阳能硅片的光电转化效率；

W_{i} ——太阳能硅片在 STC 状态下的标称功率；

S_{i} ——太阳能硅片的面积。

基于环境模型计算出单个太阳能硅片的发电量中，单个太阳能硅片的发电量计算式为

$$Q_{\mathrm{ni}} = \frac{L_{\mathrm{n}}\eta_{\mathrm{i}}S_{\mathrm{i}}T_{\mathrm{n}}}{10^4} \tag{4-2}$$

式中　Q_{ni} ——太阳能硅片在区域 n 的发电量；

L_{n} ——区域 n 的光照强度；

T_{n} ——区域 n 的光照年均利用小时数。

计算不同尺寸太阳能硅片的综合成本中，太阳能硅片的综合成本 C_{i} 的计算式为

$$C_{\mathrm{i}} = C_{\mathrm{s}} + C_{\mathrm{l}} + C_{\mathrm{c}} + C_{\mathrm{t}} + C_0 \tag{4-3}$$

式中　C_{s} ——太阳能硅片的硅料成本；

C_{l} ——太阳能硅片的长晶成本；

C_{c} ——太阳能硅片的切割成本；

C_{t} ——太阳能硅片的技改成本；

C_0 ——太阳能硅片的其他成本。

面向不同环境中，太阳能硅片所能收获的最优效益 C_Δ 的计算式为

$$C_\Delta = \min\left\{Q_{\mathrm{ni}}\left(C_{\mathrm{ne}} - C_{\mathrm{ns}}\right) - C_{\mathrm{i}}\right\} \tag{4-4}$$

式中　C_{ne} ——n 区域的上网电价；

C_{ns} ——n 区域的补贴电价。

实施例为一种面向不同环境的太阳能硅片尺寸经济性最优计算方法，以辽宁省的相关数

据为例实施本方法：

（1）根据太阳能硅片所处地理位置的实际情况建立环境模型，得到的相关数据如表 4-2 所示。

表 4-2　　太阳能硅片所处地理位置的相关数据

区域	日峰值日照时数（h）	年均利用小时数（h）	日平均辐射量[kWh/(m²·a)]	年总辐射量[kWh/(m²·a)]
C 区	3.95	1140	4.0	1450

在本实施例中太阳能硅片尺寸包括：边距为 L_1=156.75mm、L_2=158.75mm、L_3=163mm、L_4=166mm、L_5=182mm、L_6=210mm，面积为 S_1=245.5cm^2、S_2=252.0cm^2、S_3=265.4cm^2、S_4=274.9cm^2、S_5=330.8cm^2、S_6=441.0cm^2，厚度为 H=（0.165～0.2）mm。

（2）基于不同尺寸太阳能硅片的光电转化效率 η_i，计算出单个太阳能硅片的发电量 Q_{ni}，得到的相关数据如表 4-3 所示。

表 4-3　　不同尺寸太阳能硅片的相关数据

项目	L_1	L_2	L_3	L_4	L_5	L_6
S(cm^2)	245.5	252.0	265.4	274.9	330.8	441.0
η(%)	22.80	22.82	22.85	22.89	22.94	23.00
Q_c(kWh)	8.12	8.34	8.79	9.12	11.00	14.71

（3）根据不同尺寸太阳能单晶硅片的综合成本 C_i，计算出单个太阳能单晶硅片所能收获的最优效益 $C_{\Delta i}$，得到的相关数据如表 4-4 所示。

表 4-4　　不同尺寸太阳能单晶硅片的效益

项目	L_1	L_2	L_3	L_4	L_5	L_6
C_i（元/片）	4.52	4.87	5.35	5.74	6.8	9.15
$C_{\Delta i}$（元/片）	2.63	2.47	2.39	2.29	2.88	3.79

根据表 4-3、表 4-4 可以看出，增加硅片尺寸可以增加硅片的光电转换效率，进而增加光伏硅片的效益。在不考虑衰减的条件下边长为 156.75mm 的单片单晶硅片每年能产生约 2.63 元的效益、边长为 158.75mm 的能产生约 2.47 元的效益、边长为 163mm 的能产生约 2.39 元的效益、边长为 166mm 的能产生约 2.29 元的效益、边长为 182mm 的能产生约 2.88 元的效益、边长为 210mm 的能产生约 3.79 元的效益。通过实施例，说明了本技术提出的一种面向不同环境的太阳能硅片尺寸经济性最优计算方法具准确性和可应用性，可以在众多硅片尺寸中为面向不同环境的光伏发电系统提供经济性最优方案。

三、技术优势

本技术提出一种面向不同环境的太阳能硅片尺寸经济性最优计算方法：

（1）根据太阳能硅片所处地理位置的实际情况建立了环境模型，将用于不同环境的太阳能硅片尺寸进行区别计算；

（2）根据不同尺寸太阳能硅片的光电转化效率，基于环境模型计算了单个太阳能硅片的发电量；

（3）根据不同尺寸太阳能硅片的综合成本，得到了单个太阳能硅片在不同环境下所能收获的最优效益。

通过本技术的实施，能够计算出在不同环境下不同尺寸光伏硅片的发电量、不同尺寸光伏硅片的制造成本，并得到面向不同环境下的经济性最优方案。

以上实施例子仅用以说明本方法的技术方案而非对其限制。参照上述实施例子对本技术进行了详细的说明，所属领域的普通技术人员应当理解：可以对本技术的具体实施方式进行修改或者等同替换，而未脱离本技术精神和范围的任何修改或者等同替换，其均应涵盖在本技术的权利要求保护范围之内。

第五章

光伏板的装配工艺

第一节　光伏板的装配流程

光伏板的装配是指将光伏组件及其相关配件进行组装、安装和连接，形成完整的光伏发电系统的过程。

（1）在光伏板的装配之前，需要进行一些准备工作。首先，根据实际需求选择适合的光伏组件、支架和其他必要的材料和配件。

（2）支架是用于支撑和安装光伏组件的结构框架。根据具体情况，可以选择地面支架、屋顶支架等不同类型的支架。在安装支架时，需要确保其牢固稳定，并且符合设计要求。

（3）在支架安装完毕后，开始将光伏组件组装到支架上。通常，光伏组件由多个太阳能电池片组成，并通过铝边框或背板进行封装。将光伏组件准确地放置在支架上，并使用螺丝、夹子或其他固定装置进行固定。确保组件的安装位置正确，朝向合适，以最大限度地吸收阳光。

（4）完成光伏板的组装后，需要进行系统调试和测试。检查各个电缆和连接是否牢固可靠，没有松动或损坏。

（5）启动光伏发电系统，监测功率输出和电流情况，确保每个组件、电路和连接都正常工作，并根据需要进行调整和优化，以提高系统的性能。

第二节　光伏板支架

一、光伏板支架概述

光伏发电作为一种清洁、可再生的能源形式，近年来受到了全球各国的高度重视和大力推广。根据国际能源署（IEA）发布的2020年光伏报告数据显示，中国以48.2GW的装机规模位居全球前三，紧随其后的是欧盟的19.6GW和美国的19.2GW。在这一背景下，作为太阳能光伏发电系统不可或缺的组成部分的光伏板支架显得尤为重要。光伏产业正朝着专业化、精细化和高效化方向不断发展。光伏企业不仅在追求光伏组件和电池片的高效高质量发电，同时对光伏支架的要求也变得更加严格。作为光伏系统的支撑结构，光伏支架在提升电站发电效率和确保电站安全运行方面具有不可或缺的关键作用。

近年来，光伏板支架的设计和材料得到持续改进，以增强其耐用性、稳定性和适应不同环境条件的能力，一些采用更轻、更坚固、更耐腐蚀材料的新型支架不断涌现。

在美国，常见的光伏支架包括固定支架、单轴跟踪支架、双轴跟踪支架、屋顶支架、立杆式安装架和浮动式支架。①固定支架作为最简单的光伏板支架类型，不需要经常调整倾斜角度，使用场景环境最多。②单轴跟踪支架仅允许光伏板在单一轴线上（通常是水平轴）跟踪太阳的运动，相较于固定支架，光伏板可以在一天内更好地面对太阳，提高能量产出，因此在一些大型商业和工业项目以及分布式太阳能系统中得到广泛应用，使用占比在 10%～30%之间。但是，由于更高的成本，双轴跟踪支架占比仅在 5%左右。③屋顶支架多用于住宅、商业和工业建筑的屋顶上，它们通常需要特殊的设计，以确保安全固定在屋顶结构上，并兼顾屋顶的完整性和防水要求，尤其在分布式光伏系统中得到广泛应用，其占比大概在10%～20%之间。除了以上列出的主要类型，还有一些使用占比较小的其他类型光伏支架，如立杆式安装架、浮动式支架和集中式支架等。

欧盟各成员国在光伏板支架方面采用的类型和技术与美国类似，但同时由于各国政策和市场环境、地理和气候条件的不同，光伏支架的选择和使用上也可能存在一些差异。在高纬度地区，如瑞典、芬兰和挪威等国家，太阳高度角较低，太阳能捕捉效率可能较低，因此在这些地区可能更倾向于使用跟踪支架以提高发电效率。德国是欧洲最早推动光伏发展的国家之一，政府通过激励措施，促进了跟踪支架和浮动式支架等高效支架的应用。欧盟各成员国在太阳能技术和产业发展方面取得了显著进展，新型支架技术不断涌现，在一些先进技术的推动下，一些国家可能更愿意采用更智能化、自动化和可回收的支架类型。

俄罗斯的光伏发展正逐步增长，但相对于以上国家和地区而言，该国的太阳能产业尚处于起步阶段。但是俄罗斯地域广阔，光伏发电有极大的发展空间，特别是成本较低且适用于平坦地形的固定支架。

在日本和韩国，由于其国内土地资源有限，较为常见的方式是安装在商业和工业建筑的屋顶。

国内的光伏支架结构形式主要有固定式、固定可调式、平单轴跟踪式、斜单轴跟踪式和双轴跟踪式。目前，国内已建成的电站中有超过 90%采用固定式支架，但是由于固定支架不能调整光伏板倾角以保持太阳入射光线与光伏板垂直，导致了光伏电站面临着太阳能利用率低、光伏电站运营成本高的问题，近年来跟踪式光伏板支架发展迅速。

国内方面，太阳能跟踪技术的研究起步较晚，研究成果滞后于国外，并且跟踪式光伏板支架初期投资、维护费用较高，损坏风险大。倾角固定但可调节式支架结构简单，可以在不同季节调整合适的倾角，发电效率较高，在大型光伏电站中应用广泛。

二、光伏板支架结构

对于固定式光伏板支架，作为其主要结构的支撑单元较为简单。支撑单元是整个支架的支撑结构，需要具备承载性能好、体积小的特征。一般是选取回转体型材作为结构，较常见的是空心圆管，能在维持支撑效果的同时满足安全质量应用要求。

相比于固定式光伏板支架，可调式光伏板支架角度可以旋转，除了支撑单元以外还包含了传动机构、限位开关。进一步，跟踪支架在固定可调式支架的基础上又增加步进电机、光电传感器、电源模块、智能控制系统。图 5-1 所示为跟踪式光伏板支架模块结构图。跟踪式支架由控制系统和执行系统两个部分组成。其中，控制系统相当于一个微小计算机，负责接收和处理信号，然后发出相应的指令，执行系统包括各种采集信号的传感器和电机等动力装置。

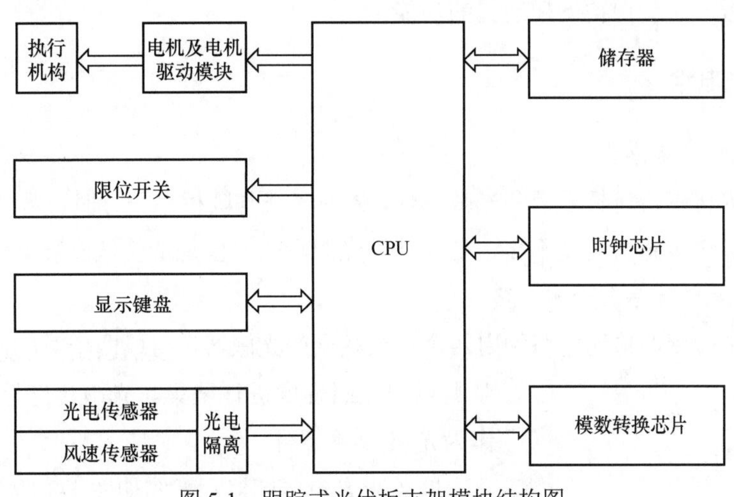

图 5-1　跟踪式光伏板支架模块结构图

（一）限位开关

设置限位开关是对光伏板的极限位置做硬件上的保护，当限位开关接通后，便有脉冲输出通知中央处理器对步进电机做停止动作。

（二）传动机构

光伏板支架中传动机构包括回转传动机构和直线传动机构，具体分类如图 5-2 所示。其中齿轮传动机构传动比大，噪声震动大，无自锁，传动精度低；蜗轮蜗杆传动机构不易维修，传动效率低，传动比大噪声震动小，精度高；齿轮齿条传动机构易维修，噪声震动大，寿命短；丝杠螺母副传动机构稳定性高，精度高不易维修传动效率低；液压传动机构无级变速，震动小，稳定，但是液体体积和压缩率受温度影响。

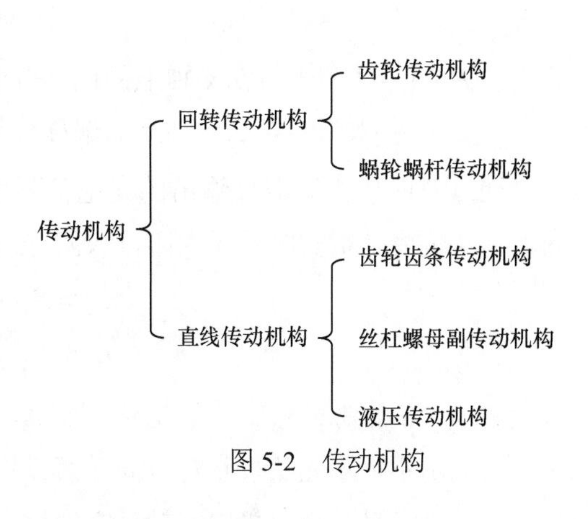

图 5-2　传动机构

在实际工程中，传动机构要结合光伏电站实际安装情况予以选择。

（三）风力传感器

光伏板支架加装风向传感器，当风力达到一定程度时，使电池阵列转动到顺风向，以保护光伏发电系统的机械结构免遭损坏。

风力传感器根据外界风力大小输出脉冲信号，系统检测到脉冲后，依据脉冲频率可自动放平光伏阵列板，起到保护支架装置的功能。

（四）感光电路

1. 隔板式光电传感器

隔板式光电传感器包括隔板和光敏元件，入射光线与隔板不平行时，两侧光敏元件会产生为电信号差。该传感器精度不高、易受外界光源影响，但是造价低安装方便。

2. 四象限光电传感器检测电路

四象限光电传感器检测电路利用四个完全相同的光敏器件组成四个对称监测点，对不同监测点的光照强度进行采集。光敏传感器采用光敏电阻作为光-电转换器件。

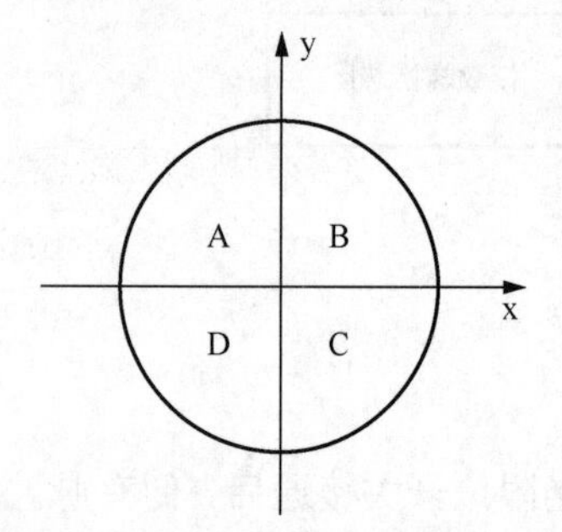

图 5-3　四象限光电传感器示意图

四象限光电传感器示意图如图 5-3 所示，它由四个型号相同且独立的光敏器件组成，在平面上形成 A、B、C、D 四个象限。若太阳光线倾斜射入光筒式太阳位置传感器，将导致太阳在四个光敏器件平面上形成的入射光斑面积不同，进而单片机计算得到的光板位置偏移分量不为零；若太阳光线垂直射入光筒式太阳位置传感器，则单片机采集到的四个光电信号相等，此时满足平衡条件式

$$E_x = 0、E_y = 0 \tag{5-1}$$

式中　E_x——太阳光斑在 x 轴上的偏移分量；

E_y——太阳光斑在 y 轴上的偏移分量。

通过对四个光敏器件输出的光电信号大小进行比较，进而决定两台步进电机的转动方向，以实现光伏板实时正对太阳。太阳光斑在 x 轴和 y 轴上的偏移分量计算式为

$$E_x = S_A + S_D - S_B - S_C \tag{5-2}$$

$$E_y = S_A + S_B - S_C - S_D \tag{5-3}$$

式中　S_A、S_B、S_C、S_D——光电传感器 A、B、C、D 四个象限上的分布面积，m^2。

若太阳不处于光伏板正对方向，假设太阳偏向 x 轴正方向，此时 E_y 为零，$E_x>0$，单片机将会控制 x 轴步进电机向 x 轴正方向旋转，直至满足平衡条件。

（五）电机

光伏板支架中最常用的是步进电机，步进电机是一种将电脉冲信号转变成相应的角位移或直线位移的机电执行元件，每当输入一个电脉冲信号时，便转过一个固定角度（即步距角）。

在实际使用中，往往需要加装电机驱动电路，来控制输出的脉冲数量和频率以及电机各相绕组功率顺序。

（六）智能控制系统

智能控制系统包括 CPU、模数转换芯片、时钟芯片、交互模块，是光伏跟踪控制系统的核心。其实时计算太阳高度角和方位角，控制步进电机旋转，切换工作模式，保证光伏发电系统发电效率高的同时稳定运行。

1. CPU

CPU 进行方位角、高度角计算，常用的 CPU 包括单片机、PLC 和现场可编程逻辑门阵列（field programmable gate array，FPGA），其优缺点对比结果如表 5-1 所示。

单片机功耗、价格，运算速度比较平衡，使用最为广泛；PLC 常用于工业控制领域，在光伏板控制系统中也有应用；FPGA 专用集成电路中的半定制电路，解决了定制电路的不足，克服了原有可编程器件门电路数有限的缺点，但是在光伏发电系统中应用较少。各类 CPU 优缺点对比如表 5-1 所示。

表 5-1　各类 CPU 优缺点对比

类型	优点	缺点
单片机	结构简单、操作方便和功能可扩展	太阳位置的计算需要运用到大量的浮点、三角、反三角等复杂的运算，要保证计算精度，单片机需要耗费大量的时间，不能实时计算
PLC	编程简单	运算速度一般，价格贵
FPGA	价格低	运行速度较慢，功耗大

2. 模数装换芯片

在实际中常用 8 位 AD 转换装置，太阳能电池板的最高输出电压一般为 24V 左右，转动太阳能板时，每 1.5 度电压变化约 0.1V，8 位 AD 共有 $2^8 = 256$ 个数值，完全可以满足精度的需要。

3. 时钟芯片

时钟芯片完成实时时间、日期采集，时钟芯片属于是集成电路的一种，其主要由可充电锂电池、充电电路以及晶体振荡电路等部分组成。

4. 人机交互模块

通过显示电路显示运行状态（运行、停止、返回）、实时数据，通过按键来控制光伏板支架的启停，模式切换等。

三、光伏板支架分类

（一）固定式支架

在固定式支架中，光伏板固定安装在支架上，一般朝正南方向放置，且有一定的倾角，安装倾角根据地理经纬度推算，通常将光伏板朝向低纬度地区放置。该支架角度固定，不能实时跟踪太阳的轨迹，需要根据季节或者气候手动调节光伏方阵的倾角，从而最大限度地达到光伏发电的目的。

固定式光伏支架具有技术成熟、成本相对较低、应用广泛等优点。该方式将光伏方阵按照固定的对地角度和固定的方向安装。选用该种方式安装时，需要结合项目的实际情况，考虑地理位置、全年太阳辐射分布、直接辐射与散射辐射比例、特定的场地条件等因素。选取系统全年最大辐照量对应的倾角为系统最佳倾角，光伏组件按最佳倾角安装。因此，光资源设计人员只需要测算项目所在地的水平面太阳辐照量和最佳倾角太阳辐照量即可。

（二）固定可调式支架

固定可调式光伏板支架是根据光伏电站所在地的全年光照情况，将全年时间分成若干段，寻找到固定时间段内发电量最大的电池板倾角，每年按不同时间的最佳倾角对电池板的倾角进行有限次数的调整，一般按调整次数可分为 1 年 2 次（半年调）、1 年 4 次（季调）、1 年 12 次（月调）对倾角进行非连续调整。

目前，已有的固定可调式支架形式主要有拉杆式、推拉杆式、千斤顶式和半圆弧式。推杆式和半圆弧式均通过螺丝孔来进行支架固定，可调节的次数和调节后的具体角度，取决于螺丝孔的数量和位置。而千斤顶式则可以通过千斤顶的自锁功能来进行支架的固定，利用千斤顶的结构特点，还可以实现倾角的连续调节，同时现场布设千斤顶等动力装置将会提高支架成本，并且对于高寒及风沙地区，不利于千斤顶的正常工作。

对固定可调式支架的设计应符合以下几个原则：

（1）三角形具有结构稳定性，固定可调支架的结构形式应以三角形结构为主；结构形式简单，调节方式便于实现；

（2）在调整到不同角度时，应保持支架上端固定电池板的框架受力合理，避免由于框架变形而引起电池板受力不合理而损坏；

（3）可实现多排支架同时调整，减少调整支架角度的工作量；

（4）不在支架上预设动力装置，调整支架的动力装置可重复使用、循环作业，以降低成本；

（5）尽量减少轴承、传动装置、千斤顶等复杂节点部件的使用，以减少运营及维护费用；

（6）运行环境需考虑青海省荒漠地区高寒、高原、风沙、腐蚀等恶劣情况。

固定可调式光伏支架在将角度调节至目标角度后，其运行方式基本与固定式光伏支架相同，即保留了固定式支架结构简单、安全可靠等优点，辐照量、支架成本介于固定式光伏支架与跟踪式光伏支架之间。其缺点是后期运行支架角度调整工作量大，且操作要求高，后期投运所需的人力物力较大。此外，固定可调式支架在春、秋时节进行光伏支架倾角调整，支架调整的调节时间会相应滞后，无形中折损发电量。

倾角可根据当地太阳辐射值和地理位置进行优化选择。但无论倾角如何选择，都很难改变固定式发电系统光电转化效率偏低的问题。因为地球在自转和公转，太阳对地位置时刻发生着改变，太阳能电池片固定时绝大部分时间内都无法实现太阳光垂直入射。

（三）单轴跟踪式支架

相比于以上两种类型光伏板支架，单轴跟踪式光伏板支架还包含了跟踪系统，其通过控制电机等动力装置的运动来调整组件的朝向，让太阳光尽可能垂直地照射在电池板上。通过围绕位于光伏方阵面上的一个轴旋转来连续跟踪太阳方位。旋转轴方向通常取东西横向、南北横向或平行于地轴的方向。最常见为南北横向，且有一定的倾角。

根据支架结构上的差异，单轴跟踪式光伏支架形式主要分为平单轴跟踪式和斜单轴跟踪式。

（1）平单轴跟踪式光伏支架是指光伏板支架绕一维轴旋转，使得光伏组件受光面在一维方向尽可能垂直于太阳光的入射角进行跟踪，即以固定的倾角从东往西跟踪太阳的轨迹，此时单轴的转轴与地面所成角度为0°。

（2）斜单轴跟踪式光伏支架是指单轴的转轴与地面成一定倾角，与平单轴跟踪式光伏支架相比，斜单轴跟踪式光伏支架的成本较高，抗风性相对较差。

因此，光伏电站采用单轴跟踪式光伏支架时通常选择平单轴跟踪式光伏支架。在光伏电站中，平单轴跟踪式光伏支架和固定式光伏支架搭配使用的情况越来越普遍。

单轴跟踪系统相比于固定式支架的发电量提升明显，其中平单轴跟踪系统更加适合于低纬度地区，而斜单轴跟踪系统更适合于中高纬度地区。在我国的大部分区域，斜单轴跟踪系统由于倾角的存在，相对于平单轴跟踪系统能够得到更多的太阳直接辐射。

（四）双轴跟踪式支架

双轴跟踪系统是通过两套动力装置分别实现太阳高度角和太阳方位角的跟踪，理想状态下能够保证太阳能电池板时时刻刻正对着太阳，所以对于发电量的提升也最为显著。在跟踪方法方面主要目前主要有光电跟踪、太阳运动轨迹跟踪以及太阳运动轨迹跟踪与光电跟踪协同跟踪，具体内容介绍如下：

1. 光电跟踪方式及原理

光电跟踪指通过四象限光电传感器将光强信号输入到单片机中，并由单片机计算光强差，进而实时判断两个步进电机的转动方向与角度，直至采集地对准太阳。光电跟踪为闭环控制方式，其流程图如图 5-4 所示。光电跟踪方式有较好的跟踪灵敏度、跟踪精度高，但是易受杂光和天气类型变化的影响，抗干扰性差。

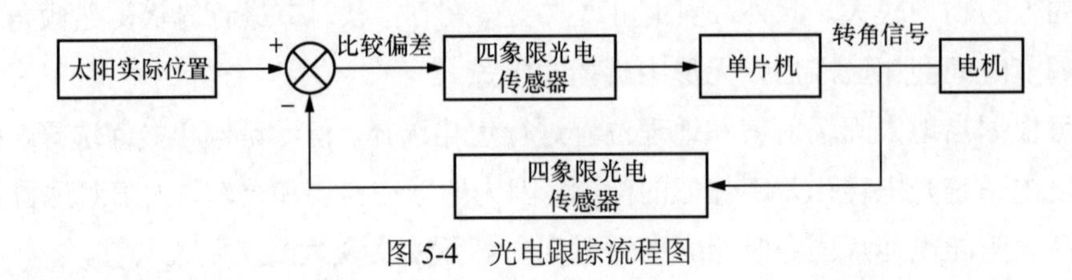

图 5-4　光电跟踪流程图

2. 太阳运动轨迹跟踪方式及原理

太阳运动轨迹跟踪指通过实时时钟芯片读取当地时间信息，根据太阳与地球的相对运动规律计算出实时的太阳方位角、高度角信息，由控制程序计算旋转角度驱动电机转动，实现跟踪太阳的目的。其中，太阳高度角 α、太阳方位角 β 计算式分别为

$$\sin\alpha = \sin\delta\sin\varphi + \cos\delta\cos\omega\cos\varphi \tag{5-4}$$

$$\tan\beta = \frac{\sin\omega}{\cos\omega\sin\varphi - \tan\delta\cos\omega} \tag{5-5}$$

式中　α——太阳高度角，°；

β——太阳方位角，°；

φ——纬度角，°；

δ——太阳赤纬角，°；

ω——太阳时角，°。

其中，太阳赤纬角 δ 、太阳时角 ω 的计算式分别为

$$\delta=23.45\sin\left(\frac{284+N}{365}\times 360\right) \tag{5-6}$$

$$\omega=\begin{cases} 15^\circ(12-t) & t<12 \\ 0 & t=12 \\ -15^\circ(t-12) & t>12 \end{cases} \tag{5-7}$$

式中　N——日期序数，在元旦当天 n 取 1，t 为 0～24h 中的任意时刻。

太阳运动轨迹跟踪为开环跟踪方式，其流程图如图 5-5 所示。该跟踪方式有较高的可靠性和环境适应性，有云的情况下仍能工作，但是太阳角度的计算存在误差，不进行误差修正，

会造成误差的积累，影响跟踪精度。

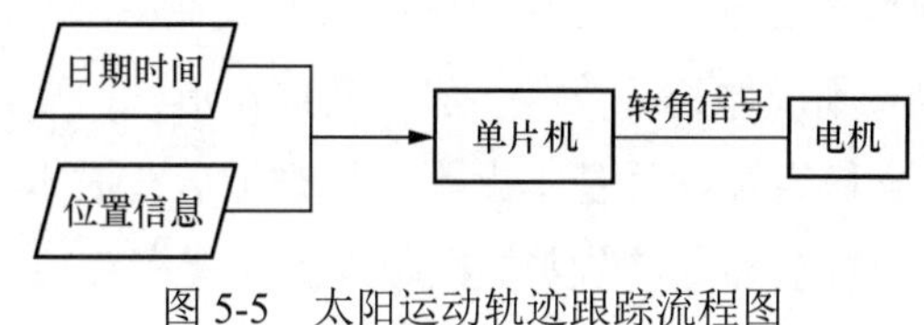

图 5-5　太阳运动轨迹跟踪流程图

3. 太阳运动轨迹跟踪与光电跟踪协同跟踪

为了提高光伏发电装置对太阳能的转化效率和在不同气象条件下的适应能力，同时综合以上两种跟踪方式的优点，可采用太阳运动轨迹跟踪与光电跟踪协同跟踪方案。在晴朗天气里，采用光电跟踪，在多云天气采用太阳运动轨迹跟踪，进而把太阳运动轨迹跟踪与光电跟踪进行有机的结合。

根据天气类型划分工作模式，在夜晚或者阴雨天气，光伏发电系统不进行跟踪；在大风天气下，为了防止机械装置被损坏系统在停止跟踪的基础上放平光伏板。最终，在任何气候条件下光伏发电系统能实现稳定而可靠的双轴跟踪。

（1）在晴天天气类型下，太阳辐射强，光照强度波动小，采用具有较高精度的光电跟踪以保证最大的发电功率。

（2）在多云天气类型下，太阳辐射较弱且可能伴随着较剧烈的波动。当光敏电阻读数介于多云天气和阴雨天气的典型光照强度阈值之间，且在预定时间内采集 k 次光强信号算得的光照强度波动值 λ 大于光强波动阈值 ε，采用太阳运动轨迹跟踪。其中 ε 为参考量，需要根据当地气象条件算得。

（3）在阴雨天气类型下，太阳辐射强度弱。当四个光敏电阻测量的光照强度平均值小于阴雨天气的典型光照强度阈值 Q_2，且持续时间超过预定时间后，停止光伏发电系统跟踪。

目前，光伏发电太阳跟踪技术主要采用太阳方位角、高度角双轴跟踪方式。跟踪方法上结合光电跟踪与太阳运动轨迹跟踪，结合上述两种跟踪方法可以提高对太阳能利用率的同时也满足装置对可靠性、抗干扰性以及跟踪精度的要求。由于双轴跟踪的两个转动轴对支架的稳定性和强度提出了更高的要求，也限制了单个支架的规模。而且双轴跟踪很难实现联动，这就意味着每一个独立的支架需要配备两个独立的动力装置，安装初期的成本大大增加。同时为了避免阴影遮挡，双轴跟踪支架的安装间距要远大于固定式，同等装机容量的发电系统，双轴跟踪支架的面积可达到固定式支架的两倍以上。随着自动跟踪式支架的工程应用越来越广泛，其稳定性和设备可靠性逐步提高，后期运维过程中的工作量逐渐降低，单位运行成本也逐步降低，因此与固定式支架相比，其竞争力也在逐年增强。

四、支架选型

在工程实际中，各种光伏电站支架各有优缺点，选型时须从可靠性、适用性和经济性三方面开展论证优选，并根据实际情况和各种支架特点来加以考虑。同时，光伏项目应加强支架安全设计，深化支架选型论证分析，综合评估投资及收益的最佳平衡。

固定式支架虽然发电量不及跟踪式支架，但是其结构形式简单，初始投资较低且支架系统无旋转机构，结构的安全稳定性好且基本上不需要维护运营成本，所以从光伏电站的长期服役效果来看，固定式支架有着显著的优势。在跟踪式支架相关技术未达到一个很高水平的长时间内，固定式支架仍将作为主要的支架形式广泛应用于光伏电站中。

（1）固定可调式支架具有固定式支架简单可靠的特点，而且提高了光伏电站的发电量，同时固定可调式支架不像跟踪式支架一样需要高昂的成本及维护费用，拥有广阔的应用前景。

（2）单轴跟踪式光伏板支架中，平单轴技术成熟、占地较少应用较普遍；斜单轴在平单轴基础上，使光伏组件在南向有一定的倾角，减少组件方向与太阳入射光的夹角。斜单轴在中、高纬度地区余弦损失较平单轴小，适应性较好，但是占地较平单轴有所增加。

（3）双轴跟踪支架可同时跟踪太阳高度角与方位角，可以最大限度地提高太阳能的利用率，但是自动控制与执行机构较为复杂，占地最大，应用较少。双轴跟踪式支架可将单日发电量提高 25%～35%。其中，自动跟踪式支架初始投资较高，且旋转机构越复杂投资越高，后期需要的维护量也越大，运营成本高昂，但与固定式支架相比，其发电量也较高。在使用过程中，跟踪式支架容易出现故障，需要大量的人力物力进行维护。随着时间的推移，跟踪式支架的动力装置及零部件将逐步老化磨损，使用时间越久所需要的维护及维修费用越高。并且，跟踪式支架由于其不停地调整角度，结构整体稳定性偏低，抗风能力较弱。在山地、坡度较大区域，不适宜跟踪式支架，高纬度地区跟踪式支架余弦损失较大，发电量甚至低于固定式支架，大风频发易超过跟踪支架安全运行风速，损害支架本体；太阳辐照资源越丰富、直射比越高地区，跟踪支架发电增益越显著，但在高、低纬度地区增发效果不显著。

第三节 盖 板 材 料

光伏玻璃板作为太阳能光伏系统中的关键组件之一，在可再生能源领域发挥着至关重要的作用。光伏玻璃板不仅可以保护太阳能电池片不受外界环境干扰，还能够提高光的吸收和转化效率，从而实现更高的能源利用效率和可持续发展。随着全球能源需求的增长和对气候变化的关注，太阳能光伏技术成为了广泛应用的可再生能源解决方案。光伏玻璃板作为太阳能光伏系统中的关键环节，其特点、材料、制造工艺以及应用领域和未来发展趋势具有重要意义。

一、超白钢化玻璃

超白钢化玻璃是一种经过特殊处理的特种钢化玻璃，具有较高的强度和耐冲击性。相比传统玻璃，它采用特殊的材料配方和优化的工艺，有效减少了杂质和气泡的含量，使得玻璃的透光性更好；它能够保护光伏电池不受外界的损害，具有高强度和透明度，使得光线能够更加充分地进入电池。

超白钢化玻璃在制造过程中控制了玻璃的铁含量。铁是导致玻璃对可见光吸收的主要因素之一，减少铁含量可以降低玻璃在可见光谱范围内的吸收，提高光的透明度。通过降低铁含量，超白钢化玻璃可以提供更高的光透过率，让光线能够更加充分地进入电池。当玻璃成分中的铁含量不大于150ppm时，透光率可达92%以上。

超白钢化玻璃在强度和耐冲击性方面都表现出色。通过钢化工艺处理，玻璃的强度得到增强，能够抵抗较大的外力，防止碎裂和突发性破裂。超白钢化玻璃也具有良好的耐温性能。它可以承受较高的温度变化而不易破裂，适用于各种气候条件下的使用。在夏季高温环境中，超白钢化玻璃能够有效抵御热胀冷缩的影响，保持玻璃的稳定性和完整性。超白钢化玻璃在破碎时呈现出强大的安全性能，与普通玻璃不同，当超白钢化玻璃受到强力撞击或极端压力导致破碎时，玻璃会形成小颗粒状碎片，而不是尖锐的碎片，这种特性称为“安全碎裂”，可以大大降低对人身安全的威胁。这是因为超白钢化玻璃经过钢化工艺处理，在表面和内部产生了较大的残余应力。当玻璃破碎时，这些应力会使得玻璃碎片迅速断裂成较小的颗粒，减少了尖锐边缘和尖角的数量，减少了发生伤害的风险。

超白钢化玻璃表面可附着一层氟化物或纳米涂层，赋予其防污、防油、防水等特性，具备了良好的自洁能力。这使得超白钢化玻璃更易于清洁和维护，能够保持良好的外观和透明度。特别是在户外环境和高污染区域，这种特性更加重要，减少了清洁的工作量和频率。

超白钢化玻璃的主要成分要求（单位：wt%）如表5-2所示。

表5-2　　超白钢化玻璃的主要成分

化学成分	SiO_2	Al_2O_3	Fe_2O_3	CaO	MgO	R_2O
含量	71.0～73.0	0.1～2.0	0.01～0.015	8.0～10.0	1.5～5.0	13.0～15.0

超白钢化玻璃的主要指标如表5-3所示。

表5-3　　超白钢化玻璃的主要指标

项目类型	单位	标准	目的
透光率	%	铁含量不大于150ppm时，透光率可达92%以上	增强功率
含铁量	10^{-6}	≤120	增大透光率
弯曲强度	MPa	120～200	防止层压出现气泡
抗风压强度	kPa	12	强度要求
硬度	级	6～7	强度要求
耐冲击性	—	1040g钢球冲击试样中心，自由下游高度为0.8m时玻璃不破裂	强度要求

总而言之，超白钢化玻璃作为一种特种玻璃，具有高透明度、低铁含量、优良的力学性能、耐温性能、防爆性能和易清洁性等特点。它在光伏产业领域中得到了广泛的应用。随着科技的进步和市场需求的增加，超白钢化玻璃的研发和应用将继续迎来新的突破和发展。

二、防反射玻璃

防反射玻璃也被称为低反射玻璃或 AR 玻璃，是一种在玻璃表面涂覆特殊薄膜以减少光的反射的特种玻璃。其特殊的涂层能够有效地降低光的反射率，提高透光性，使得光线更容易通过玻璃照射在光伏板上，从而光线能够更加充分地进入电池。

防反射玻璃通过在玻璃表面涂覆特殊薄膜，减少了玻璃表面的反射现象。普通玻璃的表面反射可以达到 8%～10%，而经过防反射处理的玻璃表面反射可以降低至 0.2%以下。这样，更多的光线能够透过玻璃，减少了光的损失，提高了透过率。防反射玻璃能够有效减少光的反射，降低眩光问题。在普通玻璃中，当光线照射到玻璃表面时，一部分光会产生反射，形成强烈的光斑和眩光。而防反射玻璃通过减少表面反射，能够降低眩光的产生，使观察者能够更加舒适地观察物体。由于减少了光的反射，防反射玻璃也能够提高观察物体的对比度。

防反射玻璃表面涂覆的特殊薄膜通常具有防污性能，能够减少灰尘、油脂和指纹的附着。这使得防反射玻璃更容易清洁和保持干净。相比传统玻璃，防反射玻璃的抗污性能可以减少清洁的频率和工作量，保持玻璃的透明度和视觉效果。防反射玻璃在涂层的保护下，具有较强的耐久性，这使得防反射玻璃在外界环境的长期影响下能够保持较好的透明度和性能稳定性。

防反射玻璃由于其独特的特性，被广泛应用于太阳能电池板。它能够降低玻璃表面的反射，提高光的利用率，增加太阳能电池的发电效率。其高透光性、抗眩光、增加对比度、抗污能力和耐久性等特点，使得防反射玻璃成为一种非常实用和重要的特种玻璃。

三、太阳能玻璃

太阳能玻璃是一种应用于太阳能光伏领域的特种玻璃，用于保护太阳能电池板并增加光的吸收和转化效率。太阳能玻璃通常由钢化玻璃和具有特殊涂层或薄膜的多层复合结构组成。钢化玻璃经过特殊的热处理，在增加强度的同时也增加了耐热性，能够抵抗太阳能光伏系统中的高温和大气环境的侵蚀。

多层复合结构包括抗反射涂层、透明导电膜等。太阳能玻璃表面通常覆盖有抗反射涂层，用于减少光的反射并提高透光率。抗反射涂层有助于增加太阳能光的吸收能力，使更多的光线能够进入太阳能电池板，提高转化效率。太阳能玻璃的一种常见特殊涂层是透明导电膜，通常使用氧化锌或氧化铟锡等导电材料。透明导电膜具有较低的电阻和较高的透明度，能够提供优秀的电流导电性，同时减少光的反射。

太阳能玻璃具有多种优点，使其成为太阳能光伏系统的理想选择。太阳能玻璃通常具有较高的可见光透过率，能够保持太阳能电池板的透明性，提高了透光率。太阳能玻璃经过钢化处理，具有较高的强度和韧性，能够抵抗外部冲击和变形。这增加了太阳能电池板在户外环境中的稳定性，并降低了破碎的风险。即使发生破碎，钢化玻璃会成小块状，减少了对人体的伤害。太阳能玻璃具有良好的耐候性，能够抵抗日晒、雨淋、温度变化和大气环境的侵蚀。这确保了太阳能电池板在户外环境中长期稳定运行。同时，太阳能玻璃具有抗化学腐蚀性能，能够承受酸碱等腐蚀性物质的侵蚀。太阳能玻璃表面的抗反射涂层能够减少光的反射，增加光的吸收。这样可以提高太阳能电池板的转化效率，并减少能量损失。抗反射涂层还可以改善太阳能光伏系统的外观，减少眩光。

太阳能玻璃广泛应用于太阳能光伏系统中，为电池提供保护和增加光的吸收效率。在大型光伏电站中，太阳能玻璃作为电池组件的外覆层，用于保护电池并提高发电效率。太阳能玻璃可以增加光的吸收，提高太阳能电池板的转化效率。

随着对可持续能源需求的增加，太阳能玻璃在未来将继续发展和创新，以满足不断增长的太阳能市场需求。未来的太阳能玻璃将进一步改进和优化，以提高太阳能电池板的转化效率、增强太阳能电池板的传导能力，使太阳能电池板具有轻薄性、灵活性、可持续性，并具有高度的定制化和智能化。

第四节　背板材料

背板在光伏板的性能、耐久性和可靠性方面起着重要作用，并且对整体的能量转换效率和光伏板的寿命有直接影响。背板作为光伏板的背部覆盖层，可以提供额外的保护层来保护太阳能电池片不受外界的损害。这些外界因素包括湿度、水分、泥沙、化学物质和机械冲击等，这些都可以降低光伏板的效率并损坏电池片。因此，背板的存在可以提高光伏板的抗腐蚀性和防水性，有效延长太阳能电池的使用寿命。背板的特性可以影响光伏板的光吸收效率，其具有较高的反射率，以确保光能够尽可能地被太阳能电池吸收。此外，背板还可以优化光的透过性，减少光的损失，提高光伏板的能量转换效率。因此，光伏板背板的存在意义之一是来提高光伏板的光吸收能力和能源利用效率。除了保护太阳能电池外，背板还能够提供对光伏板整体结构的保护。光伏板需要在室外环境下工作，其结构需要能够承受来自自然环境的压力，例如风、雨、冰雹等。背板可以提供附加的机械强度和稳定性，增加光伏板的耐久性和抗震能力，防止光伏板在恶劣天气条件下的破裂或损坏。同时，光伏板在工作过程中会产生一定量的热量，如果不能及时排出，将会导致太阳能电池片的温度升高，进而降低光伏板的能量转换效率。背板可以用作热传导层，有助于将产生的热量迅速传导出去，保持太阳能电池的较低温度，从而提高整个光伏板系统的工作效率。

一、镀锌钢板

光伏板镀锌钢板背板是一种常用的背板材料，用于太阳能光伏电池组件的支撑和保护。它由普通钢板经过镀锌工艺处理而成，其中的锌层能够提供许多重要的性能和优势。镀锌钢板通过将一层锌层覆盖在钢板表面，形成了一种防护层。这种锌层具有优良的耐腐蚀性能，可以有效防止钢板被氧化、腐蚀和生锈，提高光伏板的耐候性，延长光伏板的使用寿命。尤其在湿润、酸性或碱性环境中，镀锌钢板背板表现出出色的抗腐蚀能力。钢板具有高强度和韧性，能够有效地抵抗外界的压力和冲击。在光伏板中，镀锌钢板背板可以提供额外的机械强度和稳定性，保护光伏电池片免受外界环境的损害，从而提高光伏板的耐用性。这种强度和耐久性使得光伏板在恶劣的气候和环境条件下仍能长期稳定运行。镀锌钢板能够有效地分散和传导光伏电池片产生的热量，提高光伏板的热管理能力。这有助于保持电池片的较低温度，减少温度对能量转换效率的影响，提高光伏板的性能稳定性。在常见的背板材料中，镀锌钢板的制作和加工成本相对较低。这一点使得它成为一种经济实用的选择，特别是在大规模光伏项目中，能够有效控制成本。

但是，相对于一些轻质材料（如铝合金）而言，镀锌钢板的密度较高，重量也较大，这增加了光伏板的整体重量。由于钢板镀锌过程中形成了一层锌层，这使得镀锌钢板的回收和再利用相对困难。与一些可持续发展材料相比，镀锌钢板在环保方面的可再利用性受到一定限制。光伏板在不同的温度条件下工作，镀锌钢板背板的温度变化可能会导致一定的热膨胀和收缩。这可能会对光伏板的结构稳定性和密封性造成一定的影响。

二、背板玻璃

玻璃作为一种常见的无机非晶固体材料，具有良好的透明性、稳定性、绝缘性、密封性、防隐裂性，它能够显著的增强光伏组件的稳定性。玻璃背板能够抵抗紫外线辐射、高温、风雨等自然环境的侵蚀，这使得光伏电池组件能够在不同的气候条件下稳定运行，并具有较长的使用寿命；它也能够提供稳定的支撑和保护光伏电池组件。它能够承受外界的压力和冲击，减少因外界因素引起的物理损伤，从而提高了光伏组件的可靠性和耐久性。

三、含氟的背板

光伏板含氟的背板是在太阳能光伏系统中使用的一种特殊背板材料。它通过在玻璃背板表面添加氟化物材料来实现。光伏板含氟的背板主要由玻璃和氟化物材料组成。通常采用聚四氟乙烯（PTFE）或氟碳树脂（FEP）等氟化物材料进行涂覆。这些材料具有优异的化学稳定性、高透明性和低表面能，使其成为光伏板背板的理想选择。

光伏板含氟的背板具有很高的透光性，类似于普通玻璃背板。它可以允许更多的阳光透过，直接照射到光伏电池上，提高光伏电池的发电效率。通过在玻璃背板表面形成一层氟化物薄膜，含氟的背板具有优秀的防反射性能。这能够有效降低反射光的数量，提高光能的吸收率，从而增加光伏系统的发电量。光伏板含氟的背板具有良好的耐候性，能够抵抗紫外线辐射、高温、风雨等自然环境的侵蚀。同时，氟化物材料具有低表面能，可以减少灰尘、污垢和水珠的附着，有效降低背板表面的污染，保持光伏板的高发电效率。含氟的背板具有较好的机械强度和稳定性，可以提供稳定的支撑和保护光伏电池组件。同样，它能够承受外界的压力和冲击，减少因外界因素引起的物理损伤，从而提高了光伏组件的可靠性和耐久性。

但相比传统的玻璃背板，含氟的背板制造成本较高，这主要是由于氟化物材料的价格较高，并且在制造过程中需要特殊的技术和设备。因此，含氟的背板在一些特定的应用场景下可能不太经济实用。含氟的背板在生产和处理过程中可能会产生一些环境问题。氟化物材料的制造和处理需要一定的能源和化学物质，可能对环境造成一定的负面影响。因此，在使用含氟的背板时，需要注意环境保护和可持续性因素。同时，添加氟化物材料可能会降低玻璃背板的强度和硬度。这可能使得背板在受到外界压力或冲击时更容易发生破碎和破裂。因此，需要在设计和使用中充分考虑背板的安全性和稳定性。

四、耐水解 PET

传统的光伏板背板多采用铝板或玻璃等材料，然而随着技术的不断进步，光伏板背板材料的选择也在不断扩展。其中，耐水解 PET 背板作为一种新兴的材料在光伏板行业中得到了广泛的应用。耐水解 PET 是一种特殊的聚合物材料，具有防水解的特性。常规的 PET 材料在高温潮湿环境下容易遭受水解，而耐水解 PET 通过改变材料结构和添加特殊的防水解剂，能够提高其耐水解性能。

耐水解 PET 背板具有优异的防水性能，能够有效地抵御水分的渗透，保护光伏电池不受水腐蚀的影响。这对于光伏电池组件在户外环境中的长期使用来说非常重要，可以提高光伏板的使用寿命，减少因水腐蚀而导致的能量损失。耐水解 PET 背板相比传统的铝板背板来说更加轻质，同时具有较高的强度。这使得光伏电池组件更加轻便，便于安装和搬运。另外，耐水解 PET 背板具有良好的抗冲击能力，可以有效地抵御外界环境的压力和冲击，提高光伏板的抗震性能。耐水解 PET 背板具有良好的绝缘性能，可以有效地隔离光伏电池组件和外界环境之间的电流，降低漏电风险，提高安全性。尤其对于大型光伏电站来说，绝缘性能的好坏对整个系统的安全运行至关重要。耐水解 PET 背板是一种可再生的材料，可以通过回收再利用的方式减少对环境的影响。与传统的铝板背板相比，耐水解 PET 背板的生产过程中不需要高温熔炼和大量的能源消耗，从而减少了碳排放和环境污染。

由于耐水解 PET 背板具有较好的防水性能和环保特性，而且生产工艺相对较为复杂，导致其价格相对较高，且其耐候性相较于铝板背板等材料稍显有限。在极端气候条件下，如高温、低温、强风等情况下，耐水解 PET 背板可能会受到一定程度的影响，导致其使用寿命缩短。相比于传统的玻璃背板，耐水解 PET 背板在透光性方面稍逊一筹，耐水解 PET 背板的透光率相对较低，可能会降低光伏电池组件的光吸收能力。然而，随着材料科学的进步，已经有一些改进措施，例如使用渐变透明度的耐水解 PET 背板，以提高其透光性并充分利用太阳能资源。

第五节 光伏板孔洞

一、安装孔洞

光伏板作为太阳能发电系统的核心组成部分，需要安装在支架或框架上。为了实现稳固而安全地安装，光伏板通常会在边沿或角落处设置安装孔洞。这些孔洞的位置和数量根据不同的安装方式和支架设计而有所不同。安装孔洞的设置合理性直接关系到光伏板的安装稳定性和寿命。安装孔洞的形状和尺寸应该能够适应特定的安装方式。常见的安装孔洞形状包括圆孔、方孔或椭圆孔等。此外，安装孔洞的尺寸应考虑到螺栓或螺钉的直径和长度，以确保光伏板与支架之间的紧固连接。适当的孔洞位置和尺寸的设置可以提高光伏板的安装效率和可靠性。

光伏板的安装孔洞是指用于固定光伏板的孔洞，它们在安装过程中起到关键作用。常见的光伏板安装孔洞有两种类型：边框固定孔和夹持孔。光伏板用边框包围，边框固定孔通常每个边角和边框之间都会设置孔洞。这些孔洞主要用于将光伏板固定在支架或框架上。孔洞通常较大，便于使用螺栓或其他类型的紧固件进行固定。夹持孔洞通常沿着光伏板的边缘分布，并且是在光伏板表面上而不是边框上。夹持孔的设计是为了让安装人员可以使用夹具将光伏板夹紧在支架或框架上，从而固定光伏板。此类孔洞通常较小，以适应夹具的设计。

通常，孔洞位于光伏板的四个角落和边缘，以提供均匀的固定点。确保孔洞正确对齐并使光伏板与支架或框架紧密结合，有助于保持光伏板的水平和稳定。孔洞的直径取决于所选的固定件类型和安装方式。通常，边框固定孔较大，直径在 6～10mm 之间，以适应较大的螺栓或螺钉。夹持孔一般较小，直径在 4～6mm 之间，以满足夹紧夹具所需。孔洞的数量取决于光伏板的尺寸和安装要求。较大的光伏板通常需要更多的孔洞来提供充分的支撑和固定。通常，在光伏板的四个角落设置孔洞，并分布其他孔洞以确保光伏板的稳固和均匀分布载荷。

二、电线孔洞

光伏板需要将电能输送到其他组件或系统中。为了方便电线的连接和布线，光伏板通常会在边缘或背板上开设电线孔洞。电线孔洞允许电线从光伏板的背面引出，以便与其他电池组件、逆变器或电网进行连接。电线孔洞的设计需要考虑到电线的直径和绝缘要求。孔洞的尺寸应该与电线直径相匹配，以确保电线可以顺利通过。此外，为了确保电线与光伏板表面的接触良好，孔洞周围的边缘通常会采用绝缘材料进行处理。

三、排气孔洞

光伏板的制造过程中会使用粘合剂和密封材料将光伏电池片与背板、玻璃等材料进行粘结。在粘结过程中，排气孔洞的设置可以有效地排除胶粘剂中的气泡，并保证粘结质量。排气孔洞一般位于光伏电池片和背板、玻璃间的接触面上。通过这些孔洞，空气和气泡可以顺利地从粘结区域释放出来，避免在粘结过程中造成不均匀的压力和质量问题。排气孔洞的设置对于确保光伏板表面平整度和粘接质量起到至关重要的作用。

四、散热孔洞

光伏板在发电过程中会产生一定的热量。为了保持光伏电池的稳定性和效率，需要通过散热来降低电池的工作温度，散热孔洞的设置可以增进光伏板的散热效果，减少光伏电池的工作温度。散热孔洞是一种常见的散热设计，通过在光伏板上设置一定数量和大小的孔洞，提供了散热的通道。这样做可以增加光伏板与外界环境之间的热传导和热对流，促使热量更快地从光伏板表面传递到周围环境中，降低光伏板的工作温度。通过合理设置散热孔洞，可以增加光伏板的散热表面积，提高散热效果，降低光伏电池的工作温度，有助于提高光伏电池的效率和寿命，同时减少由于高温引起的损耗和降效。

第六节　其 他 材 料

一、EVA 薄膜

光伏板的 EVA 薄膜是一种在太阳能光伏组件制造中广泛使用的材料。EVA（乙烯醋酸乙烯共聚物）薄膜具有优异的光学和电学性能，主要用于保护太阳能电池片、提高光吸收效率、提供电气绝缘等方面。

EVA 薄膜通常是由乙烯和醋酸乙烯通过共聚反应合成得到的聚合物材料，其具有良好的透明性，光线可以透过薄膜进入太阳能电池片，为其提供充足的光能源，有助于提高光伏组件的光吸收效率。EVA 薄膜能够抵御外界环境的侵蚀和损害，如湿气、尘埃、紫外线等，它能有效地保护太阳能电池片不受这些因素的影响，延长光伏组件的使用寿命。EVA 薄膜在热胶固化过程中具有良好的粘附性能，可以牢固地粘合光伏组件的各个部分，如太阳能电池片和玻璃。这有助于提高光伏组件的结构强度和稳定性。

EVA 薄膜在光伏板中起着至关重要的作用。EVA 薄膜起到封装和保护太阳能电池片的作用，它可以形成一个坚固而柔软的层，将电池片、电线和背板紧密固定在一起，并防止湿气、尘埃和有害物质进入电池片内部。EVA 薄膜具有高透光率，能够使阳光更好地穿透薄膜进入电池片内部，提供充足的光能源。同时，EVA 薄膜减少了光的反射和折射损失，提高了光伏组件的光吸收效率。EVA 薄膜具有良好的电气绝缘性能，可以有效地隔离太阳能电池片与其他部分之间的电流，它防止了电流从电池片流向非导电材料，避免了电池片的短路和故障。此外，EVA 薄膜还具有柔韧性、耐老化性和耐化学性等优点。它可以适应光伏组件在不同环境下的应力和温度变化，保持较长时间的使用寿命。

二、边框

光伏板的边框是光伏组件结构中的重要组成部分，它起到保护、支撑和固定太阳能电池片的作用。光伏板边框能够提供额外的保护层，防止太阳能电池片受到物理损伤和环境侵蚀。边框可以减少机械冲击对电池片的影响，降低其破裂或损坏的风险，同时，边框还能抵御日常环境中的湿气、尘埃、紫外线等有害物质，延长光伏板的使用寿命。光伏板边框起到支撑太阳能电池片的作用，保持电池片的平整和稳定性，边框通过固定和支撑电池片，防止其出现弯曲或变形，确保光伏板正常工作。光伏板边框可以固定太阳能电池片和其他组件，如玻璃、背板等。通过边框的结构设计和安装方式，太阳能电池片与其他组件之间形成紧密的连接，防止其相对移动或松动，确保光伏板具有良好的结构强度和稳定性。

光伏板边框的常见材料一般为铝合金、不锈钢、塑料等。铝合金是目前最常用的光伏板边框材料之一。它具有优异的耐腐蚀性、轻质、高强度和易加工性等优点。铝合金边框可以有效地保护太阳能电池片，并使整个光伏组件更加坚固和稳定。不锈钢边框在某些特殊环境下使用，具有耐腐蚀性能好、强度高和较长的使用寿命等特点。不锈钢边框通常适用于海边和高湿度地区等恶劣环境，能够有效抵御盐雾和湿气的侵蚀。塑料边框是另一种常见的光伏板边框材料。塑料边框通常采用工程塑料，如聚丙烯（PP）或聚碳酸酯（PC），具有重量轻、绝缘性能好和成本低等优势。塑料边框适用于一些对重量要求较低的应用场景。

三、接线盒

光伏板的接线盒是太阳能光伏系统中的关键组件之一，主要用于对光伏电池片的电气连接进行保护和管理。它的作用是将多个太阳能电池片的输出电流和电压合并，并提供安全可靠的电气接口，实现电能的传输和分配。接线盒将光伏电池片的输出电流和电压合并，并提供安全可靠的电气接口。它通过内部的连接器，将电池片与其他组件（如逆变器、电缆等）进行连接，实现电能的传输和分配。接线盒在光伏电池片电路中起到电气保护的作用。它通常包含有过流保护装置（如保险丝或保险片）、过压保护装置（如避雷器）和温度传感器等，可以监测和保护电池片不受过电流、过电压和高温等因素的损害。光伏电池片在工作过程中会产生热量，接线盒内部设计有散热结构，用于加速热量的传导和散发，避免过热对电池片产生不利影响。接线盒具有良好的密封性能，防止水分和灰尘进入内部电路，降低其运行稳定性。一些高级接线盒还具有监测和通信功能，可以实时监测光伏电池片的工作状态、输出功率和温度等参数，并通过通信接口将数据传输给集中监控系统，方便运维人员进行远程监控和故障诊断。

第六章
光伏板的状态检测与修复

第一节　光伏板的状态检测

一、光伏检测的概念

光伏测试，又称太阳能光伏测试，是光伏行业为验证产品、原料、工艺、电站等最终性能是否符合行业标准而按照规定的方法、程序进行的实验室及户外检测。

太阳电池检测技术是测量太阳电池制造工艺的性能以确保达到质量规范标准的一种必要的方法。为了完成这种测量，需要样片、测量设备和分析数据的方法。传统上，大部分在线数据已经在样片上收集，样片是空白的硅片，包含在工艺流程中，专为表征工艺的特性。经过适当的处理，例如表面剥离和清洗，可以将这些空白硅片回收重复使用。

对样片性能的精确评估必须贯穿于制造工艺，以验证产品满足规范要求。要达到这一点，在样片制造的每一工艺步骤都有严格的质量测量。为使样片通过电学测试并满足使用中的可靠性规范，质量测量定义了每一步需要的要求。质量测量要求在测试样片或生产样片上大量收集数据以说明样片生产的工艺已满足要求。

为了维持良好的工艺生产能力并提高太阳电池产品的特性，制造厂家提高了对工艺参数的控制，并减少了在制造中缺陷的来源。这些改善可以从某些方面着手，使整个工厂的工艺更加稳定，例如设备自动化、机械手控制、减少沾污以避免等待太久。如果没有检测样片以及评估工艺参数的能力，其他方面的改善是不可能的。使用高精度的设备进行评估，该设备能提供关于样片制造性能的实时数据，并为工程师和技术人员确定工艺流程提供关键信息。

二、外观检测

对于太阳能电池组件的电池片，必要时可使用放大镜检验，要求无扩大倾向的裂纹，也不允许有 V 形缺口。300mm 钢直尺、游标卡尺检测电池片缺损，要求每块电池片不超过 1 个；每块组件不超过 3 个面积小于 1mm×5mm 的缺损。

对于太阳能电池组件的栅线检验，采用 300mm 钢直尺检验。首先不允许出现主栅线缺失的情况，对于缺失长度在 3mm 以下的副栅线总量不得超过 10mm。主栅线与副栅线间断点应小于 1mm，不能允许有两个平行断条存在。主栅线与串联带之间脱焊的长度，电池片前端应小于 5mm，电池片后端应小于 10mm。串联条偏离主栅线长度应小于 20mm，偏离量应不大于主栅线宽度的 1/3，且总偏离数量应少于 5 处。

采用 300mm 钢直尺检验汇流带和串联带。汇流带边缘未剪切的串联带长度应不大于

lmm，串联带边缘未剪切汇流带的长度不大于 2mm。相邻单体电池间距离应不小于 1.5mm，汇流带和电池之间、相邻汇流带间的距离应不小于 2mm，汇流条、互联条、电池片等有源区距组件玻璃边缘的距离应不小于 7mm。串联条与汇流条的焊接应浸润良好，焊接可靠。

太阳能电池组件检验包括异物检验，要求成品中不能有头发与纤维。其他异物应宽度不大于 1mm，面积不大于 15mm^2，整块组件中异物数量不能超过 3 个。

位于边缘 5mm 内，且距电池片、汇流条等有源元件 7mm 以上的气泡属于合格范围。不在此范围内的气泡，要求单个气泡最长端应不超过 2mm，整块组件不能超过 3 个气泡。组件背部不得存在有“弹性”的可触及气泡，不能延伸到玻璃边缘，不能连通两导电部件。

对于成品的玻璃检验要求不允许存在裂痕或碎裂，表面划伤宽度不能大于 0.1mm，长度不超过 30mm，每平方米不超过 3 条划伤。玻璃中长度在 0.5～1.0mm 的圆气泡，每平方米不得超过 5 个；长度在 1～2mm 的圆气泡，每平方米不得超过 1 个；宽度小于 0.5mm，长度在 0.5～1.5mm 的线泡，每平方米不得超过 5 个，长度在 1.5～3mm 的线泡，每平方米不得超过 2 个。

检验 EVA 和背膜，要求无明显缺陷及损伤，返工（修）后不能产生背表面塌陷，背表面不存在褶皱。

对于边框检验，要求几何尺寸符合设计要求，边框凹槽内硅胶填量达 2/3。手感牢固、可靠，无松垮感。要求合格品划痕单个长度小于 30mm，宽度小于 0.2mm，每米划痕个数小于 2 个。

太阳能电池组件成品检验表面污染要求不存在除电池印刷浆料和浸锡粘连以外的沾污，每片电池片沾污面积不大于 20mm^2，沾污片不超过 3 片。每块组件上使用相同材料、相同工艺制造的电池片，减反射膜和绒面成片缺失总面积小于 1cm^2，且每个组件少于 5 个电池片有此类缺陷。整块组件颜色没有明显的反差，无形成有色沉淀的水渍。

太阳能电池组件成品检验接线盒，应按图纸要求，接线盒与边框间固定牢固，与背膜间粘结胶条无间断，有少量粘胶挤出。接线盒与背膜间无明显间隙，接线盒不得翘起。引出线插入插片的深度应大于 5mm，输出极性正确，接头和电缆无损坏。

三、检测技术

近年来，各种光伏检测技术已经快速发展，下面介绍几种新型技术：

（1）光伏电站运维技术应运而生。光伏电站内光伏板出现异常的情况屡见不鲜。为此，其中，光伏板异常状态检测技术可以在光伏发电系统运行过程中检测出光伏阵列的故障，保证光伏电站的正常运行，提高光伏发电系统的运行效率并降低发电成本，确保光伏电站的可靠性，高效性和安全性。由于地理条件等因素的限制，光伏电站中光伏板的安装条件日趋复杂，使得不同光伏板的倾角、方向角可能存在较大差别。针对具有复杂安装条件的光伏电站，通过一种通过对比不同光伏板工作状态的方法以实现故障检测。首先，建立一种线性的光伏板出力解析模型；然后，从中提取一种与光伏板工作状态正常与否相关但与安装条件无关的特征量，并给出特征量及其概率分布的计算方法；在此基础上，设计光伏板的故障检测方法；最后，通过仿真验证该方法的有效性，讨论基于线性化假设求解光伏板特征量的概率分布对故障检测准确性带来的影响，并提出提高本方法判断故障准确性的方法。

（2）光伏板积灰会降低光伏系统发电效率，易引发灼烧、腐蚀等连带故障，因而开展光伏板积灰智能识别与分析对提高光伏发电效益意义重大。鉴于积灰状态光伏板在可见光图像中显著的颜色与纹理特征，一种基于卷积神经学习的光伏板积灰状态识别与分析方法，在光伏电站现场构建积灰状态图像识别实验系统，获取积灰状态图像制备数据集，以残差网络来辨识不同积灰程度的光伏板图像，挖掘分析积灰状态图像与发电效率损失率的对应关系。结果表明：对于现场 11 个等级的光伏板积灰状态，ResNet-50 和 ResNet-101 模型识别的准确率为 0.81、0.72，均方根误差为 0.69、0.95。提出的积灰状态识别与分析方法可直接、实时、定量分析积灰对光伏发电效率的影响，为光伏系统便携式巡检与智能化运维技术研究提供参考与新思路。

（3）为提高太阳能电池的利用率，以蓝斑、磨损、缺角等局部缺陷类型的光伏组件为研究对象，对有缺陷的太阳能电池表面利用图像增强、中值滤波、改进的 Canny 边缘检测等图像处理技术进行模拟仿真及实验。通过 Canny 算子检测得到其表面缺陷，并进行数据对比分析得出边缘检测算法相对于传统算法具有较好的抗噪性能和检测精度。根据实验测量的数据建立像素灰度值和光照强度的函数关系，为研究有缺陷的太阳能电池表面下的光伏输出特性提供更有效的方法。

（4）针对光伏电站光伏板热斑故障难以检测的问题，结合无人机巡检技术，提出一种基于深度卷积神经网络的光伏板热斑快速检测方法。首先设计了光伏板识别模型，将 Yolov4 主干特征提取网络替换成轻量级网络 MobileNetV2，并将 PAnet 网络中标准 3×3 卷积替换为深度可分离卷积，实现了将光伏板快速从红外图像中识别出来。为快速识别热斑并解决光伏板反光噪声问题，将 MobileNetV2 网络引入 DeeplabV3+模型中，改进由于采样造成的目标缺失，并将交叉熵损失函数修改为 Dice 损失函数来进一步提高分割精度。试验结果表明，该方法能够准确识别光伏板热斑，光伏板识别准确率为 99.56%，检测速度为 22.1 帧/s。光伏板识别后的热斑分割准确度达到 95.99%，交并比 mIoU 达到 85.58，检测速度为 24.5 帧/s，该方法能够满足光伏板故障检测的需要。

（5）针对现存的对光伏板进行人工运维时效率低、成本高的问题，提出了一种结合无人机与目标检测算法对光伏板表面异物进行智能检测的方法。以太阳能光伏板表面异物为检测目标，输入无人机对光伏电站的巡航图片数据，利用目标检测 SSD 算法进行训练检测。结果表明，此算法对异物识别的交并比在 75%以上，准确性较高，具有很好的实用性。最后借助无人机巡航和智能算法，构建光伏板的智能运维系统，从而提高光伏板的实际使用效率。

（6）光伏板阴影不仅会使光伏阵列的光照强度分布不均，降低发电效率，甚至还可能产生热斑效应，损坏光伏电池组件，造成系统故障。为解决光伏板阴影检测中目标密集度高、重叠度大、成本高和实时性差等问题，提出了一种基于 RetinaNet 算法的 CRC-RetinaNet 光伏板阴影检测算法。首先，所提算法特征提取网络采用 cross stage partial 结构，以提升准确率和检测速度；其次，采用循环特征融合结构处理提取到的特征图，以增强所有目标的特征信息；然后，改进算法的激活函数，以增强网络的鲁棒性；最后，使用 CIOU 损失来提高目标边框回归的定位精度。实验结果表明，所提算法的检测平均精度均值为 99.24%，与原 RetinaNet 算法相比提高了 4.02 个百分点，可以满足现实环境下光伏板实时检测的要求。

（7）针对复杂红外背景下光伏板缺陷尺寸变化大、检测精度低的问题，提出了一种融合注意力的多尺度光伏板缺陷检测方法。首先提出多尺度特征自适应融合网络 MAFPN（multi-scale adaptive fusion feature pyramid network），融合了浅层与深层特征，提高了网络对多尺度缺陷的特征表达能力；其次提出一种特征增强模块（feature enhancement module，EM），以提高模型提取上下文的能力、获取更多有效信息；设计了一种自适应特征融合模块（adaptive feature fusion module，AFM），在特征融合中嵌入了注意力机制，使其能更加准确地捕获关键信息、保留融合过程中的语义信息与细节信息。在光伏红外数据集上进行实验，结果表明改进后的算法能够有效地识别红外图像中的缺陷。

（8）由于光伏板测得的灰尘散射数据受到各种噪声和干扰因素的影响，导致测量数据的误差大。因此，为了得到准确的检测结果，提出了一种结合卡尔曼滤波和数字锁相放大技术的信号去噪方法，对混合了噪声的光伏板灰尘散射信号进行去噪处理。通过仿真实验和对实测的光伏板灰尘散射信号去噪，并计算信噪比、均方根误差和平滑度，验证了联合算法的去噪性能。结果表明，卡尔曼滤波和数字锁相放大器联合去噪算法的信噪比比单一数字锁相放大器去噪算法提高了 36%，能够有效降低光电探测系统中的噪声干扰，提高光电探测系统的精度和稳定性。

（9）光伏板是光伏发电系统的核心部件，其质量好坏直接影响发电效率及电路安全。为了精准检测出光伏板的缺陷，提出了 1 种融合注意力机制的 YOLOv5 改进算法，该算法将有效通道注意力（efficient channel attention，ECA）与 YOLOv5 模型主干网络中的 C3 模块相融合形成 C3-ECA 模块。同时将融合注意力机制 YOLOv5 改进算法与 YOLOv3、YOLOX 等多个模型做对比实验，结果表明融合注意力机制 YOLOv5 改进算法精确率为 97.5%，比原版 YOLOv5 提高了 1.1%。改进的算法在引入少量参数的情况下，提高了模型的检测精度，并能够对光伏板表面的多种缺陷进行有效识别，且精度高、耗时少。

第二节 光伏板常见问题及修复

修复光伏板问题通常需要技术专业人员的介入。一般来说，修复措施可能包括清洁污染的表面、更换损坏的部件或电缆、重新连接或焊接电路等。在修复过程中，确保按照相关的安全操作规程进行操作，并遵循厂商或专业人员的建议。

光伏板的状态直接影响太阳能发电系统的性能和效率。及时发现并修复光伏板的问题可以提高系统的发电效率、延长光伏板的使用寿命，同时减少能源损失和维修成本。此外，维持光伏板的良好状态对于可持续能源发展和环境保护也具有重要意义。

提前了解太阳能电池组件常见质量问题，以便在工作中采取措施，减少组件故障率，提高生产效率，降低成本。下面对太阳能电池组件常见质量问题进行介绍：

（一）电池片色差

电池片存在色差会影响组件整体外观。其产生的原因可能是分选失误，在分选时应注意从同一角度看电池片颜色（正视）。电池片色差也可能是其他工序换片时造成。因此，要求由专人负责换片，以破片换好片时尤其要注意电池片颜色，以减少此类问题的出现。

（二）电池片缺角

电池片缺角会影响组件整体外观、使用寿命及电性能等。产生的原因可能是标准不明确或是焊接收尾打折太深或离电池片太近。

（三）电池片栅线印刷问题

电池片栅线印刷错误会影响组件外观及电性能，具体分为主栅线缺失、细栅线缺失和栅线重复印刷三类问题。

（四）电池片表面脏

电池片表面脏会影响组件使用寿命。可能的原因是：①裸手接触原材料，残留汗液造成；②电池片制作过程没有清洗干净；③工作台面有污染物，粘在电池片上。

（五）电池片氧化

电池片氧化会影响组件外观、使用寿命及电性能。产生的原因包括：①电池片裸露空气中时间过长，应注意调整工序间的生产均衡；②加助焊剂焊接后没有清洗，导致氧化，应注意焊接后将助焊剂清洗干净；③电池片来料时间太长，保存条件不符合要求，在开封后未能及时用完，应注意先来先用，保持仓储环境。

（六）EVA 未溶

EVA 未溶会影响组件外观、电性能及使用寿命。可能造成的原因包括：①EVA 自身问题（EVA 收缩过大、厚度不均匀），此时应更换 EVA；②没有找到合适的工艺参数（温度高、层压时间长、上室压力大等），此时应试验合适的层压参数。

（七）层压后组件内气泡

层压后组件内气泡会影响组件外观及使用寿命。可能造成的原因包括：①EVA 过保质期，应注意仓库先进先出原则，领料时注意查看进货时间；②EVA 保管不善而受潮，应注意改善仓储环境；③EVA 熔点过高；橡胶毯有裂痕或破损；下室不抽真空；不层压导致或层压压力小；层压机密封圈破损；④真空速率达不到；工艺参数不符（抽真空时间短、层压温度高），将参数调试合适；⑤EVA 上沾有酒精未完全挥发，应注意待 EVA 上的酒精完全挥发再使用；⑥电池片上残留助焊剂和 EVA 起反应，应注意将电池片上的助焊剂清洗干净；⑦互联条上的涂层（金属漏洞）；⑧焊接工艺问题（虚焊）导致；玻璃和 EVA 边缘受到污染；⑨绝缘层的结构问题（不是所有背材都能做绝缘条），如异物导致气泡。

（八）层压后破片

层压后破片会影响组件外观、电性能及使用寿命。可能造成的原因包括：①电池片自身隐裂，叠层应在灯光下仔细检查；②焊接时打折过重导致电池片隐裂，应调整焊接方法；③层压前，操作人员抬组件时压倒电池片，进料时不注意，抬组件时应护住四角，不要压到背板上；④异物、锡渣、堆锡在电池片上导致层压后破片，应保持工作台面整洁、各自工序自检、互检；⑤上室压力过大经常出现破片而且在同一位置，应定时检查层压机，调整层压参数；⑥互联条太硬，应选择合适的互联条；⑦叠层人员剪涂锡带时用力过大，电池片产生隐裂，应注意手势及力道；⑧充气速度不合适，应调节充气速度；⑨叠层人员在倒电池串时产生碰撞，导致电池片隐裂；⑩引出线打折压破。

（九）EVA 脱层

EVA 脱层影响组件使用寿命。可能造成的原因包括：①玻璃内部不干净，应将玻璃预先清洗；②EVA 自身问题；③层压时间过短或没有层压，应检查设备或延长层压时间；④冷热循环后 EVA 脱层，配方不完善。

（十）EVA 发黄

EVA 发黄会造成透光率下降，影响组件采光，影响电性能及使用寿命。可能造成的原因包括：①EVA 自身问题；②EVA 与背材之间的搭配性不协调；③EVA 与玻璃之间的搭配性

不协调；④EVA 与硅胶之间的搭配性不协调。

（十一）层压后组件位移

层压后组件位移影响组件外观、电性能及使用寿命。可能造成的原因包括：①串与串之间位移，叠层时没有固定好，间隙不均匀，串焊时应尽量焊在一条直线上；②汇流条位移，可能由于层压抽真空造成，可考虑分段层压（有些层压机有此功能），也可能是由于互联条太软造成，需要更换合适的互联条；③整体位移，没有固定或层压放置组件时有倾斜，仔细检查有无固定，往层压机上放置时注意不要倾斜。

（十二）焊带发黄发黑

焊带发黄发黑影响组件整体外观、电性能及组件使用寿命。可能造成的原因包括：①助焊剂的腐蚀性强或焊带自身抗腐蚀性不强；②EVA 的配方体系与焊带不符；③焊带表面镀层的致密程度不够。

（十三）背板划伤

背板划伤影响组件外观及使用寿命。可能造成的原因包括：①层压后抬放、修边、装框、测试、清洗及包装都有可能；②装框拆框导致，拆框时应注意保护背板；③背板本身存在划伤，裁剪时应注意检查及叠层时检查。

（十四）背板鼓包

背板鼓包影响组件外观。大量鼓包出现在片与片之间，可能是 EVA 收缩率大，此时应检查该批次 EVA；如果是互联条质地软造成，此时应更换合适的互联条。

（十五）背板脱层

背板脱层影响组件使用寿命，可能造成的原因有：①背板的毛面部分粘结效果不好，此时应更换背板；上室压力小，应注意调整层压设置参数；②如果是因为不层压导致，此时应检查设备；③如果因为 EVA 的粘结强度不够，此时应调整参数或更换 EVA；④如果组件太热时修边或用手拉角，也可能造成背板脱层，应注意组件应冷却到室温再修边，在组件热的时候，禁止用手拉组件的角。

（十六）背板起泡

背板起泡影响组件外观及使用寿命。可能造成的原因包括：①电池片背膜引起；②3M 胶带引起，可能由于 3M 胶带质量不好；③返工次数太多或时间长，则应减少返工，调整返工层压参数；④层压之后在电池片背面有气泡，经过一段时间后产生，则应注意背板，仔细检查。

（十七）玻璃表面划伤

玻璃表面划伤影响组件外观、使用寿命及安全性能。可能造成的原因包括：①抬玻璃时两块玻璃摩擦，玻璃之间应有隔离物，抬时应注意平拿平放；②叠层时摩擦造成，应注意在叠层台上要有垫子撑起玻璃；③刀片划伤，则注意刀尖不要在玻璃上划、清洗注意刀尖磨损程度，及时更换；装框拆框时导致，拆框时应将组件用缓冲物垫好、并用气枪将玻璃表面的沙粒吹干净；④测试后汇流条打折导致摩擦，应将汇流条处用胶带粘起来或垫缓冲物；⑤层压返工时摩擦尽量减少；⑥玻璃本身有划伤没有检出，叠层前、层压前应仔细检查。

第七章
光伏逆变器

第一节　光伏逆变器概述

一、光伏逆变器定义

将直流电能变换成为交流电能的过程称为逆变，完成逆变功能的电路称为逆变电路，而实现逆变过程的装置称为逆变器或逆变设备。太阳能光伏系统中使用的逆变器是一种将太阳能电池所产生的直流电能转换为交流电能的转换装置。它使转换后的交流电的电压、频率与电力系统交流电的电压、频率相一致，以满足为各种交流用电装置、设备供电及并网发电的需要，是光伏发电系统的核心设备之一。光伏电池板发出直流电一般需要通过逆变器转换为交流电，提供给交流负载或者并入交流电网。

组串式逆变器是最早出现的逆变器，几乎是伴随着光伏电站发展的历史发展起来的。SMA 的组串式产品从 1995 年开始面世，当时的光伏电站容量很小，多为 1～2kW；随着光伏电池板的发展，光伏电站容量越来越大，2002 年 SMA 推出了集中式逆变器，但功率并不大，仅为 100kW 左右；2006 年，电站容量进一步变大，SMA 推出的 SMC（sunny mini central）系列产品由于效率高，室外防护，安装方便，在屋顶电站及地面电站中都占据了相当大的市场份额。此时由于大功率的集中式逆变器不多，SMC 系列产品用三台单相机外加控制器组成的三相系统成为地面电站配置的主流，组串式逆变器开始广泛应用于大型的地面电站；SMA2009 年推出大功率的集中式逆变器产品，满足大型的地面电站的要求。同年，Danfoss 推出了 10～15kW 三相组串式系列产品由于 MPPT 数量多，防护等级高，设计更加灵活，安装维护方便，受到市场追捧，广泛用于大型地面电站中。2010 年 SMA 推出的三相组串式产品 STP 系列迅速成为其主力发货产品，在欧洲广受欢迎。此后在欧洲的大型地面电站中，集中式逆变器由于成本上占有优势而应用较多，但组串式逆变器也占有一定的市场份额；自 2013 年以来，组串式逆变器由于竞争激烈，价格下降很快，采用组串式逆变器方案的地面电站系统成本正在逐步接近采用集中式逆变器方案的电站。

二、光伏逆变器分类

（1）并网逆变器有多种实现方案，主要分为电压型和电流型两大类。电压型并网逆变器方案比较普遍，这主要是因为电压型逆变器中储能元件是电容，它与电流型逆变器中储能元件电感相比，储能效率和储能器件体积、价格等方面都具有明显的优势，全控型功率器件的驱动控制比较简便，控制性能相对较好。光伏逆变器可以按照拓扑结构、输出频率、隔离方式、输出相数、功率等级、功率流向，以及光伏组串方式等进行分类。

（2）按照拓扑结构分类，目前采用的拓扑结构包括全桥逆变拓扑、半桥逆变拓扑、多电平逆变拓扑、推挽逆变拓扑、正激逆变拓扑、反激逆变拓扑等。其中，高压大功率光伏并网逆变器可采用多电平逆变拓扑，中等功率光伏并网逆变器多采用全桥、半桥逆变拓扑，小功率光伏并网逆变器采用正激、反激逆变拓扑。

（3）按照隔离方式可以分为隔离式和非隔离式两类，其中隔离式并网逆变器又分为工频变压器隔离方式和高频变压器隔离方式，光伏并网逆变器发展之初多采用工频变压器隔离的方式，但由于其体积、重量、成本方面的明显缺陷，近年来高频变压器隔离方式的并网逆变器发展较快。非隔离式并网逆变器以其高效率、控制简单等优势也逐渐获得了认可，目前已经在欧洲开始推广应用，但需要解决可靠性、共模电流等关键问题。

（4）按照输出相数可以分为单相和三相并网逆变器两类，中小功率场合一般多采用单相方式，大功率场合多采用三相并网逆变器。按照功率等级进行分类，可分为功率小于 1kVA 的小功率并网逆变器，功率等级 1～50kVA 的中等功率并网逆变器和 50kVA 以上的大功率并网逆变器。从光伏并网逆变器发展至今，发展最为成熟的属于中等功率的并网逆变器，目前已经实现商业化批量生产技术趋于成熟。光伏并网逆变器未来的发展将是小功率微逆变器即光伏模块集成逆变器和大功率并网逆变器两个方向并行。微逆变器在光伏建筑集成发电系统、城市居民发电系统、中小规模光伏电站中有其独特的优势，大功率光伏并网逆变器在大规模光伏电站，如沙漠光伏电站等系统具有明显优势。

（5）按照功率流向进行分类，它分为单方向功率流并网逆变器和双方向功率流并网逆变器两类。单向功率流并网逆变器仅用作并网发电，双向功率流并网逆变器除可用作并网发电外，还能用作整流器，改善电网电压质量和负载功率因数，近几年双向功率流并网逆变器开始获得关注，它是未来的发展方向之一。未来的光伏并网逆变器将集并网发电、无功补偿、有源滤波等功能于一身，在白天有阳光时实现并网发电，夜晚用电时实现无功补偿、有源滤波等功能。

（6）按照光伏板组合方式的不同可以分为组串式逆变器、集中式逆变器和微型逆变器，这也是应用领域中最为常用的分类方式。

光伏逆变器主要分类方式如图 7-1 所示。光伏逆变器按照元件、工作原理等还有许多分类方式，光伏逆变器按照主开关器件的类型可分为晶闸管逆变器、晶体管逆变器、场效应逆变器、绝缘栅双极晶体管（IGBT）逆变器；按控制方式分可分为：调频式（PFM）逆变器、调脉宽式（PWM）逆变器；按开关电路工作方式分可分为：谐振式逆变器、定频硬开关式逆变器和定频软开关式逆变器；按逆变器输出电压或电流的波形分可分为方波逆变器、阶梯波逆变器、正弦波逆变器。

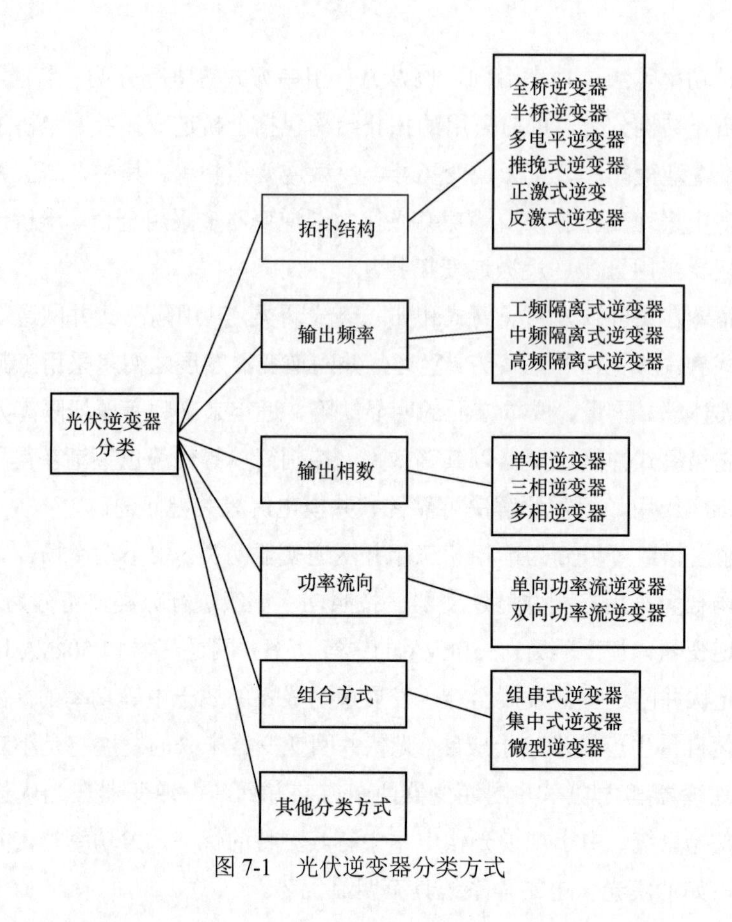

图 7-1　光伏逆变器分类方式

第二节　光伏逆变器原理

一、逆变器组成器件

逆变器主要由半导体功率器件和逆变器驱动、控制电路两大部分组成。随着微电子技术与电力电子技术的迅速发展，新型大功率半导体开关器件和驱动控制电路的出现促进了逆变器的快速发展和技术完善。目前的逆变器多数采用功率场效应晶体管（VMOSFET）、绝缘栅极晶体管（IGBT）、可关断晶体管（GTO）、MOS 控制晶体管（MGT）、MOS 控制晶闸管（MCT）、静电感应晶体管（SIT）、静电感应晶闸管（SITH）以及智能型功率模块（IPM）等多种先进且易于控制的大功率器件，控制逆变驱动电路也从模拟集成电路发展到单片机控制，甚至采用数字信号处理器（DSP）控制，使逆变器向着高频化、节能化、全控化、集成化和多功能化方向发展。

（1）半导体功率开关器件。逆变器常用的半导体功率开关器件主要有可控硅（晶闸管）、大功率晶体管、功率场效应管及功率模块等。

（2）逆变驱动电路。光伏系统逆变器的逆变驱动电路主要是针对功率开关器件的驱动，要得到好的 PWM 脉冲波形，驱动电路的设计很重要。随着微电子和集成电路技术的发展，许多专用多功能集成电路的陆续推出，给应用电路的设计带来了极大的方便，同时也使逆变器的性能得以极大地提高。如各种开关驱动电路 SG3524、SG3525、TL494、IR2130、TLP250 等，在逆变器电路中得到广泛应用。

（3）控制电路。光伏逆变器中常用的控制电路主要是对驱动电路提供符合要求的逻辑与波形，如 PWM、SPWM 控制信号等，从 8 位的带有 PWM 口的微处理器到 16 位的单片机，直至 32 位的 DSP 器件等，使先进的控制技术如矢量控制技术、多电平变换技术、重复控制技术、模糊逻辑控制技术等在逆变器中得到应用。在逆变器中常用的微处理器电路有 MP16、8XC196MC、PIC16C73、68HC16、MB90260、PD78366、SH7034、M37704、M37705 等；常用的专用数字信号处理器（DSP）电路有 TMS320F206、TMS320F240、M586XX、DSPIC30、ADSP-219XX 等。

二、逆变器工作原理

逆变器内部包括滤波器、逆变器、单相变压器和继电器，工作原理如图 7-2 所示。光伏组件产生的直流电，先经过滤波器的直流滤波电路，去除电流波动和电磁干扰，然后经过逆变桥，在逆变电路中先将直流电转换为交流电，将不规则的交流电整流为正弦波交流电，再由输出端的滤波电路滤除逆变过程中产生高频干扰信号，经过变压器升压后并入电网或者直接供应负载。

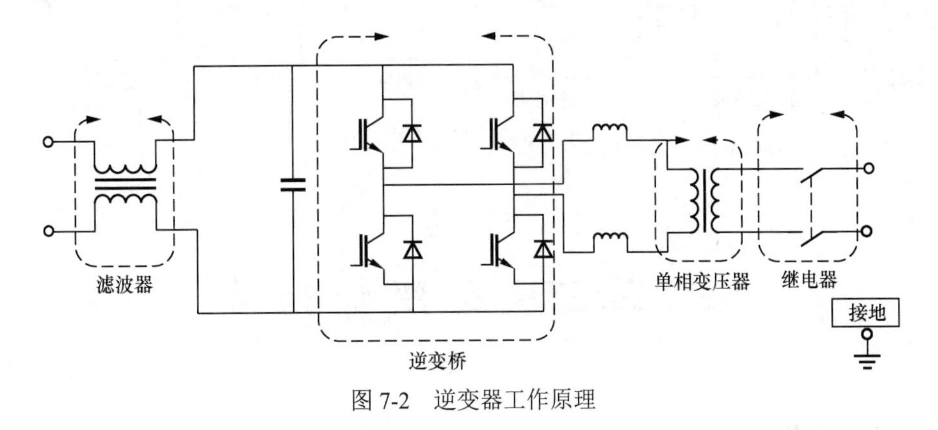

图 7-2　逆变器工作原理

1. 低频环节逆变电路

此技术可以分为方波逆变、阶梯合成逆变和脉宽调制逆变。这 3 种逆变器的共同点都是用来实现电器隔离和调整变压比的变压器工作频率等于输出电压频率，所以称为低频环节逆变器。该电路结构由工频或高频逆变器、工频变压器，以及输入、输出滤波器构成，如图 7-3 所示。其具有电路结构简洁、单级功率变换、变换效率高等优点，但同时也有变压器体积和重量大、音频噪声大等缺点。

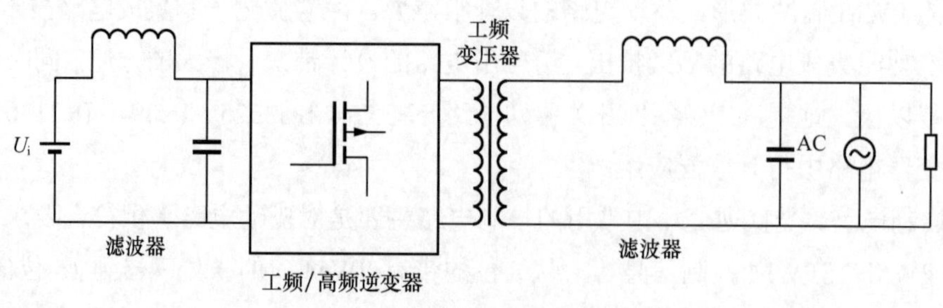

图 7-3　低频逆变电路结构

2. 高频环节逆变电路

高频环节逆变电路如图 7-4 所示，即利用高频变压器替代低频变压器进行能量传输、并实现变流装置的一二次侧电源之间的电器隔离，从而减小了变压器的体积和重量，降低了音频噪声。此外逆变器还具有变换效率高、输出电压纹波小等优点。此类技术中也有不用变压器隔离的，在逆变器前面直接用一级高频升压环节，这级高频环节可以提高逆变侧的直流电压，使得逆变器输出与电网电压相当，但是这种方式没有实现输入输出的隔离，比较危险。相比这两种技术来讲，高频环节的逆变器比低频逆变器技术难度高、造价高、拓扑结构复杂。

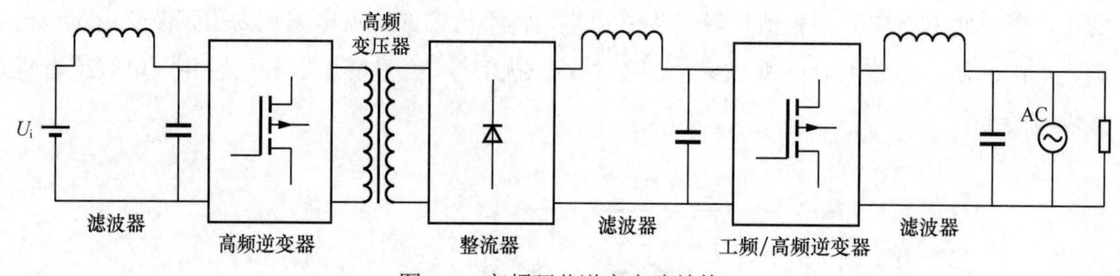

图 7-4　高频环节逆变电路结构

第三节　逆变器技术

一、波形调制

（一）PWM 调制

PWM（pulse width modulation）称脉冲宽度调制，是利用微处理器的数字信号输出来对模拟电路进行控制的一种技术。PWM 控制将直流电压通过开关器件按照一定的时间比例转换成一个近似于正弦波的交流电压输出。在 PWM 控制中，时间上的平均值、最大值和最小值之间存在一定的关系。通过改变脉冲宽度或者频率来实现对输出电压的控制。调制过程如图 7-5 所示。

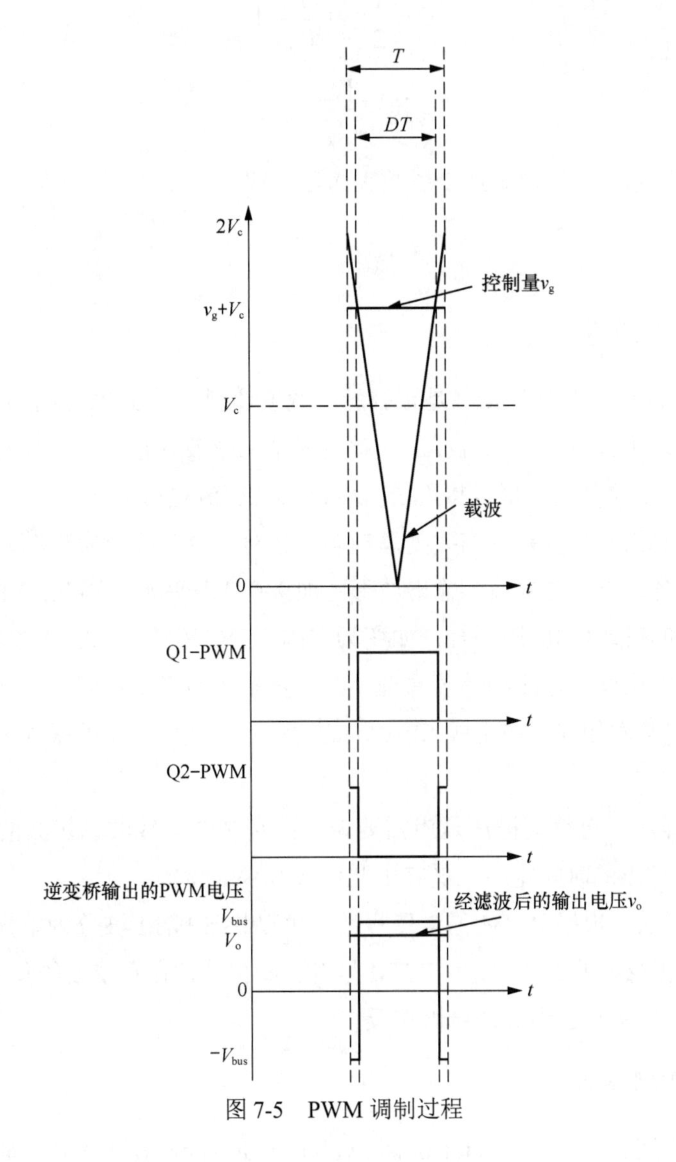

图 7-5 PWM 调制过程

由三角形相似原理可推出式（7-1）和式（7-2），即

$$\frac{V_c + V_g}{2V_c} = D \tag{7-1}$$

$$V_g = V_c(2D - 1) \tag{7-2}$$

再由面积等效原理推出式（7-3）和式（7-4），即

$$V_0 = V_{bus}D - V_{bus}(1-D) \tag{7-3}$$

$$V_0 = V_{bus}(2D-1) \tag{7-4}$$

通过式（7-3）和式（7-4）可推出脉宽计算式为

$$D = \frac{1}{2}\left(1 + \frac{V_0}{V_{bus}}\right) \tag{7-5}$$

$$V_0 = \frac{V_{bus}}{V_c} V_g \tag{7-6}$$

推导逻辑关系式（7-6）得出逆变桥放大倍数，即

$$K_{PWM} = \frac{V_{bus}}{V_c} \tag{7-7}$$

（二）SPWM 调制

SPWM（sinusoidal PWM）全称是正弦脉冲宽度调制，是在 PWM 技术的基础上发展而来的。SPWM 通过将直流电压在时域上分解为多个正弦波分量，然后控制开关器件以合适的方式组合这些正弦波分量，形成接近于正弦波形的交流电压输出。相比于 PWM 技术，SPWM 技术实现起来更加复杂，需要处理较多的信号，并且需要实现精确的相位控制；同时 SPWM 减少了各次谐波的幅值，输出波形更加接近于正弦波。因此，SPWM 技术适用于需要低谐波失真和高精度的应用场合，如变频空调、变频冰箱、UPS 等领域。

SPWM 的基本原理就是面积等效原理，即冲量相等而形状不同的窄脉冲加在具有惯性的环节上安其效果基本相同。在生成 SPWM 的过程中，通常使用的采样方式有自然采样法和规则采样法。

（1）自然采样法。自然采样法是用需要调制的正弦波与载波锯齿波的交点来确定最终 PWM 脉冲所需要输出的时间宽度，最终由此生成 SPWM 波。

（2）规则采样法。根据 PWM 的电压极性，可以将 SPWM 波分为单极性和双极性。单极性的 SPWM 在正弦波的正半周期，PWM 只有一种极性，在正弦波的负半周期，PWM 同样只有一种极性，但是与正半周期恰恰相反。

（三）SVPWM 调制

空间矢量脉宽调制（space vector pulse width modulation, SVPWM）是一种常用的电力电子变换器控制技术。SVPWM 通过在一个正弦周期内按照特定规律切换开关器件的状态，将直流电压转换为接近正弦波形的交流电压输出。它能够实现高效、低失真、低噪声的功率转换。其基本原理是基于对称分量和零序分量的独立控制。它通过计算得到一个空间矢量的电压指令，然后将这个指令转换为开关器件的控制信号。具体而言，SVPWM 的实现步骤如下：

（1）通过电机的电流和速度等信号，确定所需的输出电压矢量和电流矢量的位置。

（2）将输出电压矢量转换为两个轴上的电压分量，即垂直轴（d 轴）和旋转轴（q 轴）。

（3）将 d 轴和 q 轴电压分量转换为三相电压指令，即 a 相、b 相和 c 相电压指令。

（4）根据三相电压指令，通过计算确定每个时刻的开关器件状态。SVPWM 利用六个可控开关器件的组合状态来控制电压输出。

（5）在每个采样周期内，根据计算得到的开关器件状态，逐步调整各个开关器件的占空比，以实现所需的输出电压矢量。

通过这样的过程，SVPWM 可以在不同负载和运行条件下，精确控制交流电机的输出电压和频率，从而实现高效的电能转换。总之，SVPWM 调制具有高精度、低谐波失真、动态响应快等特点，广泛应用于交流电机驱动、逆变器和风力发电等领域。

二、锁相环跟踪

锁相环（phase locked loop，PLL）是一个能够自动追踪输入信号频率和相位的闭环控制系统，由鉴相器、环路滤波器和压控振荡器三部分组成（见图 7-6），常被用在三相并网逆变器中。当环路锁定时，输出信号和输入信号的相位、频率相等。

鉴相器（PD）作为比较装置，比较输入信号 $U_{\mathrm{i}}(t)$ 与反馈信号 $U_{\mathrm{o}}(t)$ 的电压相位和误差电压；环路滤波器（LF）滤除通过鉴相器的高频分量；压控振荡器（VCO）根据误差信号与输出信号，使得输出信号跟随输入信号，达到锁相的功能，最终实现接入电压与电网同频同向的目的。

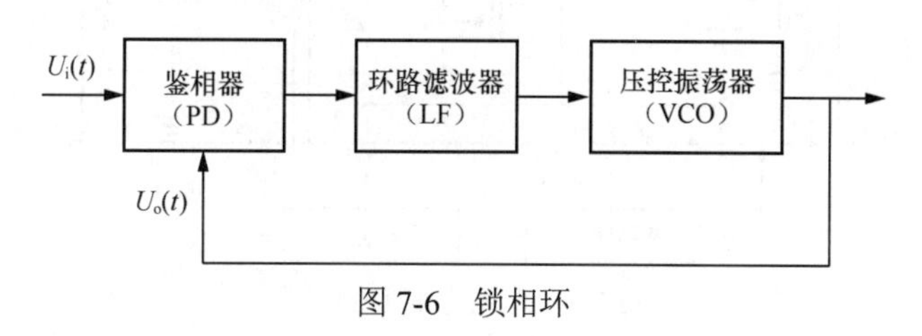

图 7-6 锁相环

第四节 逆变器拓扑结构

逆变器可分为单相和三相两大类，其中单相逆变器主要应用于小功率场合，主要拓扑结构有半桥逆变拓扑、全桥逆变拓扑。三相逆变器则在中大功率场合广泛应用，以下分别介绍单相和三相逆变器的拓扑结构。

一、单相逆变器拓扑结构

单相逆变器由稳压电路、斩波电路、滤波电路、控制电路、采样电路组成，如图 7-7 所示。其中，稳压电路包含 2 个 BUS 电容，稳压电路为逆变器提供基本无脉动的直流电源，斩波电路将电源斩成方波输出，滤波电路将方波变为正弦波输出，最后经过升压或其他变换即可接入电网。

斩波电路的作用是将一固定的直流电压变换成另一个可调的直流电压，通常由电子元器件——金属氧化物半导体场效应晶体（metal oxide semiconductor field effect transistor，MOSFET）管和绝缘栅双极型晶体（insulated gate bipolar Transistor，IGBT）管构成，二者作为开关元件在一定的周期内实现导通和关断，常用的控制方式有 PWM 和 PFM 调制，PWM 保持开关周期不变调节开关导通时间；PFM 与之相反，导通时间不变，而改变开关的周期。

LC 滤波电路将方波型电源变换成平滑的正弦波电源输出，以适用于所有的交流电源型负载，在负载瞬变时同样可作为短暂的能量缓冲。但由于电网的非理想特性，系统输出振荡，谐波含量不达标，不同滤波电路对谐波的抑制程度不同，国内外学者开展一系列研究对滤波电路的拓扑结构进行改良，如 L、LCL 型等，但还应从实际效果考虑。

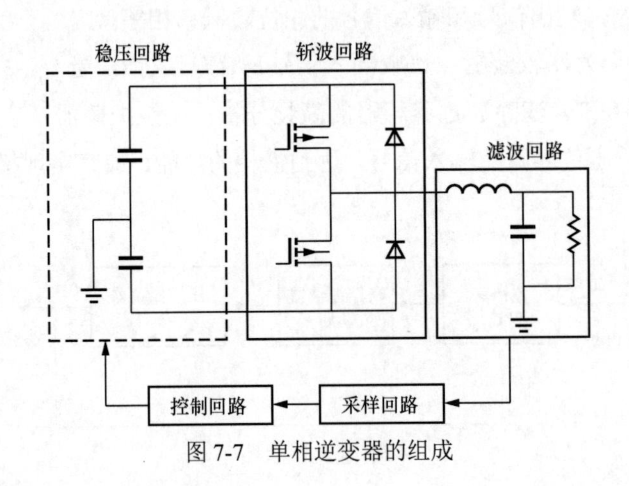

图 7-7　单相逆变器的组成

（一）半桥逆变拓扑

单相半桥逆变器由两个斩波电路组成，如图所示。其中有两个晶体管或 MOSFET（Q1、Q2）。拓扑结构如图 7-8 所示，工作模式可分为以四种：

（1）当 Q1、Q2 不导通时，若 $I_L>0$，电压值约为 BUS，输出电压流经 D2 到负载；若 $I_L<0$，逆变桥输出电压 BUS 流经 D1 到负载。

（2）当 Q1 导通，Q2 截止时，若 $I_L>0$，输出电压值 BUS 流经 Q1 到负载电容；若 $I_L<0$ 时，流经 D1 到负载电容。

（3）当 Q1 截止，Q2 导通时，若 $I_L>0$，输出电压值 BUS 流经 D2 和负载电容；若 $I_L<0$ 时，流经 Q2 和负载电容导通。

（4）当 Q1、Q2 都导通时，会导致直通炸机，因此通常不会使二者同时导通。

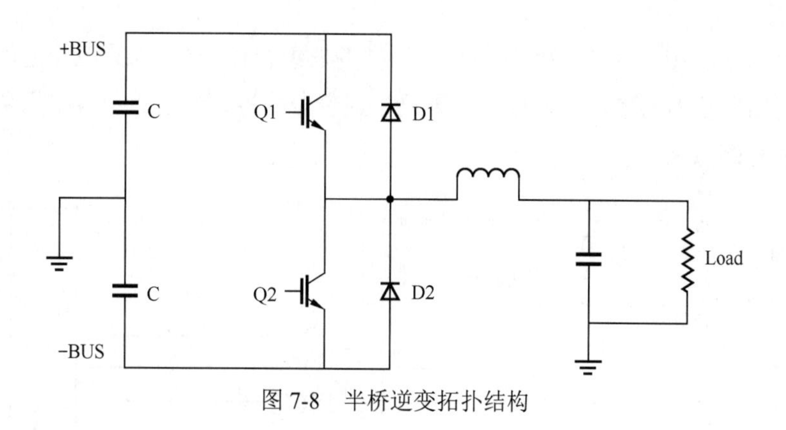

图 7-8　半桥逆变拓扑结构

（二）全桥逆变拓扑

单相全桥逆变器由四个斩波电路组成，如图 7-9 所示。其中，四个晶体管或 MOSFET（Q1、Q2、Q3 和 Q4）可以单独和独立地驱动，因此操作会根据顺序，以及电子开关的打开和关闭方式而有所不同。由于其电子元件形成的奇特图形形状，该设备也被称为“H 桥”，即使用相同电源电压的两个单相、两电平逆变器的组合。

若 Q1 和 Q3 都闭合，则负载承受等于 2×BUS 的电压，在 L1 左侧存在大约 2×BUS 的电压，在负载下方节点存在大约 GND 的电压。

若 Q2 和 Q4 都闭合，则负载承受等于 2×BUS 的电压，但极性相反，在 L1 左侧节点处存在大约 GND 的电压，负载节点下方存在大约 2×BUS 的电压值。

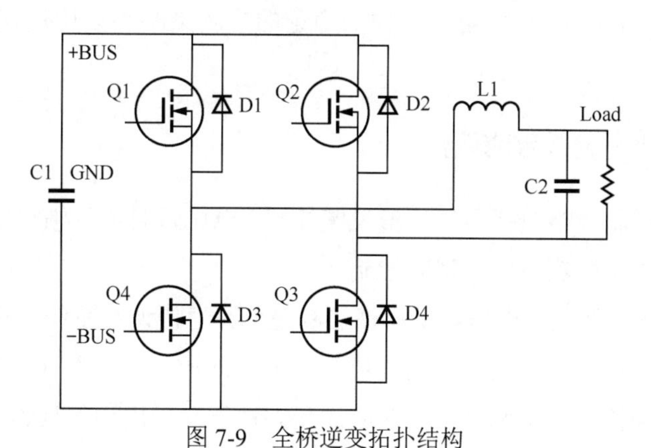

图 7-9　全桥逆变拓扑结构

二、三相逆变器拓扑结构

三相逆变器采用三相四线式逆变拓扑，其结构如图 7-10 所示。它主要由直流侧、逆变桥和输出 L-C 滤波器组成。在这种电路中，直流母线（电池）的中点被用作输出的零线，输出为三相四线制。这种三相四线式结构很好地与前级三相双开关三电平 PFC 电路结合起来。

三相四线式电路的每一相都是独立的，相互之间没有耦合关系，因此可以将三相逆变器看作是三个输出电压相位互差 120°的单相半桥逆变器组合在一起。因为三相之间没有耦合关系，所以控制相对较为简单，可以直接使用单相逆变器的控制方法。一般采用单电压环或电压电流双环的控制方法。

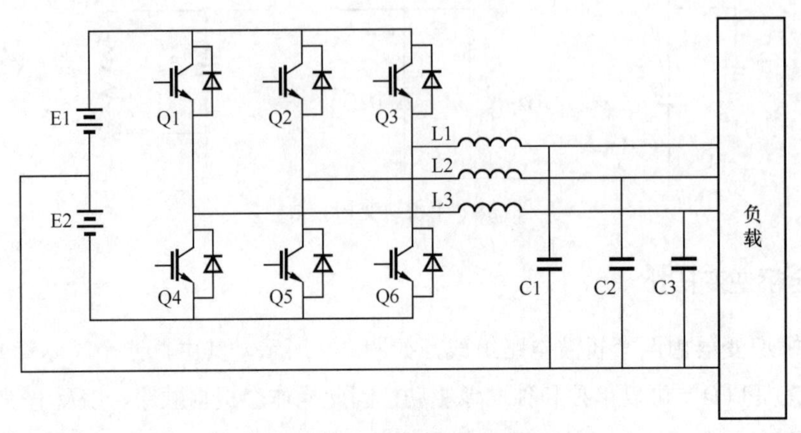

图 7-10　典型三相四线逆变拓扑

第五节　光伏逆变器控制方案

逆变器的控制方法主要有采用经典控制理论的控制策略和采用现代控制理论的控制策略两种。

一、经典控制理论控制策略

经典控制理论控制策略包括电压均值反馈控制、电压瞬时值反馈控制、电压瞬时值和电压均值混合控制、电压电流双闭环瞬时控制 4 种。

（1）电压均值反馈控制。电压均质反馈控制是一种恒值调节系统，其中给定一个电压均值作为参考，通过反馈采样输出电压的均值与设定值进行比较，得到误差并使用 PI 调节对输出进行控制。这种控制方法侧重关注系统的稳态性能，采用均值反馈可以消除稳态误差，使系统的输出达到无净差的状态。均质反馈关注的是电压的长期变化趋势，相比瞬时值反馈更能够减少系统误差，但侧重于确保稳态的准确性时，其快速性能受到影响，响应速度相对较慢。

（2）电压瞬时值反馈控制。电压瞬时值反馈控制采用电压瞬时值给定并进行误差 PI 调节的方法。这种控制方法是一种随动调节系统，其中使用电压瞬时值作为参考给定，通过输出电压瞬时值的反馈来进行误差调节，并利用 PI（比例积分）调节器进行输出控制。积分环节存在相位滞后，这种控制方法无法达到完全消除稳态误差的效果，在稳态时会存在一定的误差。其原因是积分环节对系统的响应是通过累积误差的方式进行调节，当系统达到稳态时，积分环节仍然会继续累积微小的误差，导致稳态误差不为零。

（3）电压瞬时值和电压均值混合控制。电压单闭环瞬时值和电压均值相结合的控制方法，由于电压瞬时值单闭环控制系统的稳态误差比较大，而电压均值反馈误差比较小，可以在PI控制的基础上再增设一个均值电压反馈，以提高系统的稳态误差。通过将PI控制器与均值电压反馈相结合，可以有效地改善系统的稳态误差。均值电压反馈被引入到控制器中，通过补偿电网电压的长期变化，使得控制器能够更精确地调节输出电压，以使系统稳定在期望值附近。

（4）电压电流双闭环瞬时控制。电压单闭环控制在抵抗负载扰动方面的缺点类似于直流电机转速单闭环控制。具体表现在只有当负载（电流、转矩）扰动的影响最终在系统输出端（电压、转速）表现出来后，控制器才开始有反应。这种延迟响应可能导致系统的稳定性下降，以及响应速度变慢。为了克服这个问题，可以在电压外环的基础上添加一个电流内环。通过电流内环的快速响应和抗扰性，能够及时地抑制负载波动的影响。同时，电流内环对被控对象的改造作用使得电压外环的调节变得简化。

通过这种电流内环与电压外环的结合，系统可以更加灵敏地对负载扰动做出反应，并且能够快速恢复到期望的工作状态。这样的控制策略可以提高系统的稳定性、响应速度和抗扰性，从而有效应对负载波动带来的影响。

二、现代控制理论控制策略

（1）状态反馈控制。状态反馈控制是一种基于系统状态变量的控制方法。它通过将系统的每个状态变量与相应的反馈系数相乘，并将其与参考输入进行相加，得到被控系统的控制信号。状态反馈控制利用系统的状态变量来展现系统的内部特性，而无须了解系统的具体内部结构。

相较于传统的输出反馈控制，状态反馈控制具有更优秀和更有效的控制性能。通过采用系统的状态变量作为反馈信号，状态反馈控制可以更全面地观测和调节系统的状态，从而实现更精确的控制。它能够改善系统的稳定性、响应速度和抗干扰性能，使系统在各种工况下都能正常工作。

（2）无差拍控制。传统的控制方法通常会引入相位延迟，导致控制系统的输出与参考输入之间存在一定的相位差。相位差可能会导致不稳定的振荡、震荡或滞后响应，并影响控制系统性能和稳定性。无差拍控制旨在通过特定的控制算法来消除这种相位差。它通过调整控制系统的增益和相位补偿，使系统的输出信号与参考输入信号保持完全同步，即在稳态时相位误差为零。

具体来说，无差拍控制通常采用频域设计方法（如Bode图和根轨迹等）来分析系统的频率响应特性，并设计相应的控制器。通过合理地选择控制器的参数和结构，可以实现无差拍控制并提高系统的跟踪性能和稳定性，它能够消除相位延迟，提高系统的响应速度和跟踪精度。

（3）滑模控制。滑模控制是变结构控制，一种基于滑模面和滑模控制律的非线性控制方法。它具有强鲁棒性和快速响应的特点，在不确定性和扰动存在的情况下也能够实现良好的控制性能。滑模控制的核心思想是通过引入非线性滑模面，使系统状态在滑模面上滑动，从而达到控制的目的。主要特点是控制的不连续性和控制结构的可变性，这种控制是依据被控对象的状态动态调整，使得系统状态轨迹按照设计好的滑动模态运动，对于不确定扰动具有一定的鲁棒性。

（4）模糊控制。模糊控制是一种基于模糊集合理论、模糊语言变量和模糊逻辑推理的智能控制方法。它通过将现实世界中的模糊、不确定的信息转化为数学上的模糊集合和模糊语言变量，从而实现对系统的控制。模糊控制中首先建立一组模糊规则，然后将传感器感知的实时信号模糊成语言变量，利用模糊规则和模糊逻辑推理将输入量与模糊规则进行匹配，最后通过解模糊操作将模糊输出量转换为真实控制量。该方法适用于一些复杂、不确定和难以建立准确数学模型的系统。它具有简单、鲁棒性好、对参数变化和系统扰动具有一定的容忍性等优点，在许多领域都得到了广泛应用。

（5）重复控制。重复控制是一种适用于周期性任务的控制方法，旨在消除系统的周期性误差。在重复控制中，控制系统会根据周期性任务的特点，将一个完整的任务周期拆分成若干个子周期。然后，通过对前几个周期的执行进行跟踪和学习，建立一个重复控制策略。这一策略可以使系统在后续的任务周期中能够按照预定的路径和时间完成任务，并能够消除周期性误差。

重复控制可以分为开环重复控制和闭环重复控制两种方式。①开环重复控制是指控制器根据先验知识针对各个子周期进行规划和控制，而没有针对实际执行结果进行调整。②闭环重复控制则是引入反馈控制，在前几个周期中收集实际执行结果，并根据误差进行修正，以提高执行精度和鲁棒性。

第六节　光伏逆变器技术指标

检验光伏逆变器好坏与否需要一个技术指标，逆变器要求要具有较高的效率、可靠性、输入电压有较宽的适应范围等，以下对光伏逆变器的技术指标进行介绍。

（一）输出电压的稳定度

在光伏系统中，太阳电池发出的电能先由蓄电池储存起来，然后经过逆变器逆变成 220V

或 380V 的交流电。但是蓄电池受自身充放电的影响，其输出电压的变化范围较大，如标称 12V 的蓄电池，其电压值可在 10.8～14.4V 之间变动（超出这个范围可能对蓄电池造成损坏）。

（二）输出电压的波形失真度

对正弦波逆变器，应规定允许的最大波形失真度（或谐波含量）。通常以输出电压的总波形失真度表示，其值应不超过 5%（单相输出允许 10%）。

（三）额定输出频率

对于包含电机之类的负载，如洗衣机、电冰箱等，由于其电机最佳频率工作点为 50Hz，频率过高或者过低都会造成设备发热，降低系统运行效率和使用寿命，所以逆变器的输出频率应是一个相对稳定的值。

（四）负载功率因数

负载功率因数表征逆变器带感性负载或容性负载的能力。正弦波逆变器的负载功率因数为 0.7～0.9，额定值为 0.9。

（五）逆变器效率

逆变器的效率是指在规定的工作条件下，其输出功率与输入功率之比，以百分数表示。

（六）额定输出电流（或额定输出容量）

额定输出电流表示在规定的负载功率因数范围内逆变器的输出电流。有些逆变器产品给出的是额定输出容量，其单位以 VA 或 kVA 表示。

（七）起动特性

起动特性表征逆变器带负载起动的能力和动态工作时的性能。逆变器应保证在额定负载下可靠起动。

（八）保护措施

一款性能优良的逆变器，还应具备完备的保护功能或措施，以应对在实际使用过程中出现的各种异常情况，使逆变器本身及系统其他部件免受损伤。其中，主要包括输入欠压保护（输入端电压低于额定电压的 85%）、输入过压保护（输入端电压高于额定电压的 130%）、过电流保护、输出短路保护（动作时间应不超过 0.5s）、输入反接保护、防雷保护、过温保护等。另外，对无电压稳定措施的逆变器，逆变器还应有输出过电压防护措施，以使负载免受过电压的损害。

第七节　光伏逆变器操作维护

一、光伏逆变器运行操作

（1）安装光伏逆变器时应严格按照逆变器使用维护说明书的要求进行设备的连接和安装。在安装时，应认真检查如下：①线径连接是否符合要求；②绝缘处是否良好有无破损；③各部件及端子在运输中是否出现松动；④系统的接地处理是否符合规定。

（2）安装时应尽可能避免将光伏逆变器安装在阴影区域，安装逆变器的空间也应保证足够大。同时，将光伏逆变器安装在光伏组件的附近，可以使光伏组件效率有所提升。

（3）应严格遵照光伏逆变器使用与维护说明书的规定进行操作使用，尤其注意：①在开机前应首先关注输入电压是否正常；②在对光伏逆变器操作时要注意开、关机的顺序是否正确；③各表头和运行指示灯的指示是否处于正常状态。

（4）在室温超过 30℃时，应及时采取降温措施使光伏逆变器及时散热，以防止设备发生故障与损耗，延长设备使用寿命。

（5）光伏逆变器一般均设有短路、断路、过电流、过电压、过热等故障，以及不正常运行的自动保护，因此在发生这些现象时，一般无须人工停机；自动保护设置的保护工作，一般在出厂时已设定好，无须再进行人工调整。

（6）光伏逆变器机柜内有高压，操作人员日常操作时不得打开柜门，柜门平时应保持锁死。

二、光伏逆变器设备维护与检修

光伏逆变器在使用操作过程中，经过专门培训的维护检修人员，应定期严格按照光伏逆变器设备维护与检修手册规定的步骤进行查看，如果发现光伏逆变器各部分的接线存在松动现象（如风扇、功率模块、输入和输出端子，以及接地等），应立即报备与进行修复。需要注意的是，光伏逆变器一旦出现故障导致停机，不应立刻开机，应首先查明原因并及时修复后再开机。出现不易排除的事故，应及时上报并将事故发生的现象予以详细记录。

为避免负载受到输出过电压的损害，光伏逆变器应设有输出过电压防护措施；当负载发生短路故障或电流超出允许值时，光伏逆变器还应设有过电流保护，使设备免受过电流造成的损伤；光伏逆变器还应保证在额定负载下可靠启动；光伏逆变器正常运行时，其噪声不应超过 80dB，小型光伏逆变器的噪声不应超过 65dB（噪声主要来自内部变压器、电磁开关、滤波电感及风扇等部件）；此外购买方还应要求生产厂家在光伏逆变器生产工艺、结构及元器件选型方面具有良好的可维护性，保证易损坏的元器件容易买到，元器件的互换性足够优良。这样，即使光伏逆变器出现故障，也可迅速修复使整个输配电系统恢复正常。

三、基于大数据挖掘的光伏逆变器故障检测

在大数据挖掘基础上进行光伏逆变器故障的检测，其中所使用的关键技术比较多，本节就以小波分析和神经网络技术为例子，详细分析和阐述光伏逆变器故障检测方式。

（1）检测原理。在光伏逆变器出现故障时，电压或是电流特征量会有一定的变化，电信号中有非平稳的时变信号，通常是能够部分化地分析信息和频域部分，但是对于非稳信号却无法进行。小波变换对于时域与频域部分有着很好的局部化能力，小波窗口尺寸能够依据信号频率来自动调整，是一种在频带基础上的时域分析方式，很适合使用在非稳态信号的分析之中。本节主要是使用特征层信息融合的方式，以此对光伏逆变器故障进行检测，把光伏系统直流侧输出电流特征信息与各桥臂电压特点信息融合，以此进行信息的互补，提升故障精确度。故障特征向量与故障状态是相对复杂的非线性映射关系，其中可以使用人工神经网络来进行分类。

（2）特征提取。首先是在小波分解的基础上进行故障特征的提取，在电力电子故障诊断中，故障特征有效提取能够加强故障检测的精确性。故障特征提取的方式比较多，最为主要的就是小波提取。使用小波提取故障特点的原理：是在一个分解尺度上把检测的信号在不同频带中分解，然后依次对不同频带分解系统重新构建，特征值是在重构时间序列中提取的。因为各种频带中分解系数在重新构建之后会形成新的时间序列，对新系列使用视域分析法，提取出相应的信号特征。因为信号在小波分解之后，能量值是不变的，所以使用小波分解提取能量特点当作故障特征向量。在提取时要把信号归一化处理，然后经过三层多分辨率分解，以此获得 3 个尺度，也就是 4 个频带分解序列。特征层融合是多源信息融合中间层次，其具备了数据层与决策层的特点，将在每个传感器中获得各种特征向量，融合中心的工作是对各种特征向量做融合处理。经过小波分解提取电网侧电流与各桥臂电压故障特点都有一定的代表性，使用特征融合的方式能够进行信息互补。

（3）故障分类。在故障分类中主要是使用 BP 神经网络，这是一种多层前馈型神经网络，其是一种误差反向传播学习算法，学习规则主要是使用最速下降法，通过反向传播来调整网络阈值与权值，一直到网络误差平方和最小。BP 网络模型拓扑结构中包含了输入层、隐含层与输出层。在光伏系统中，因为光照强度、环境温度等相关因素的变化，直流端电压值也会变化。所以对每种故障改变直流电压与负载功率值，提取一定数量的特征向量。在实际工作中可以随机选取训练样本，以此进行神经网络仿真验证。在设计 BP 神经网络时，通常要在网络层数、各层中神经元的个数等方面考虑。在本节使用的 BP 神经网络结构之中，输入是电流电压特征向量融合之后获得的 6 特征向量，所以输入层节点个数是 6。因为输出故障编码是 6 位，所以取出神经元个数也是 6。一般性的分类问题，一个隐层 BP 网络可以很好解决，其中隐层神经元个数可以参考经验公式来获得。使用 BP 神经网络对训练样本做训练，

误差指标设置成为 0.01，学习率是 0.1。训练完成之后使用训练好的 BP 网络来诊断试样，和单源信息故障特征相比。通过这种方式可以保障故障诊断率，从而提升故障检测的精确度，在此基础上为故障处理工作带去更多的便利。经过小波分解和神经网络的使用，在特征层融合的基础上，可以提升故障检测精准率，降低故障误诊，加快了故障检测效率。

第八章
保护策略

第一节　光伏并网影响概述

随着经济社会的快速发展，以及全球能源短缺和环境污染的日益恶化，传统集中式发电过于依赖传统能源的消耗，容易带来环境污染问题。太阳能是最为丰富的可再生能源，具有安全、清洁、分布广泛、用之不尽等特点，被认为是化石能源的理想替代。而光伏发电则是太阳能的有效利用形式之一。近年来，世界各国均加强了对光伏发电技术的研究和推广，光伏产业已成为发展最迅速的高科技产业之一。

国内光伏发电和电力电子技术快速发展，大量光伏电源通过电力电子变流器接入电网。目前，最为普遍的接网方式分为两种，低压（380V）光伏微电网和中压（10kV）光伏微电网。随着大量电力电子设备的应用，电网特性与传统同步发电机存在较大差异，新能源的短路电流水平、等效阻抗、谐波等暂态特性均呈现出很多新的特点，同时越来越多的光伏电站并网发电不仅改变了配电网放射式的拓扑结构和潮流分布，而且对故障时短路电流大小和方向等产生不可避免的影响，因此，大量光伏电站接入配电网，在增加系统运行方式灵活性的同时，也增加了系统结构的复杂性，对传统电网的影响也越来越突出。

光伏并网指的是将太阳能光伏发电系统与电力网连接，将光伏发电的电能注入电力网中。光伏并网带来的影响如下：

（1）能源供应：光伏并网可以增加可再生能源的供应，减少对传统化石燃料的依赖，促进能源结构的转型。这有助于减少温室气体排放，降低环境污染。

（2）电力系统稳定性：光伏发电具有间断性和波动性，受到天气和日照条件的影响。当大量光伏发电系统并网时，需要合理调度和管理，以确保电力系统的稳定运行。例如，通过储能技术、智能电网等手段，可以平衡光伏发电的波动性。

（3）网络投资：光伏并网需要建设相应的输电和配电网络，以实现光伏发电的输送和分配。因此，光伏并网可能对电网的投资和扩建产生影响。

（4）经济效益：光伏并网可以提供分布式发电，降低能源传输损耗和输电线路建设成本。同时，光伏发电系统的技术成熟度和规模效应的提高，也有助于降低光伏发电成本，提高经济效益。

（5）就业机会：光伏并网的推广和发展将促进相关产业链的发展，包括光伏组件制造、安装、运维等领域，创造就业机会，并推动经济增长。

同时，光伏并网还受地理位置、政策支持、市场需求等因素的影响。

光伏发电的间歇性和输出电流与并网点电压的非线性关系，导致高渗透率的分布式光伏电源配电网故障电流特性发生改变，使配电网中各支路的潮流不再是单方向的流动，对现有的过流保护产生了严重的影响，同时可能引发的孤岛运行对母线自投切装置以及自动重合闸装置也产生一定影响。

低压（380V）光伏微电网往往属于居民家庭用微电网，网架结构通常采用单母线形式且线路距离很短，因此保护问题相对简单。然而中压（10kV）光伏微电网的保护与传统辐射状配电网电流保护不同，具体表现在分布式光伏发电的引入使得配电系统从传统的单电源放射型网络结构变成双端甚至多端网络结构。微电网中潮流可以双向流通，传统配电网系统中各保护之间的配合关系被打破，不同位置的光伏微电源对短路电流的助增作用使得各保护的动作行为和性能均将受到影响，导致其故障电流的特征不明显，使得配电网中传统的保护策略存在拒动或者误动的情况。因此光伏电站并网后，对配电网原有继电保护配置进行相应改造，适当调整调度运行方式是必要的。

光伏电站并网后，对继电保护会产生以下几方面的影响：

（1）电流方向和短路电流：光伏电站并网后，光伏组件通过逆变器将直流电转换为交流电注入电网。这会改变电流的方向和短路电流的大小，可能导致传统继电保护装置的动作特性发生变化。

（2）故障电流的准确性：由于光伏电站的接入，电网上出现的故障电流可能会发生变化。传统的继电保护装置通常基于电流水平来检测故障，因此需要对光伏电站的接入进行故障电流分析和校准。

（3）过频和过压问题：光伏电站可能会引起电网频率上升和电压超过额定范围的情况。这可能会触发继电保护装置的过频和过压保护功能。

（4）反向电流问题：在光伏电站并网中，当光伏发电量大于负荷需求时，剩余的电能会从电网返回光伏电站。这可能导致电流的反向流动，需要继电保护装置具备检测和处理反向电流的能力。

综上所述，光伏电站并网后，需要对继电保护装置进行合适的调整和改造，以确保其对电力系统的安全运行和保护功能的有效性。在设计和应用继电保护装置时，应充分考虑到光伏电站对电网的影响，并采取相应的措施来保障电力系统的稳定和安全。

第二节 光伏电站特性及接网方式

一、光伏电站输出特性及其数学模型

光伏电源输出特性典型的并网光伏电源拓扑如图 8-1 所示。

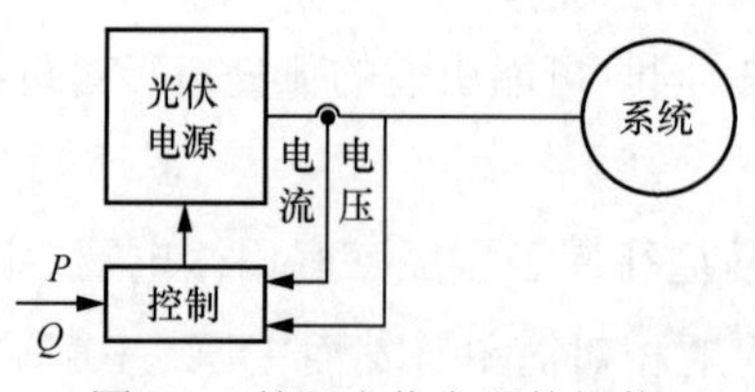

图 8-1 并网光伏电源的拓扑

光伏电源的并网控制方程为

$$I_{\mathrm{d}} = P/(1.5d) \tag{8-1}$$

$$I_{\mathrm{q}} = Q/(1.5U_{\mathrm{d}}) \tag{8-2}$$

式中 P、Q——光伏电源交流侧输出的有功和无功功率；

U_{d}、I_{d}、I_{q}——光伏电源交流侧 d 轴电压分量和 d、q 轴电流分量。

通常光伏发电系统逆变单元采用并网点电压矢量定向控制，即取 U_{d} 等于并网点电压。对于接入低压配电网的光伏电源，配电网故障时控制光伏电源的功率因数近似等于 1（即不输出无功功率）。

光伏逆变器是整个光伏电站的核心，光伏电站的故障特性和短路计算模型主要取决于逆变器的控制策略。光伏逆变器常规控制主要采用基于电网电压定向矢量控制方法实现有功无功解耦控制。一般情况下，光伏逆变器外环为功率控制，内环为电流控制，有功功率为最大追踪控制，无功功率控制为 0。在实际运行中，为了保护逆变器的安全，一般对光伏逆变器输出电流进行限幅，通常为 1.2～1.5 倍额定电流。发生不严重故障时，端口电压降低不严重，光伏逆变器的功率外环控制起决定性作用，有功电流增大，但增大后的电流幅值仍在限幅门槛之内。此时经过一个短暂的过渡过程后，光伏发电系统输出功率仍然等于故障前的输出功率，光伏发电系统等效于一个恒功率源。发生严重故障时，因端口电压降低，为了保持功率恒定，将输出较大电流，受电流内环限幅限制，功率外环将失去作用，双环控制变成了纯电流控制。此时光伏系统的输出电流将变为光伏逆变器的限幅值，等效为一个恒电流源。

综上两种情况，发生故障时，常规控制策略下的光伏发电系统可以等效为一个受控电流源进行分析。

二、光伏电站的接网方式

光伏电站接网方式主要有以下几种：

（1）自发自用：光伏电站将直流电通过逆变器转换为交流电，供电给自身使用，不与电网相连接。

（2）并网发电：光伏电站将直流电通过逆变器转换为交流电，并通过变压器将电能提升至适宜的电压等级，然后将电能与电网进行连接，向电网输送电能。

（3）储能并网：光伏电站将直流电通过逆变器转换为交流电，并通过能量储存系统（如电池组、超级电容器等）进行储存，当需要时再与电网进行连接，向电网输出电能。

（4）分布式发电：光伏电站将直流电通过逆变器转换为交流电，并直接连接到用户侧，在满足用户自用需求的同时，多余的电能可以向电网输出。

以上是常见的光伏电站接网方式，每种方式都有其适用的场景和特点，因此选择接网方式需要考虑电站规模、用电需求、电网条件以及经济性等因素。另外，在实际应用中，还应遵守当地相关的电力规定和标准，确保光伏电站的安全可靠运行。

配网的结构类型主要包括环网式、树干式和放射式。其中，放射式接线简单可靠、保护整定容易、扩充方便，应用最为广泛。以枢纽光伏电站为实例进行研究，配网结构图如图 8-2 所示。

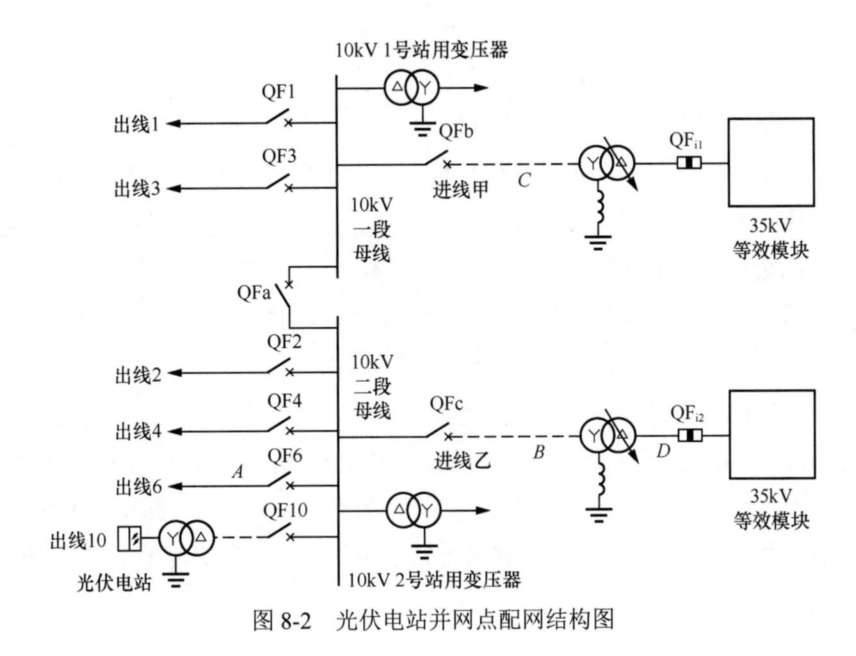

图 8-2　光伏电站并网点配网结构图

第三节　光电发电站故障特征

光电发电站故障的特征可能包括以下几个方面。

（1）电力输出异常：发电机的输出电压、频率等参数出现波动或偏离正常范围，可能会导致电网中其他设备出现不稳定现象。

（2）设备损坏：各种电气设备可能会因为长期运行、天气条件等原因导致部件（如太阳能电池板、逆变器、电容等）损坏。其中，逆变器是将光伏组件产生的直流电转换为交流电的关键设备，如果逆变器出现故障，可能会导致输出电压不稳定、频率异常或完全停止发电。

（3）光照条件恶劣：光电发电站需要充足的光照才能发挥最大的发电效率，如果遇到恶劣天气（如雨雪、浓雾等），发电量可能会明显降低。

（4）系统控制异常：控制系统故障可能会导致发电机不能正常启动、停止或调节输出功率，进而影响整个光电发电站的运行。

（5）系统监控故障：光电发电站通常配备有自动监控系统，用于实时监测发电情况。如果监控系统出现故障，可能无法及时发现和处理其他故障，影响整个发电站的正常运行。

（6）连接线路故障：光电发电站中有大量的电缆和连接器，如果出现线路松动、损坏、接触不良等问题，会影响电能传输效率或造成短路等安全隐患。

当发生以上故障时，需要及时采取相应的措施进行修复和调试，以保证光电发电站的正常运行。

光伏电源通过逆变控制装置接入电网，可改善传统电机直接并网带来的问题。光伏逆变器是整个光伏电站的核心，光伏电站的故障特性和短路计算模型主要取决于逆变器的控制策略。光伏逆变器常规控制主要采用基于电网电压定向矢量控制方法实现有功无功解耦控制。一般情况下，外环为功率控制，内环为电流控制，有功功率为最大追踪控制，无功功率控制为0。系统发生故障瞬间有一个暂态过程，该过程输出功率变大，短时后输出的有功和无功回到给定的参考值。故障后光伏电压接入点的电压降低，输出电流与故障前相比变大。

《国家电网公司光伏电站接入电网技术规定》要求：当检测到电网侧发生短路时，光伏电站向电网输出的短路电流应不大于额定电流的150%。大型和中型光伏电站应具备一定的耐受电压异常能力，避免在电网电压异常时脱离，引起电网电源的损失。对于小型光伏电站，当并网点电压在85%～110%额定电压之间时，连续运行。当50%～85%之间时，应在2s之内，停止送电。由分析可知，光伏电源在故障情况下，对外部所提供的故障电流明显有别于传统的旋转电机。

第四节　光伏电站对继电保护的影响

一、光伏电站对过流保护的影响

传统配电网采用电流保护作为线路的主保护，然而受光伏电源影响，在配电线路原有整定原则基础上得到的保护定值可能导致电流保护误动作。考虑到配电网经济成本因素，光伏电源接入的配电网仍以电流保护作为线路的主保护。

依据第前文所述光伏电源的输出特性，以图8-3所示，光伏电源接入配电网的典型拓扑（不失一般性）为例，分析光伏电源接入后配电网的短路电流特点。在图8-3中，光伏电源接入馈线 1 的 B 母线，相邻馈线为馈线 2，馈线 1、2 均通过 A 母线接入系统。研究光伏电源所在馈线上游 f_1 点、光伏电源所在馈线下游 f_3 点及光伏电源相邻馈线 f_3 点分别发生三相短路故障时流过各保护的短路电流特征。

通过简单分析可得，在配电网中不同位置（f_1、f_2、f_3 点）分别发生金属性短路故障时，配电网的等效电路均可简化为如图 8-4 所示电路。

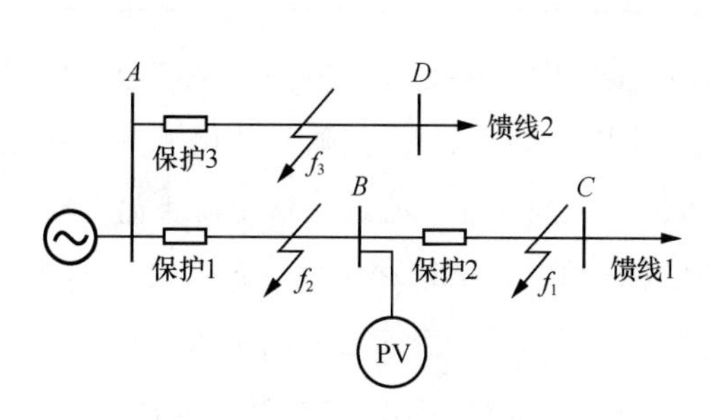

图 8-3 含光伏电源配电网拓扑

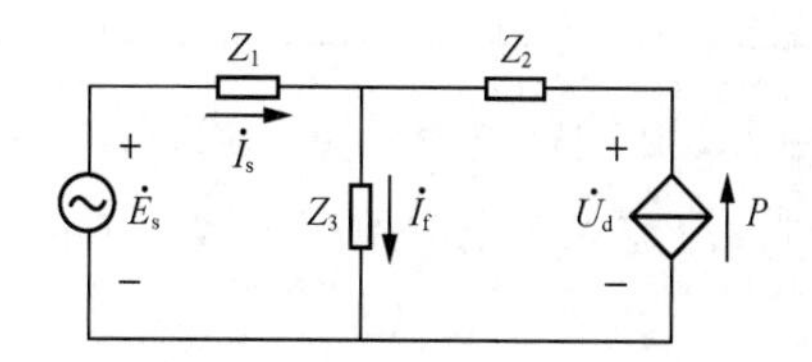

图 8-4 配电网故障等效电路

$\dot{E}_s$—系统电压；$\dot{I}_s$—系统供出的短路电流；

$\dot{I}_f$—故障点处的短路电流；

Z_1、Z_2、Z_3—在不同故障条件下所对应的阻抗

不同类型故障条件下所对应的阻抗如表 8-1 所示。

表 8-1 不同类型故障条件下所对应的阻抗

故障类型	Z_1	Z_2	Z_3
f_1 点三相短路	$Z_S + Z_{Af1} + Z_f$	Z_{Bf1}	0
f_2 点三相短路	$Z_S + Z_{AB}$	0	$Z_{Bf2} + Z_f$
f_3 点三相短路	Z_S	Z_{AB}	$Z_{Af3} + Z_f$

表 8-1 中：Z_S 为系统等效内阻；Z_{Af1}、Z_{Bf1}、Z_{Bf2}、Z_{Af3}、Z_{AB} 分别为 A 母线到 f_1 点、B 母线到 f_1 点、B 母线到 f_2 点、A 母线到 f_3 点、A 母线到 B 母线线路的等值阻抗；Z_f 为故障过渡电阻。易见 f_1 点发生三相短路故障时，光伏电源将因输出功率与光伏电源下游负荷不匹配，导致系统失稳（频率越限）而退出运行。由于光伏电源退出运行通过关断电力电子器件实现，其响应速度快于传统开关断路器的动作速度。因此 f_1 点发生三相短路故障时，光伏电源接入不影响配电网中电流保护的动作特性。f_2、f_3 点发生三相短路故障时，利用戴维南定理，可将图 8-4 所示电路等效为图 8-5 所示电路。

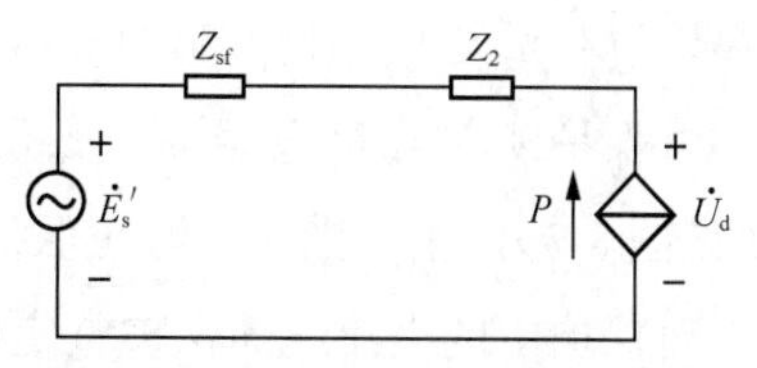

图 8-5 配电网故障简化等效电路

由简化等效电路图可以推导出电网不同位置故障时，流过配电网各保护的电流如表 8-2 所示。

表 8-2　　流过配电网各保护电流

故障位置	保护	短路电流名称	短路电流计算公式
f_2点	1	I_{1f2}	$\left\|(E_s - U_d)/Z_1\right\|$
	2	I_{2f2}	$\left\|U_d/Z_3\right\|$
f_3点	1	I_{1f3}	$\left\|P/U_d\right\|$
	3	I_{3f3}	$\left\|(U_d - PZ_2/U_d)/Z_3\right\|$

由表 8-2 短路电流计算公式可知：系统侧电压及线路阻抗参数固定的情况下，故障位置不同时，流过光伏电源所在馈线上游的保护 1 的短路电流（I_{1f2}、I_{1f3}）随光伏电源并网点电压 U_d 的增大而减小；流过光伏电源下游及相邻馈线的保护 2、3 的短路电流（I_{2f2}、I_{3f3}）随光伏电源并网点电压 U_d 的增大而增大。

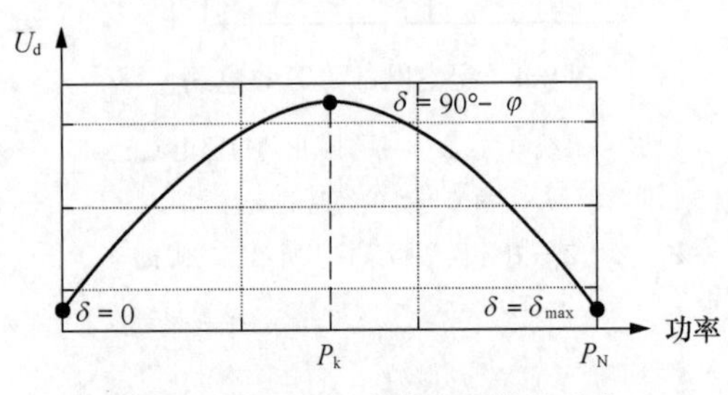

图 8-6　U_d 与 δ 及光伏电源输出功率的关系示意图

系统侧电压及线路阻抗参数固定时，$|E_S'|$、$\sin\phi$ 均为定值。U_d 随 δ 呈正弦关系变化。又有 δ 随光伏电源输出功率 P 增大而增大，因此 U_d 随 δ 及 P 变化的关系示意图见图 8-6（示意图仅表示变化趋势并不对应实际值，下同）。

由前述配电网短路电流与光伏电源并网点电压 U_d 的关系，结合图 8-6 可得配电网故障时，流过各保护的短路电流随光伏电源输出功率变化的趋势。图 8-7 为流过保护 1 的短路电流随光伏电源输出功率变化的趋势。由图 8-7 可见，流过保护 1 的短路电流随光伏电源输出功率增大而先减小后增大，在光伏电源输出功率为 P_k 时取得最小值。当光伏电源额定功率小于 P_k（如光伏电源输出功率为 P_{N1}）时，流过保护 1 短路电流的最大值在光伏电源输出功率为 0 时取得；当光伏电源额定功率大于 P_k（如光伏电源输出功率为 P_{N2}）时，流过保护 1 短路电流的最大值在光伏电源输出额定功率（P_{N2}）时取得。

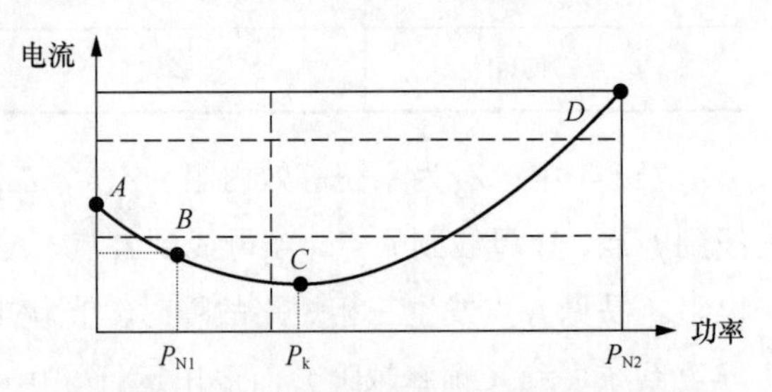

图 8-7　保护 1 短路电流随光伏电源输出功率变化的趋势

保护所在线路末端位于光伏电源上游时（见图 8-3），由于光伏电源在保护 1 所在线路末端发生故障时将退出运行，因此光伏电源接入对保护 1 的电流速断保护整定值无影响。根据配电网限时电流速断保护按照保护所在线路的下条线路末端发生三相短路时的最大短路电流整定的原则，由图 8-7 可见，按照光伏电源输出额定功率时配电网的短路电流水平对保护 1 原有限时电流速断整定值进行整定是可行的。保护 1 所在线路末端位于光伏电源下游时，同理可按照光伏电源输出额定功率时配电网的短路电流水平对保护 1 的电流速断及限时电流速断保护进行整定。图 8-8 为流过保护 2、3

的短路电流随光伏电源输出功率变化的趋势。由图 8-8 可见，流过保护 2、3 的短路电流随光伏电源输出功率增大而先增大后减小，在光伏电源输出功率为 P_k'时取得最大值。当光伏电源额定功率小于 P_k'（如光伏电源输出功率为 P_{N1}'）时，流过保护 2、3 的短路电流最大值在光伏电源输出额定功率（P_{N1}'）时取得；当光伏电源额定功率大于 P_k'（如光伏电源输出功率为 P_{N2}'）时，流过保护 2、3 的短路电流最大值在光伏电源输出功率为 P_k'时取得。

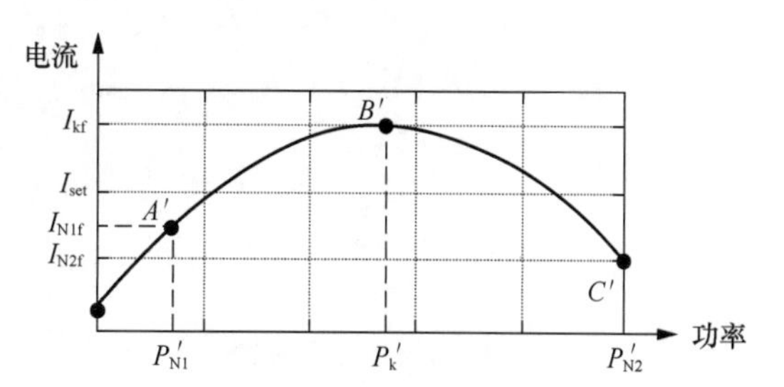

图 8-8　流过保护 2、3 短路电流随光伏电源输出功率变化的趋势

假设光伏电源输出功率为 P_{N1}'、P_{N2}'、P_k'时，对应的故障线路短路电流分别为 I_{N1f}、I_{N2f}、I_{kf}，且满足 $I_{kf}>I_{N2f}>I_{N1f}$。以电流速断保护为例，当配电网故障线路电流速断保护原有的整定值 I_{set} 满足 $I_{kf}>I_{set}>I_{N2f}$（见图 8-9）时，若按照光伏电源输出额定功率时配电网的短路电流水平对电流速断保护整定，原有整定值不需改变。则光伏电源额定功率大于 P_k'时（$P_{N1}'>P'$），保护 2、3 的电流速断保护可能发生误动作（光伏电源输出功率在 P_k'附近时，流过保护的短路电流大于其整定值 I_{set}）。同理，保护 2、3 的限时电流速断保护也可能发生误动作。

二、光伏电站对重合的影响

目前，小型 PV 电站为防孤岛现象带来的危害要求其必须具有防孤岛保护能力。据现场经验可知，配电网中线路断路器的开断时间为分闸时间 T_0 和燃弧时间 T_a 之和，一般为 0.1～0.2s。断路器的重合时间为合闸时间 T_c 与预击穿时间 T_{ps} 之差，一般为 0.5～1.5s，从保护动作到重合闸重合成功一般最快需要 0.6s，配置有重合闸的配电网如图 8-9 所示。

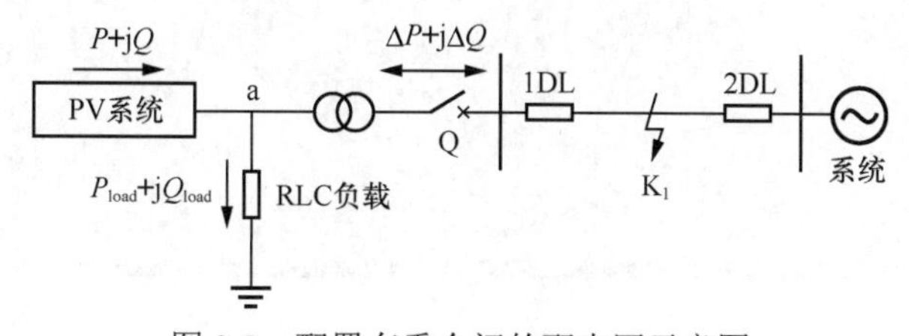

图 8-9　配置有重合闸的配电网示意图

在图 8-9 中，出口线路按双电源配置电流保护并配备有三相自动重合闸。当 K_1 发生故障时若 1DL、2DL 能正确跳闸，PV 系统功率与 RLC 负荷功率平衡，处于某种特定条件时，PV 与负荷可能出现孤岛运行。此时，若 PV 孤岛保护动作时间小于 1DL 断路器动作至重合的时间（$T_0+T_a+T_c-T_{ps}$）即 1DL 处重合闸重合之前孤岛保护已将 PV 切除，则重合成功；若大于该时间，则可能出现 1DL 非同期重合闸。由以上分析的，小型 PV 电站出口线路重合闸配置原则为重合时间与断路器动作时间之和必须大于 PV 电站孤岛保护的动作时间，否则必须采用具有检同期功能重合闸。

第九章

光伏站自动化技术

第一节　光伏站自动化设备

光伏电站自动化系统是电网自动化系统的重要组成部分，其运行状态和数据直接影响着电网的实时监视与控制效果。光伏电站自动化系统在建设、调试阶段是否严格执行相关技术标准和检验测试程序，关系到系统后期运行的稳定性和可靠性。因此，光伏电站并网验收及试运行过程，须严格遵照国家和电网公司的相关要求，严把验收质量关，杜绝设备带病入网。本章主要从验收前期准备、现场验收及试运行等方面对光伏电站自动化系统并网验收的相关内容进行阐述，以便从事光伏电站建设或运维管理人员对电站自动化系统的并网验收过程及内容有系统全面的了解。

一、站控层设备

站控层主要包括监控主机、操作员工作站、工程师工作站、数据通信网关机、数据库服务器、综合应用服务器、同步时钟、计划管理终端等，提供站内运行的人机联系界面，实现管理控制间隔层、过程层设备等功能，形成全站监控、管理中心，并实现与调度通信中心通信。站控层的设备采用集中布置，站控层设备与间隔层设备之间采用网络相连，且常用双网冗余方式。

（一）监控主机

监控主机实现变电站的 SCADA 功能，通过读取间隔层装置的实时数据、运行实时数据库，来实现对站内一二次设备的运行状态监视、操作与控制等功能，一般监控主机采用双台冗余配置。监控主机是用于对本站设备的数据进行采集及处理，完成监视、控制、操作、统计、分析、打印等功能的处理机，一般采用处理能力较强的国产服务器，配置 Linux 操作系统。监控主机软件可分为基础平台和应用软件两大部分，基础平台提供应用管理、进程管理、权限控制、日志管理、打印管理等支撑和服务，应用软件则实现前置通信、图形界面、告警、控制、防误闭锁、数据计算和分析、历史数据查询、报表等应用和功能。

对于 220kV 及以下电压等级的变电站，监控主机往往还兼有数据服务器和操作员工作站的功能。

（二）综合应用服务器

综合应用服务器的作用与监控主机类似，但接收和处理的是电量、波形、状态监测、辅助应用及其他一些管理类信息。监控主机对数据响应的实时性要求通常不超过 1s，综合应用服务器的要求为3～5s甚至更低。

一般情况下，综合应用服务器采用的硬件与监控主机相同。当监控主机故障时，综合应用服务器可以作为监控主机的备用机，以提升整个变电站系统的可用性。综合应用服务器的软件同样分为基础平台和应用软件，基础平台与监控主机相同，应用软件则包括网络通信、图形界面、状态监测、保护信息管理、辅助控制等。综合应用服务器不一定有独立的实时数据库和历史数据库，处理后的数据可以选择存储在数据服务器中。

（三）操作员工作站

操作员工作站是运行人员对全站设备进行安全监视与执行控制操作的人机接口，主要完成报警处理、电气设备控制、各种画面报表、记录、曲线和文件的显示、日期和时钟的设定、保护定值及事件显示等。500kV以上电压等级的智能变电站，在有人值班时常会配置独立的操作员工作站作为值班员运行的主要人机界面。操作员工作站可与监控主机合并，也可根据安全性要求采用双重化配置。

（四）工程师工作站

工程师工作站主要完成应用程序的修改和开发，修改数据库的参数和参数结构，进行继电保护定值查询、在线画面和报表生成和修改、在线测点定义和标定、系统维护和试验等工作。对于特别重要的有人值班变电站，可以配置独立的工程师工作站用作技术员和开发人员的工作终端。工程师工作站也可与监控主机合并。

（五）数据库服务器

数据库服务器主要为变电站级软件提供集中存储服务，为站控层设备和应用提供数据访问服务。一般是一台运行数据库管理系统的计算机，支持高效地查询、更新、事务管理、索引、高速缓存、查询优化、安全及多用户存取控制等功能。

（六）数据通信网关机

数据通信网关机是变电站对外的主要接口设备，实现与调度、生产等主站系统的通信，为主站系统的监视、控制、查询和浏览等功能提供数据、模型和图形服务。作为主光伏站之间的桥梁，数据通信网关机也在一定程度上起到业务隔离的作用，可以防止远方直接操作变电站内的设备，增强系统运行的安全性。数据通信网关机常用的通信协议有IEC 60870-5-101、IEC 60870-5-103、IEC 60870-5-104、DNP 3.0、DL/T 860、TASE.2等，少数早期变电站可能还有CDT、1801等通信协议。

根据电力系统二次安全防护的要求，变电站设备按照不同业务要求分为安全Ⅰ区和安全Ⅱ区，因此数据通信网关机也分成Ⅰ区数据通信网关机、Ⅱ区数据通信网关机和Ⅲ/Ⅳ区数据通信网关机。Ⅰ区数据通信网关机用于为调度（调控）中心的SCADA和EMS提供电网实时数据，同时接收调度（调控）中心的操作与控制命令。Ⅱ区数据通信网关机用于为调度（调控）中心的通信主站、状态监测主站等系统提供数据，一般不支持远程操作。Ⅲ/Ⅳ区数据通信网关机主要用于与生产管理主站、输变电设备状态监测主站等Ⅲ/Ⅳ区主站系统的信息通信。无论处于哪个安全区，数据通信网关机与主站之间的通信都需要经过安全隔离装置进行隔离。

数据通信网关机一般为嵌入式装置，无机械硬盘和风扇，采用分布式多 CPU 结构，可配置多块 CPU 板及通信接口板，每个 CPU 并行处理任务，支持同时与多个不同的主站系统进行通信。为了确保通信链路的可靠性，数据通信网关机往往采用双机主备工作模式或双主机工作模式。主备工作模式下，当主机故障时，备机才投入运行。但是在双主机工作模式下，两台网关机同时处于运行状态，通信连接在双机之间平均分配，资源利用效率较主备工作模式更高，但其实现也更复杂。数据通信网关机一般不配置独立的液晶显示屏，而是通过远程终端查看实时数据值、系统运行状态和参数。数据通信网关机的配置由独立的组态工具完成，也有采用与监控主机共享配置信息的方式。

（七）电能量采集终端

电能量采集终端实时采集变电站电能量信息，并上送电能计量主站和监控系统。电能量采集终端由上行主站通信模块、下行抄表通信模块、对时模块等组成，功能包括数据采集、数据管理和存储、参数设置和查询、事件记录、数据传输、本地功能、终端维护等。电能量计量数据是与时间变量相关的功率累计值，电能表和采集终端的时钟准确度，直接影响电能量计量数据精度和电能结算时刻采集和存储数值的准确度。

（八）同步时钟

同步时钟指变电站的卫星时钟设备，接收北斗或 GPS 的标准授时信号，对站控层各工作站及间隔层、过程层各单元等有关设备的时钟进行校正。常用的对时方式有硬对时、软对时、软硬对时组合 3 种。在卫星时钟故障情况下，还可接收调度主站的对时以维持系统的正常运行。

同步时钟的主要功能是提供全站统一、同步的时间基准，以帮助分析软件或运行人员对各类变电站数据和时间进行分析处理。特别是在事后分析各类事件，如电力系统相关故障的发生和发展过程时，统一同步时钟、实现对信息的同步采集和处理具有极其重要的意义。

二、间隔层设备

间隔层的功能是主要使用一个间隔的数据并且对这个间隔的一次设备进行操作的功能，这些功能通过图 2-2 中逻辑接口 3 实现间隔层内通信，通过逻辑接口 4、5 与过程层通信，即与各种远方输入/输出、智能传感器和控制器通信。间隔层设备主要包括测控装置、继电保护装置PMU、安全自动装置、故障录波器、网络报文记录及分析设备、网络通信设备等。

（一）测控装置

测控装置是变电站自动化系统间隔层的核心设备，主要完成变电站一次系统电压、电流、功率、频率等各种电气参数测量（遥测），一二次设备状态信号采集（遥信）；接受调度主站或变电站监控系统操作员工作站下发的对断路器、隔离开关、变电站分接头等设备的控制命令（遥控、遥调），并通过联闭锁等逻辑控制手段保障操作控制的安全性，同时还要完成数据处理分析，生成事件顺序记录等功能。测控装置具备交流电气量采集、状态量采集、GOOSE模拟量采集、控制、同期、防误逻辑闭锁、记录存储、通信、对时、运行状态监测管理功能等，对全站运行设备的信息进行采集、转换、处理和传送。

测控装置主要功能包括开关量变位采集，电压、电流的模拟量采集和计算（包括电流、电压、频率、功率及功率因数），遥控输出，检同期合闸，事件记录及事件顺序记录（sequence of event，SOE），支持电力行业标准的通信规约，图形化人机接口。

（二）同步相量测量装置

同步相量技术起源于20世纪80年代初，但由于同步相角测量需要各地精确的统一时标，将各地的量测信息以精确的时间标记同时传送到调度中心，对于50Hz工频量而言，1ms的同步误差将导致18°的相位误差，这在电力系统中是不允许的。随着全球定位系统（GPS）的全面建成并投入运行，GPS精确的时间传递功能在电力系统中得到广泛应用。GPS每秒提供一个精度可达到1μs的秒脉冲信号，1μs的相位误差不超过0.018°，完全可以满足电力系统对相角测量的要求，因此同步相量测量装置（PMU）才获得广泛应用。PMU实现的主要功能包括：

（1）相量计算，通过傅里叶算法进行相量计算，同时对频率、功率等信息进行计算。

（2）故障录波，当满足启动判据生成录波文件。

（3）数据存储分析，装置本地储存14天的历史数据，滚动刷新，同时提供原始报文截取和相量数据分析功能。

（4）数据共享，将相量数据上传给站内监控及广域监测系统（wide area measurement system，WAMS）进行分析。

（5）时钟同步，与时间服务器进行通信，完成装置对时，并具有守时能力。

（三）继电保护装置

继电保护装置是当电力系统中的电力元件（如发电机、线路等）或电力系统本身发生了故障危及电力系统安全运行时，直接向所控制的断路器发出跳闸命令，以终止这些事件发展的一种自动化设备。继电保护装置监视实时采集的各种模拟量和状态量，根据一定的逻辑来发出告警信息或跳闸指令来保护输变电设备的安全，需要满足可靠性、选择性、灵敏性和速动性的要求。装置类别包括：电流保护（包括过电流保护、电流速断保护、定时限过电流保护、反时限过电流保护、无时限电流速断等）、电压保护（包括过电压保护、欠电压保护、零序电压保护等）、瓦斯保护、差动保护（横联差动保护、纵联差动保护）、高频保护（包括相差高频保护、方向高频保护）、距离保护（又称阻抗保护）、负序保护、零序保护、方向保护。

保护装置输入断路器位置、隔离开关位置、合后继电器（KKJ）位置、手合继电器（SHJ）位置、手跳继电器（STJ）位置、低气压闭锁重合闸等状态信号，其中断路器、隔离开关位置采用双位置信号。

（四）保护测控集成装置

保护测控集成装置是将同间隔的保护、测控等功能进行整合后形成的装置形式，其中保护、测控均采用独立的板卡和 CPU 单元，除输入输出采用同一接口、共用电源插件以外，其余保护、测控板卡完全独立。保护、测控功能实现的原理不变。一般应用于 110kV 及以下电压等级。

（五）安全自动装置

当电力系统发生故障或异常运行时，为防止电网失去稳定和避免发生大面积停电，在电网中普遍采用安全自动保护装置，执行切机、切负荷等紧急联合控制措施，使系统恢复到正常运行状态，主要包括：①保持供电连续性和输电能力的自动重合闸装置；②保持稳态输电能力与输电需求的平衡；③保持动态输电能力与输电需求的平衡；④保持频率在安全范围内的自动装置；⑤保持无功功率紧急平衡的自动控制装置；⑥失步解列装置。

（六）故障录波器

故障录波器用于电力系统，可在系统发生故障时，自动、准确地记录故障前后过程的各种电气量的变化情况。将这些电气量进行分析、比较，对分析处理事故、判断保护是否正确动作、提高电力系统安全运行水平均有着重要作用。故障录波器是提高电力系统安全运行的重要自动装置，当电力系统发生故障或振荡时，它能自动记录整个故障过程中各种电气量的变化。

根据故障录波器所记录波形，可以正确地分析判断电力系统、线路和设备故障发生的确切地点、发展过程和故障类型，以便迅速排除故障和制定防止对策；分析继电保护和高压断路器的动作情况，及时发现设备缺陷，查找电力系统中存在的问题。

故障录波器的基本要求是必须保证在系统发生任何类型故障时都能可靠启动。一般启动方式有负序电压、低电压、过电流、零序电流、零序电压启动方式等。

（七）网络报文记录及分析设备

网络报文记录及分析设备可以自动记录各种网络报文，并监视网络节点的通信状态。它能够对记录的报文进行全面分析以及回放，实现的功能包括：①采集、记录和解析站控层、过程层通信网络上的所有通信报文和过程；②分类展示、统计、离线分析和输出分析结果和记录数据；③自动导入 SCD 文件，通过文件内容产生相关模型配置信息。

（八）网络通信设备

网络通信设备包括多种网络设备组成的信息通道，为变电站各种设备提供通信接口，包括以太网交换机、路由器等。

三、过程层设备

在 DL/T 860《变电站通信网络和系统》中，变电站自动化系统的过程层为直接与一次设备接口的功能层。变电站自动化系统的保护/控制等 IED 装置需要从变电站过程层输入数据，然后输出命令到过程层，其主要指互感器、变压器、断路器、隔离开关等一次设备及与一次设备连接的电缆等，典型过程层的装置是合并单元与智能终端。作为一二次设备的分界面，过程层装置主要实现了测量和控制功能。①测量：进行间隔保护和测控（电流、电压等实时电气量）模拟量采集，支持报文、波形记录、PMU 的模拟量信息应用；②控制：通过测控装置的遥控功能实现电气操作和隔离。

（一）合并单元

合并单元（merging unit，MU）是按时间组合电流、电压数据的物理单元，通过同步采集多路 ECT/EVT 输出的数字信号并对电气量进行合并和同步处理，并将处理后的数字信号按照标准格式转发给间隔层各设备使用，其主要功能包括：

（1）接收 IEC61588 或 B 码同步对时信号，实现采集器间的采样同步功能；

（2）采集一个间隔内电子式或模拟互感器的电流电压值；

（3）提供点对点及组网数字接口输出标准采样值，同时满足保护、测控、录波和计量设备使用；

（4）接入两段及以上母线电压时，通过装置采集的断路器、隔离开关位置实现电压并列及电压切换功能。

（二）智能终端

智能终端是指作为过程层设备与一次设备采用电缆连接，与保护、测控等二次设备采用光纤连接，实现对一次设备的测量等功能的装置。与传统变电站相比，可以将智能终端理解为实现了操作箱功能的就地化装置。其基本功能包括：

（1）开关量和模拟量（4～20mA 或 0～5V）采集功能；

（2）开关量输出功能，完成对断路器及隔离开关等一次设备的控制；

（3）断路器操作箱（三相或分相）功能，包含分合闸回路、合后监视、重合闸、操作电源监视和控制回路断线监视等功能；

（4）信息转换和通信功能，支持以 GOOSE 方式上传一次设备的状态信息，同时接收来自二次设备的 GOOSE 下行控制命令，实现对一次设备的实时控制；

（5）GOOSE 命令记录功能，记录收到 GOOSE 命令时刻、GOOSE 命令来源及出口动作时刻等内容，并能便捷查看。

（三）合并单元智能终端集成装置

在智能变电站内，合并单元和智能终端设备一般安装于就地控制柜中。部分工程就地智能控制柜出现空间紧张、难散热等问题，给设备的安全运行带来了安全隐患。为进一步实现设备集成和功能整合，简化全站设计，减少建设成本，合并单元智能终端集成装置被研制并采用，其基本原理是把合并单元的功能和智能终端的功能集成在一个装置中，一般以间隔为单位进行装置集成。集成后的装置中合并单元模块和智能终端模块配置单独板卡，独立运行，也共用一些模块（如电源模块、GOOSE 接口模块等），同时达到独立装置的性能要求。

合并单元智能终端集成装置有两个重要的特点：

（1）在合并单元功能或者智能终端功能出现故障时，应互不影响，如合并单元功能失效时，应不影响变电站内保护控制设备通过该装置对断路器和隔离开关的控制操作。

（2）采用了 SV/GOOSE 报文接口技术，在同一个光纤以太网接口既处理 GOOSE 报文，也处理 SV 报文，以减少整个装置的光纤接口数，降低整个装置的功耗。

在目前的智能变电站建设中，合并单元智能终端集成装置一般限定于 110kV 及以下电压等级，110kV 及以上电压等级的合并单元和智能终端装置应独立设置。合并单元智能终端集成装置按功能类型分为：间隔合并单元智能终端集成装置和母线合并单元智能终端集成装置两种。

第二节　厂站信息采集

厂站监控信息采集的厂站实时监控信息应由厂站实时监控信息和厂站设备告警信息两部分组成。

一、厂站实时监控信息

厂站实时监控信息包括厂站一二次设备遥测信息、位置遥信信息、电网事故信号、设备遥控（调）信息以及一二次设备运行异常信号。

（1）一二次设备遥测信息。反映电网运行状况的电气量和非电气量，具体有：电流、电压、功率、频率、主变压器分接头位置、温度、湿度等。

（2）位置遥信信息。厂站的一次设备如断路器、隔离开关、接地开关等的分、合位置信号。二次设备投入、退出等运行状态信号。

（3）电网事故信号。电网事故信号主要反映站内开关和继电保护动作的结果，用于辅助调度监控人员判断、分析电网事故。对于多源或同类电网事故信号，可采用按电气间隔合并（逻辑或）的方式进行组合。

（4）设备遥控信息。断路器分/合，主变压器载有调压开关升/降以及调度允许的其他遥控操作等。

（5）一二次设备运行异常信号。设备运行异常信号指按电气间隔分类归并的一二次设备及回路故障或告警信号；信号的归并应在厂站端采用“逻辑或”计算方式合并已采集的同类信号，列入遥信信息表上传。实现告警信息直传的厂站，也可由主站端归并已收到的标准化格式告警文本信息。

（6）电厂接入信息。电厂接入的信息主要包括：电厂基础信息、发电机组信息、监控系统信息、励磁系统信息、调速系统信息和部分定值信息。新能源发电厂还应接入气温、风速、辐照等气象环境信息和功率预测信息。

二、厂站设备告警信息

厂站设备告警信息，包括厂站监控系统采集的各类设备异常、告警信号。采集要求如下：

（1）厂站监控信息采集应满足电网调度运行和厂站集中监控需要，符合信息完整性、准确性、一致性、及时性、可靠性要求，并按照电网调控实际需要，进行优化整理。

（2）厂站实时监控信息采用《远动设备及系统　第 5-101 部分：传输规约基本远动任务配套标准》（DL/T 634.5101）、《远动设备及系统　第 5-104 部分：传输规约采用标准传输协议集的 IEC 60870-5-101 网络访问》（DL/T 634.5104）通信规约进行数据传输，直接关联调度主站系统的电网结构设备模型、实时数据库和图形画面等。

（3）厂站设备告警信息应采用“告警直传”方式进行接入，即由厂站监控系统按照信息规范生成标准告警条文，经由图形网关机（或远程工作站）采用 DL/T 476 或 DL/T 634.5104 规约，直接以文本格式传送到调度主站。

（4）遥信信息采集一般分为“硬接点信号”与“软信号”方式。厂站设备实时监控信息采集应优先采用“硬接点信号”方式。反映一次系统设备（如断路器、隔离开关、接地开关、

小车）位置状态的信息，应采集有联动功能的双接点位置信号。厂站设备告警信息以及事故（间隔）总信号等，可以是通过信号合并、运算产生的逻辑信号。

（5）线路、主变压器等一次设备有功和无功的参考方向以母线为参照对象，送出母线为正值，Ⅰ母线送Ⅱ母线为正值，ⅠA 母线送ⅠB 母线为正值，反之为负。发电机、电容器、电抗器的有功和无功的参考方向以该一次设备为参照对象，送出该一次设备为正值，反之为负。

（6）遥测信息一般采用量纲如表 9-1 所示。

表 9-1　　遥测信息量纲

名称	单位
线路电压	kV
母线电压	kV
消弧线圈位移电压	V
直流系统电压	V
站内系统电压	V
有功功率	MW
无功功率	Mvar
电流	A
视在功率	MVA
频率	Hz
温度	℃

（7）遥信信息属性规范如表 9-2 所示。

表 9-2　　遥信信息属性规范

动作	属性规范
断路器信号	“合”（1）/“分”（0）
隔离开关信号	“合”（1）/“分”（0）
接地开关信号	“合”（1）/“分”（0）
小车信号	“工作位置”（1）/“试验（检修）位置”（0）
保护动作信号	“动作”（1）/“复归”（0）
一般告警信号	“告警”（1）/“复归”（0）

（8）遥控信息属性规范如表 9-3 所示。

表 9-3　　遥控信息属性规范

断路器	合/分，同期合/分
隔离开关（小车）	合/分
接地开关	合/分
分接头挡位	升挡、降挡、急停
保护	投入/退出，定值区切换，信号复归
自动装置	投入/退出，定值区切换，信号复归
母线	TV 并列、母联非自动

（9）通信状态行为属性规范：通信中断/正常。

上传的厂站监控信息需根据对电网直接影响的轻重缓急程度分为：事故信息、异常信息、变位信息、越限信息、告知信息五类。

事故信息是由于电网故障、设备故障等，引起断路器跳闸（包含非人工操作的跳闸）、保护装置动作出口跳合闸的信号以及影响全站安全运行的其他信号，是需实时监控、立即处理的重要信息。

异常信息是反映设备运行异常情况的报警信号，影响设备遥控操作的信号，直接威胁电网安全与设备运行，是需要实时监控、及时处理的重要信息。

变位信息特指开关类设备状态（分、合闸）改变的信息。该类信息直接反映电网运行方式的改变，是需要实时监控的重要信息。

越限信息是反映重要遥测量超出报警上下限区间的信息。重要遥测量主要有设备有功、无功、电流、电压、主变压器油温、断面潮流等。是需实时监控、及时处理的重要信息。

告知信息是反映电网设备运行情况、状态监测的一般信息，主要包括隔离开关、接地开关位置信号、主变压器运行挡位，以及设备正常操作时的伴生信号（如保护装置、故障录波器、收发信机的启动、异常消失信号，测控装置就地/远方等）。该类信息需定期查询。

三、厂站信息处理

（1）生成 SOE。生成 SOE 的信号包括五类：保护出口动作信号、自动装置动作信号、开关位置信号、事故总信号、母线接地信号。

（2）分析优化。厂站调度监控实时数据应进行分类、优化，并满足准确性、可靠性、实时性要求；厂站监控系统应对站内各类信息进行综合分析，自动生成告警信息。

（3）信息合并。只有告警级别相同的信号才可以合并，以免影响对信号的初期判断和预处理；对于合并产生的遥控信号，应在信息表中标识清楚本信号是由哪些信息合并而成的，并在设计、建设、应用的各个环节中做好多种手段的记录、备份，便于日后查询。

（4）信息展示。信息显示方式应至少包括图形、光字牌、实时事项显示窗以及历史事项检索等；光字牌选取的原则是至少包括事故、异常两类信号。光字牌应按辖区总光字牌——厂站总光字牌——间隔总光字牌进行分层管理，支持动作/复归、确认/未确认各种状态组合的差异化显示；在实时事项显示窗内只显示重点信号，SOE 信息界面应便于查询。信号应按不同类别在不同区域显示，原则上按下列六个区域显示：事故信息区、异常信息区、变位信息区、遥测越限区、告知信息区和全部信号区。根据职责范围，汇总监控范围内以上五类 SOE 信号。事故信号应区别于其他信号，采用相应的音响报警。

（5）信息屏蔽。当厂站间隔和装置检修时，该间隔（装置）上送的厂站实时监控信息、厂站设备告警信息应对运行监控人员屏蔽，但不影响自动化调试；信息屏蔽功能设置应具备全站屏蔽、单间隔屏蔽、单信号屏蔽等方式；对设备正常运行或操作过程中发出的伴生信号，可采用延时过滤防抖、信号动作次数统计等功能进行过滤，防止误报或重复上报。延迟时间和计次数值的设定可根据需要针对不同设备进行设置；对于设备正常工作过程中发出的信号（如弹簧未储能、控制回路断线等可短时复归的信号），为避免影响设备监视，可在厂站或主站设置延时进行屏蔽。延时时间的设定，要根据设备的具体情况进行设置，对于经延时无法过滤的，按异常信息处理；被屏蔽的信息应有醒目标识（颜色或标牌）区别于正常信息，容易被值班员辨识。

（6）安全校核。厂站对于远方控制命令应具备完善的安全认证校核机制，安全认证校核应涉及控制命令的全过程。

四、厂站信息接入

（一）工作要求

（1）厂站监控信息接入工作必须通过信息表制作、内容审核、现场实施（含厂站端与主站端）和传动验收环节，每个环节应留有相应的时间裕度。

（2）厂站监控信息接入工作必须严格按照要求进行填录、审核与流转。

（二）远传信息表制作要求

（1）远动信息表格式、字段和内容应统一规范，满足电网运行监控和生产管理的实际需要，信息表应包含厂站概况、遥信表、遥测表、遥控表、通信参数配置表等内容。

（2）厂站概况包含信息上传方向、厂站的调度名称、厂站监控系统型号、生产厂家等。

（3）遥测表包含信息点号、信息描述、TA 变比、TV 变比、满度值等。

（4）遥信表包含信息点号、信息描述、合并的具体信号、信息分类、SOE 设置等。

（5）遥控表包含信息点号、信息描述等。

（6）通信参数配置表包含通信规约、通信主站前置机 IP 地址、厂站 IP 地址、端口号等。

（7）信息排序要求：按电压等级从高电压等级间隔到低电压等级间隔、公用设备。间隔数量按远景规模预排。

（8）分接头挡位以遥测量信息上送。

五、调度中心传输要求

与调度（调控）中心信息传输与调度（调控）中心信息传输应满足如下要求：

（1）通过Ⅰ区数据通信网关机传输的内容包括：电网实时运行的量测值和状态信息、保护动作及告警信息、设备运行状态的告警信息、调度操作控制命令。

（2）通过Ⅱ区数据通信网关机传输的内容包括：告警简报、故障分析报告；故障录波数据；状态监测数据；电能量数据；辅助应用数据；模型和图形文件（全站的 SCD 文件，导出的 CIM、SVG 文件等）；日志和历史记录（SOE 事件、故障分析报告、告警简报等历史记录）。

（3）广域相量测量传输的内容包括：线路和母线正序基波电压相量、正序基波电流相量；频率和频率变化率；线路和母线的电压、电流、有功、无功；配置命令；电网扰动、低频振荡等事件信息。

（4）继电保护信息传输的内容包括：保护启动、动作及告警信号；保护定值、定值区和装置参数；保护压板、软压板和控制字；装置自检和告警信息；录波文件列表和录波文件；保护故障报告（包括录波文件名称、访问路径、时间信息、故障类型、故障线路、测距结果、故障前后的电流、电压最大值和最小值、开关变位等）；远方操作命令（包括定值修改、定值区切换、软压板投退、装置复归）。

六、生产管理系统传输要求

与生产管理系统（PMS）信息传输与生产管理系统（PMS）信息传输应满足如下要求：

（1）传输的内容包括：变压器监测数据、断路器监测数据、避雷器监测数据、监测分析结果、设备台账信息、设备缺陷信息、工作票、操作票。

（2）信息传输由Ⅲ/Ⅳ区数据通信网关机实现。

（3）信息模型应遵循《基于 DL/T 860 标准的变电设备在线监测装置应用规范》（Q/GDW 616）相关要求。

第三节　厂站安全防护

厂站监控系统安全防护目标是抵御黑客、病毒、恶意代码等通过各种厂站监控系统发起的恶意破坏、攻击及其他非法操作，防止厂站监控系统瘫痪、失控及由此导致的厂站一次系统事故；厂站监控系统安全防护的重点是强化厂站边界防护、加强物理、人员等内部安全措施，保证厂站安全稳定运行。内容包括监控系统、广域相量测量装置（PMU）、“五防”系统、保护装置、安全自动装置、故障录波装置、辅助监控系统、电能量采集装置和一次设备在线监测，生产管理和调度管理系统等，厂站监控系统逻辑结构见图 9-1。

厂站监控系统安全防护是整个电力监控系统安全防护的一部分，必须满足《电力监控系统安全防护规定》（国家发改委〔2014〕14 号令）规定的要求，贯彻执行“安全分区、网络专用、横向隔离、纵向认证”方针，定期开展厂站监控系统安全防护评估工作。电力监控系统安全防护包括主厂站等应用系统、主厂站间纵向通信网络，以及主厂站各应用系统纵向和横向边界防护。整个安全防护架构其防护示意图如图 9-2 所示，其主要架构分为三部分，上半部分为调度主站（中心）安全防护逻辑示意图，下半部分为厂站（厂站）安全防护逻辑示意图，中间部分为数据传输通道安全防护示意图。

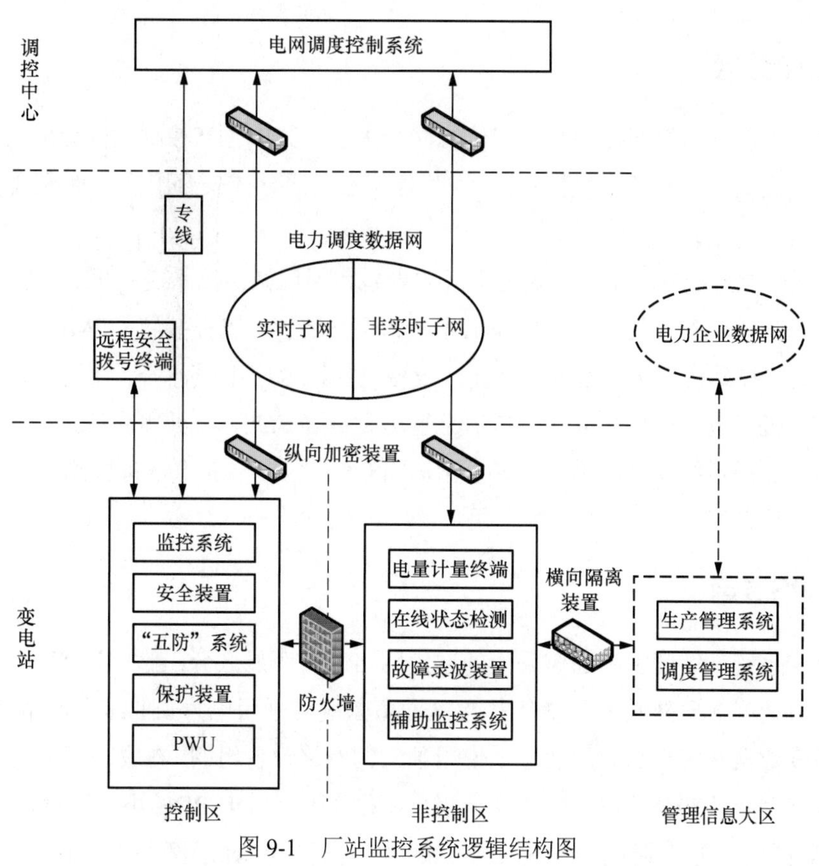

图 9-1　厂站监控系统逻辑结构图

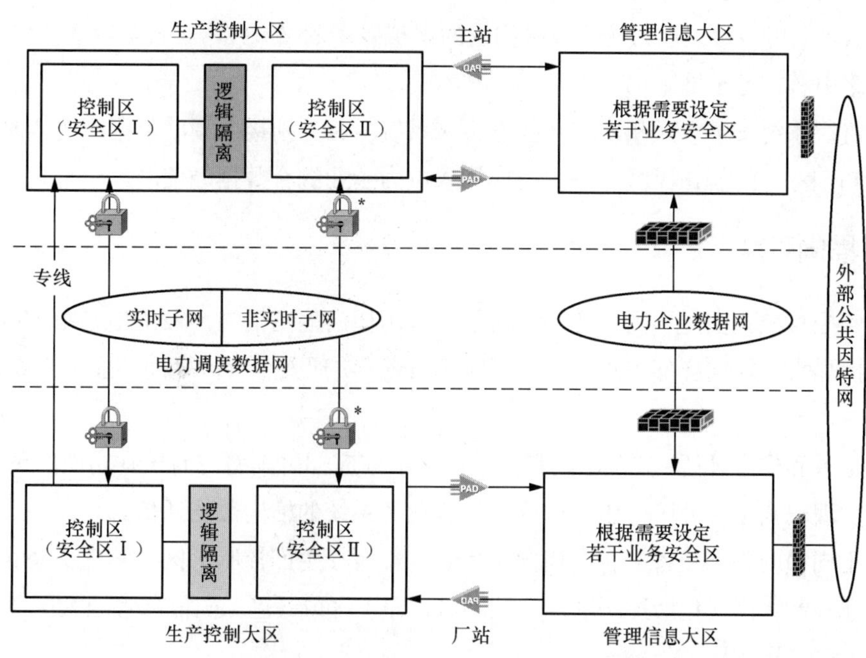

图 9-2　电力监控系统安全防护示意图

一、安全分区

厂站监控系统分为生产控制和管理信息两个大区，其中生产控制大区分成安全Ⅰ区（实时控制区）和安全Ⅱ区（非实时控制区），管理信息大区分成安全Ⅲ区（管理区）和安全Ⅳ区（信息区）。

（1）厂站监控系统安全Ⅰ区。安全Ⅰ区的设备包括厂站监控系统主机、Ⅰ区数据通信网关机、数据服务器、操作员站、工程师工作站、保护装置、测控装置、PMU 等。

（2）厂站监控系统安全Ⅱ区。安全Ⅱ区设备包括综合应用服务器、计划管理终端、Ⅱ区数据通信网关机、电量采集终端、保护信息管理、故障录波、行波测距等。

（3）厂站监控系统安全Ⅲ/Ⅳ区。安全Ⅲ/Ⅳ区设备包括输变电设备检测、变电操作管理以及其他辅助设备等。

二、网络专用

厂站监控系统与调度主站通信采用的通信网络应有明显区分，其中安全生产控制大区业务数据应采用调度数据网通信，安全Ⅲ/Ⅳ区业务系统可采用电力企业综合数据通信网。

电力调度数据网应当在专用通道上使用独立的网络设备组网，在物理层面上实现与电力企业其他数据网及外部公共信息网的安全隔离，采用基于 SDH/PDH 不同通道、不同光波长、不同纤芯等方式；电力调度数据网划分为逻辑隔离的实时子网和非实时子网，可采用 MPLS-VPN（采用多协议标记转换技术构建的虚拟专用网络）技术、安全隧道技术、PVC 技术、静态路由等构造子网。

厂站监控系统安全Ⅰ区和安全Ⅱ区设备（系统）应分别接入调度数据网的实时 VPN 和非实时 VPN 区；安全Ⅲ/Ⅳ区业务系统应接入电力企业综合数据通信网。

三、横向隔离

厂站监控系统各安全子区业务数据通信应采用横向隔离措施，厂站监控系统生产控制大区与管理信息大区横向应部署正反向物理隔离设备，实现安全大区之间各业务系统的横向数据通信。

安全Ⅰ区和安全Ⅱ区，安全Ⅲ区和安全Ⅳ区横向应部署具备访问控制功能的硬件防火墙等设备，实现安全Ⅰ、Ⅱ区，Ⅲ、Ⅳ区之间各业务系统的横向数据通信。

（1）正向横向隔离设备。正向横向隔离装置部署在生产控制大区与管理信息大区之间，用于从生产控制大区（包括控制区或非控制区，即Ⅰ区或Ⅱ区）向信息管理大区（主要指调度运行管理区，即Ⅲ区）传输信息。

正向横向隔离装置物理接入方式可采用单进单出或多进多出方式，分别如图 9-3、图 9-4 所示。

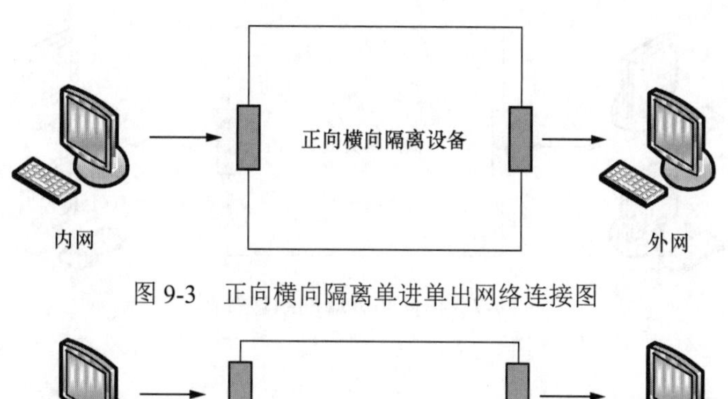

图 9-3　正向横向隔离单进单出网络连接图

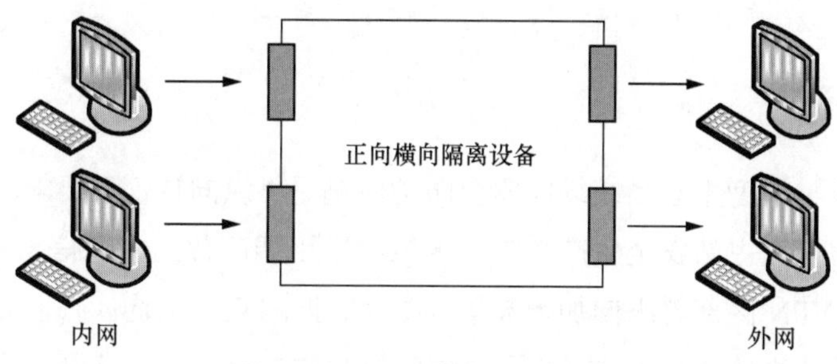

图 9-4　正向横向隔离多进多出网络连接图

（2）反向横向隔离设备。反向横向隔离装置部署在生产控制大区与管理信息大区之间，用于从信息管理大区（Ⅲ区）向生产控制大区（Ⅰ区或Ⅱ区）传输信息。反向横向隔离装置物理接入方式可采用单进单出或多进多出方式，分别如图 9-5、图 9-6 所示。

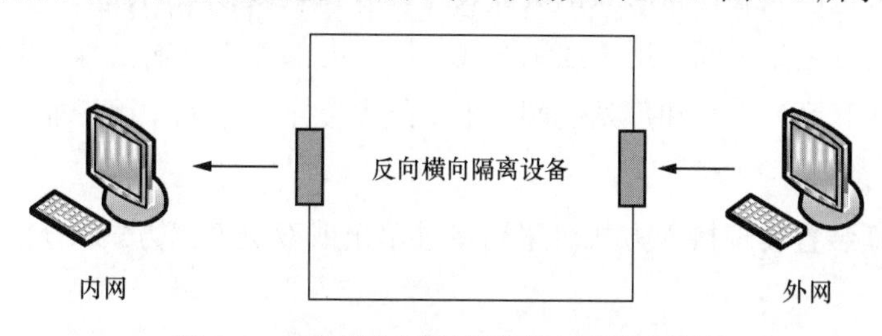

图 9-5　反向横向隔离单进单出网络连接图

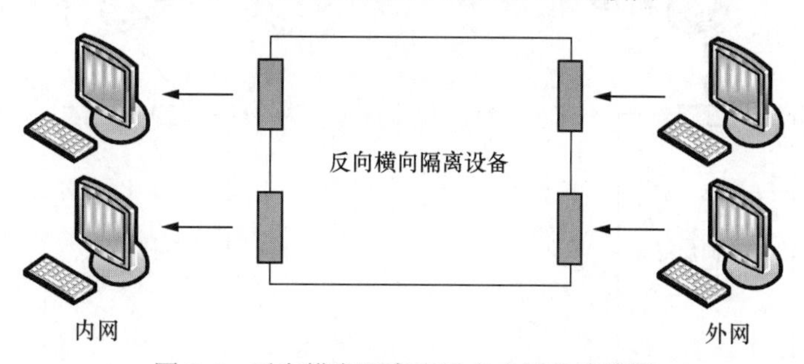

图 9-6　反向横向隔离多进多出网络连接图

（3）横向防火墙。横向防火墙部署在厂站生产控制大区内部或者管理信息大区内部，通常用于控制区（Ⅰ区）和非控制区（Ⅱ区）之间，或者调度运行管理区（Ⅲ区）和信息区（Ⅳ区）之间互相传输信息。横向防火墙的使用应严格遵守横向防火墙《电力二次系统安全防护总体方案》（电监安全〔2006〕34 号文）的要求，网络连接如图 9-7 所示。

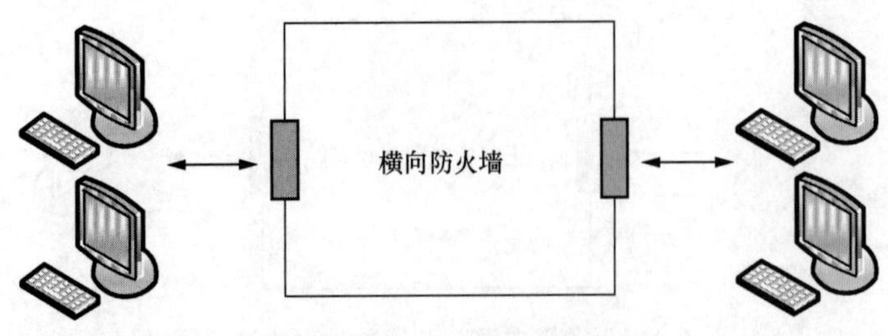

图 9-7　横向防火墙网络连接图

四、纵向认证

厂站监控系统与调度主站系统纵向安全防护应满足“纵向认证”要求，厂站监控系统安全生产控制大区与调度主站安全生产控制大区纵向采用调度数据网通信，应在调度数据网实时 VPN 与非实时 VPN 区部署纵向加密装置，调度数据网双平面均应按照要求部署；纵向加密装置是基于密码技术的认证、加密及网络访问控制的安全设备，是电力监控系统核心业务数据纵向通信安全的重要技术保障。

厂站监控系统管理信息大区与主站管理信息大区纵向采用电力企业综合数据网通信，应在电力企业综合数据网纵向出口部署具备访问控制功能的硬件防火墙或其他网络等设备。

（1）纵向加密认证装置。纵向加密认证装置部署在调度数据网控制区（Ⅰ区）主站和厂站之间、上下级调度主站之间，用于控制区（Ⅰ区）内部互相传输信息。也可以部署在调度数据网非控制区（Ⅱ区）主站和厂站之间、上下级调度主站之间，用于非控制区（Ⅱ区）内部互相传输信息。

纵向加密认证装置物理接入方式可采用单进单出或双进双出方式，分别如图 9-8、图 9-9 所示。

图 9-8　纵向加密装置单进单出网络连接图

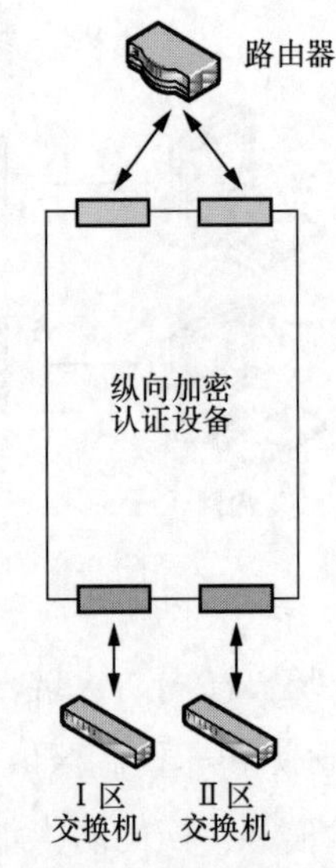

图 9-9　纵向加密装置双进双出网络连接图

（2）纵向防火墙。纵向防火墙部署在管理信息大区（Ⅲ/Ⅳ区）主站和厂站之间、用于管理信息大区内部互相传输信息。

五、安全接入区

国家发改委〔2014〕14 号令规定要求，电力监控系统生产控制大区的业务系统在与其终端的纵向连接中使用无线通信网、电力企业其他数据网（非电力调度数据网）或者外部公用数据网的虚拟专用网络方式（VPN）等进行通信的，应当设立安全接入区。

在采用无线通信方式进行数据接入时，子站终端应采用加密认证措施，实现主站对子站的身份鉴别，确保报文的机密性、完整性保护。

（一）采用无线公网要求

对于采用无线公网作为通信信道的前置机，公网前置属于安全接入区，必须采用电力专用的正反向隔离装置与自动化系统进行隔离；当采用 GPRS/CDMA（通用分组/码分多址）等无线公共网络时，应当启用公网自身提供的安全措施，包括：

（1）采用 APN（Access Point Name，接入点名称）+VPN 或 VPDN（虚拟专用拨号网）技术实现无线虚拟专用通道；

（2）通过认证服务器对接入终端进行身份认证和地址分配；

（3）在主站系统和公共网络采用有线专线+GRE 等手段。

（二）APN + VPN/VPDN 技术安全

（1）安全的网络接入。客户内网出口至运营商 WCDMA/LTE（宽带码分多址/长期演进）网络间，采用物理专线进行数据传输，与互联网隔离，确保数据在全封闭环境内传递，不受影响。

双方互联路由器通过私有 IP 地址进行广域连接，使用专用行业网关 GGSN（网关 GPRS 支持节点），与互联网 GGSN 网关互相独立，在 GGCN 与运营商公司互联路由器之间支持 GRE 隧道接入方式，GGSN 可与客户接入路由器间建立 GRE 隧道并支持多种安全加密方式；WCDMA/LTE 传输终端到服务器平台之间采用端到端加密，避免信息在整个传输过程中的泄漏。

（2）安全的网络认证。专享的 APN 鉴权接入（只有符合客户专用 APN 域名的无线卡才能接入，该域名的申请和绑定都需要经过特定流程）；主叫号在运营商交换机生成并进行加密。

提供基站对终端的认证，也提供终端对基站的认证，双向认证可有效防止伪基站攻击。

（3）安全的终端认证。企业数据中心可以给每个 WCDMA/LTE 终端分配特有的用户 ID 和密码，可以周期性更改各数据采集点的用户 ID 和密码。

RADUIS 服务器和 DHCP 服务器，实现对每个拨入的号码进行账号和密码认证，并可捆绑手机串号（IMEI）、手机卡串号（IMSI）、用户名、密码进行认证，客户可自行分配静态 IP 地址和拨入服务器主机 IP 地址和域名。

业务数据在传输前进行加密压缩，保障数据在传输过程中的安全性。

（三）安全接入区数据采集范围

无线安全接入区应采集厂站遥测、遥信和电量数据，数据类型及名称见表 9-4。

表 9-4　安全接入区采集数据类型

数据类型	数据名称
遥测	电压、电流、有功功率、无功功率、功率因数
遥信	并网点（开关）状态
遥脉	正/反向总有功、正/反向总无功电量

（四）厂站接入方式

由于厂站数据通信要经过无线公网，因此必须要保证传输的安全，接入方式见图 9-10。

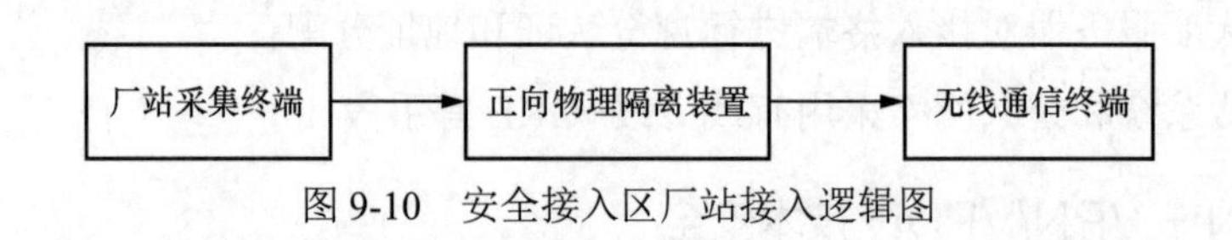

图 9-10　安全接入区厂站接入逻辑图

第四节　光伏站自动化系统验收

一、前期准备

光伏电站自动化系统并网验收前，电站建设管理单位要从并网所需的自动化设备、接入信息、技术条件及系统、设备的自检等方面入手，做好电站资料、技术文档（含遥控、遥调等信息的定值单、试验、调试报告）的收集和整理，为光伏电站（子）系统的接入调试等做好准备工作。这些工作不仅是为了光伏电站并网验收做准备，更是给电站投运后的稳定可靠运行打下坚实基础，为电站运行管理单位提供了丰富的技术理论和实践指导。

（一）设备台账资料健全

（1）光伏电站（汇集站）二次设备参数、图纸及网络配置资料，包括系统和设备（含外购）的使用说明、操作说明、维护说明、系统软件备份等厂家资料；自动化系统的相关报告清单，例如系统结构、组屏、设备清单（含硬件设备型号、生产商，软件的版本、功能和序列号）、各单元设备的出厂检验合格证或出厂检验报告、各类自动化系统的监测合格证或出厂验收、出厂调试、出厂自测试报告。

（2）光伏电站通信电路、通信设备和电站监控系统的配置资料、参数，结构、网络白图和蓝图，设计文件、图纸、变更单，系统结构图、全站对实结构图等各类图纸资料。

（3）各项功能调试（联调）报告（记录）以及传动试验报告。包括三级自检报告、现场调试过程记录、调试修改记录、系统联调记录及远方传动试验记录等内容。

（4）光伏电站启动并网前向所属调控机构自动化专业处室所报送的并网审查意见、调度命名文件、涉网远动信息点表、二次安全防护接入方案、光功率预测建模参数以及光伏电站基本信息（包括运行管理人员名单）等资料。

（5）各类检测、试验工器具和设备的校验合格证书或证明。

这些现场资料的准备，一方面可以使电站建设或运行管理单位对整个光伏电站的自动化设备和系统有一个全面的了解，对并网验收工作中的问题或不足有一个准确掌握；另一方面可以在今后的验收、安评等工作中为电网企业和电力监管单位提供翔实的资料保障。

（二）规范配置自动化设备

光伏电站自动化设备配置要完整，必须符合设计要求。主备运动通信设备要配置完整，若设备间通信规约有差异，必要时需加装通信规约转换装置；配置全站统一的时钟同步装置，与各小室时钟扩展装置可靠对时；配置完整的不间断供电电源；配置完整的调度数据网及二次安全防护设备；配置整套光功率预测设备；发电控制系统和电压控制系统等站内系统需可靠冗余配置。

（三）完成自动化系统功能建设

光伏电站计算机监控系统要配置完整，采集信息要与一次测数值一致；功率预测系统要配置完整，电站侧调试完毕后还要与主站完成联调；功率控制系统要配置完整，有功功率控制和无功功率控制指令正确接收并下发至各个调节单元，电站侧调试完毕后还要与主站完成联调；另外，为了确保并网后对电网的负面影响尽可能小，若光伏电站配有安全稳定控制装置，还需要确保其联调无误。

（四）自动化信息接入完整准确

光伏电站应能够时刻保证与调度端良好的通信状态，正常通信情况下，光伏电站应根据以往监控运行需求，完整、准确地提供各类信息，至少应当包括表 9-5 所列信息。

表 9-5　　　　　　　　　　**自动化信息种类及内容**

<table>
<tr><th>信息种类</th><th colspan="2">信息内容</th></tr>
<tr><td rowspan="2">监视类信息</td><td>实时遥测</td><td>（1）光伏汇集进线有功、无功、A 相电流。
（2）并网点线路有功、无功、A 相电流。
（3）并网点各母线的三相电压、线电压、频率。
（4）并网点主变压器挡位、退度，及高、中、低三侧有功，无功、A 相电流。
（5）无功补偿装置无功、A 相电流。
（6）利用变有功、无功、A 相电流</td></tr>
<tr><td>实时遥信</td><td>（1）并网点线路断路器、隔离开关位置信号。
（2）并网点变压器各侧断路器、隔离开关位置信号。
（3）母联、分段断路器、隔离开关状态位置信号。
（4）光伏进线断路器、隔离开关状态位置信号。
（5）无功补偿装置断路器、隔离开关状态位置信号。
（6）站用变压器断路器、隔离开关状态位置信号。
（7）并网点变压器、线路以及母线保护信号。
（8）事故总信号。
（9）SOE 信号</td></tr>
<tr><td>预测类信息</td><td colspan="2">（1）未来 72h 96 点短期功率预测数据。
（2）未来 4h 16 点超短期功率预测数据。
（3）实测气象数据，包括总辐射、直接辐射、散射辐射、环境温度、光伏电池板温度、风速、风向、气压、湿度等参数</td></tr>
<tr><td>控制类信息</td><td colspan="2">（1）全站有功可调上/下限。
（2）全站无功可调上/下限。
（3）全站过方/就地状态。
（4）全站开环/闭环状态。
（5）电压控制和功率控制的相关控制信号。
（6）光电 AGC 出力值</td></tr>
<tr><td>PMU 信息</td><td colspan="2">回步相量测量装置根据各区域电网运行实际情况，统筹考虑安装部署站点，一般情况下 110kV 及以上电压等级上网的、装机容量在 40MW 及以上的光伏电站均要求部署同步相量测量装置，同步相量测量装置（PMU）须接入以下信息：
（1）330kV 及以上光伏电站。PMU 需接入 110kV 及以上线路主变压器的高、中压侧三相电压、三相电流、相角、值以及母线率等信号。
（2）110kV 且装机容量在 40MW（含 40MW）以上光伏电站，PMU 需接入 110kV 线路、母线主变压器高压侧三相电压、三相电流相角、幅值以及母线率等信号。
PMU 除了需接入上述信号外，还要采集各光伏电站本体发电信息</td></tr>
<tr><td>其他信息</td><td colspan="2">信息申报与发布类信息，主要包括电站注册信息、台账信息、人员信息及运行日报、月报等申报信息及调度披露的发电计划、发电厂考核等发布信息</td></tr>
</table>

（五）其他技术要求

（1）二次安全防护要求。如站内有监控系统且需与其他自用设备系统连接的，应满足《电力监控系统安全防护规定》要求，采取必要的安全防护措施，配置硬件防火墙、隔离装置等安全防护设备，及与上送调度的设备和端口要在物理上进行隔离。

（2）通信要求。远动信息上传宜采用专网有线方式，可单独配置专网远动通信并满足相关信息安全防护要求，如光纤以太网通信、音频四线通信等。采用网络方式通信的应具备基于非对称加密技术单向认证功能。远动装置应至少支持 IEC 60870-5-101、IEC 60870-5-104。

CDT 规约通信，调度电话要求专用且具备录音功能。

（3）预测要求。光功率预测系统的气象数据至少包含温度曲线、湿度曲线、风速曲线、辐照度曲线、压力曲线等影响光伏发电阵列的因素，并且相关数据在预测软件内必须要具备记录统计的功能。

（4）影响发电效率的相关要求。在光伏电站正常发电过程中，光伏电站有功功率变化速率应满足电力系统安全稳定运行的要求，其限制应根据所接入电力系统的频率调节特性，由电网调控机构确定。一般情况下，随着太阳能辐照度增长，光伏电站有功功率将随之增长。但在光伏电站投运并网前还需要考虑以下几点影响发电效率的因素；

1）自然因素：对光伏组件而言，温、湿度对其工作的影响尤为重要，另外在发电时间内还有一部分不可利用的太阳光，因此要求在光功率预测系统以及各类控制系统上要充分考虑全天候自然因素的影响，进行最大限度优化。

2）设备因素：各类设备的匹配度、逆变器、箱式变压器的使用效率以及线路损耗等。要求光伏电站自动化系统尽可能多地采集各类设备信息，加以分析优化。

3）人为因素：设计不当，因此在验收工作开展前，就自动化系统而言要对整站设计以及信息采集做详细考虑，避免不合理或不完善的设计出现。

二、现场验收

在光伏电站并网必备条件具备之后，电网企业组织并网验收之前，项目建设单位应按照设计规范、光伏电站管理单位要求和电网企业并网验收要求，组织各个系统设备的生产厂家，编制系统自验收测试大纲，对光伏电站开展工程自验收工作。

需要特别说明的是，在电网企业组织的并网验收过程中，由于验收时间紧，工作量大，现场实际验收不能将所有验收项目检查到位，系统运行的缺陷或隐患不能全部暴露出来。为了保证光伏电站自动化设备能够长期安全稳定运行，在自验收过程中，必须结合自验收测试大纲及内容，将每一项验收内容在现场实地进行演示或操作，重点进行自动化系统各项功能配置的检查和测试。同时严把施工工艺。仔细检查设备安装的稳固件、屏柜设备的接地、网络走线的规范及有序性等细节，并保留真实、完整有效的自验收记录和报告，自验收资料也是电站后期现场并网验收时的基础资料。

（一）装置检查

检查远动通信屏柜、数据交互屏柜（站内数据交互）、时钟同步装置屏柜、电源屏柜、调度数据网及二次安全防护屏柜、光功率预测设备屏柜等各类自动化设备屏柜的安装是否稳固牢靠、接地是否可靠（含屏柜与接地网，设备与屏柜）；设备是否齐全；二次接线、网络接线是否整洁、可靠；设备是否全部带电运行，有无未投运设备；标识标牌是否清晰明确并正确标注；屏柜封堵是否严密。

（二）远动通信系统检查

在完成整个远动通信系统硬件设施检查后，对所涉及的技术参数进行专业测试，并且与调度主站进行沟通，检查通信状态与信息上传是否有误。检查中，现场可通过测试仪器对遥信变化、遥控功能、遥调功能和模拟遥测等内容开展重点评测，另外，还可以截取若干报文进行分析检查。

（三）时间同步装置检查

在完成时钟同步装置硬件设施检查后，可以检查最基本的时钟接线或 NTP 接线是否完整可靠。最行之有效的时钟同步装置检查方式是对任意二次设备进行时间调整，观察时钟授时能力，若时钟同步有缺陷，在通常情况下会比较明显。若有专业时钟监测设备，可按照标准化系统检测流程，在厂家专业人员的技术支持下对时钟同步装置的技术参数做逐一测试，确保电站内二次屏柜均接入对时系统，且对时装置授时能力满足系统要求。

（四）调度数据网及二次安全防护检查

调度数据网重点检查设备是否齐全并全部投入运行，核实主站是否对光伏电站调度数据网处于监控状态（即通信是否正常）。二次安全防护检查按照装置配置进行逐一核实，针对不同环节二次安全防护设备，逐一调取二次安全防护装置策略配置文件进行核对，确保设备及功能的正确投运。

（五）不间断电源检查

检查 UPS 电源设备是否完整，并且正常运行，检查供电电源配置，做投切测试，确认装置无任何影响正常运行的告警或指示灯闪烁，还要注意双路电源是否完备且符合可靠性规定。

（六）相量测量装置检查

在检查相量测量装置的时候，首先要观察装置配置是否完整，检查装置运行情况，确认有无告警，然后对技术参数进行人工测试，最后与调度主站进行模拟输入，检查通信状态与信息上传是否完整准确。

（七）功率预测系统检查

功率预测系统检查的时候首先要对预测系统各个服务器进行硬件检查，然后根据网络图细致分析，确保系统正常运行与二次安全防护功能配置完善，再进行站内试运行，对预测数据逐一进行观察，检查界面展示是否与实际预测值相符，最后对各类告警和维护模块进行验收检查。

（八）功率控制系统检查

首先要对功率控制服务器进行硬件检查，然后要检查逆变器、补偿装置等一次设备的运行情况与接入的信息是否一致，对技术参数逐一测试。抽取一定比例设备做传动试验，检查系统装置的配置是否达到国家和电网要求，协调主站对功率控制收发值和执行值进行核查。

当光伏本体信息接入完成，在进行相应系统和设备的测试后，我们不难发现，有很多系统和设备信息还需要与上级调控机构进行联合调试。通过联合调试，才能发现系统设备是否运行正常，计算管路是否符合设计要求，因此，光伏电站并网前需要将各类信息接入电网调度管理机构信息系统内，这也成了整个光伏电站自动化业务建设的最后一步，也是最重要的一步，这项工作的高质量完全可以保证电站投运后让电网企业顺利监视光伏电站各项数据指标，以便合理控制电站发电，确保电网安全稳定运行。

此项工作虽围绕自动化系统的建设和运行开展，但工作内容将涉及电力一二次各个专业。各项数据指标是否顺利互通，电站现场与调控机构实时监视数据是否高度一致将成为信息是否成功接入的重要标志。因此，光伏电站自动化系统并网前的准备工作与整个电站的建设与调试是同步开展的，只有完成所有准备工作，整个电站才能进入待验收状态，以便进一步通过验收，进入并网发电环节。

三、自动化信息接入

当光伏电站自身建设测试完成后，下一步工作就是将光伏电站的各类信息接入电网调控机构。在这里，着重阐述光伏电站自动化信息接入流程中的重点环节和流程内容，如图 9-11 所示。各个地区由于各自电网规程、规定以及电站建设技术的差异可能会有所差别。

关键节点流程描述如下：

（1）光伏电站对竣工的自动化系统和设备进行自检并消缺；

（2）光伏电站管理单位提出光伏站接入申请；

（3）电网公司受理光伏站接入申请；

（4）电网公司根据光伏电站管理单位提供的设计、竣工图纸和资料建立光伏站一次接线图及设备参数模型；

（5）电网公司主站负责绘制光伏站一次接线图，将自动化信息点表提供给调控机构进行信息点表筛选、合并；

（6）电网公司将信息点表汇总后下发至光伏电站管理单位；

（7）光伏电站根据筛选。合并的信息点表进行自动化信息入库和模型维护；

（8）主站和光伏站进行信息传输；

（9）主站和光伏站进行信息核对；

（10）主站和光伏站进行数据消缺；

（11）光伏电站管理单位督促调试单位形成调试报告；

（12）光伏电站进行资料汇总。

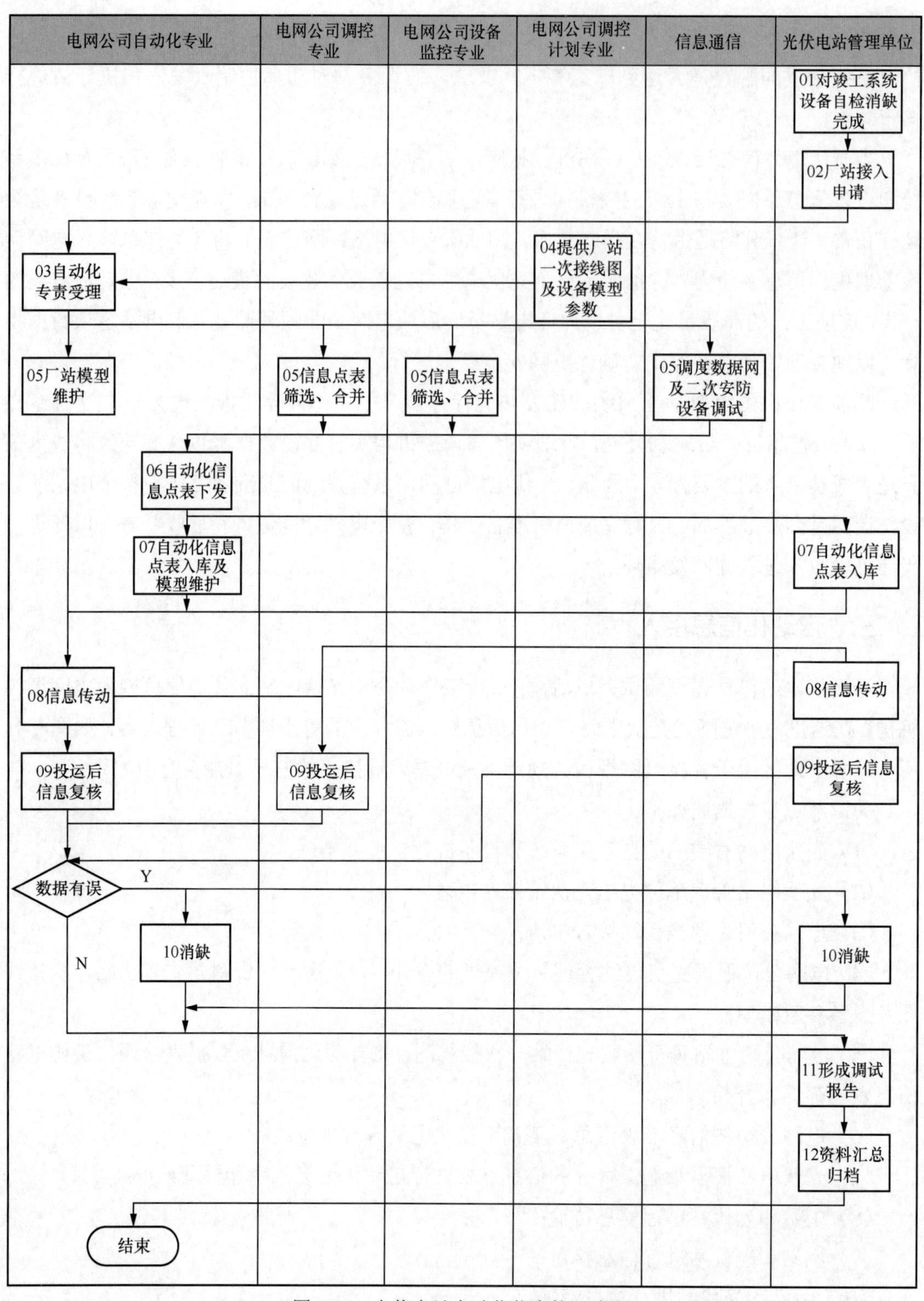

图 9-11 光伏电站自动化信息接入流程

第五节 光伏发电功率预测系统

一、系统需求与意义

根据《可再生能源中长期发展规划》，到2020年，我国力争使太阳能发电装机容量达到1.8GW（百万千瓦），到2050年将达到600GW（百万千瓦）。预计，到2050年，中国可再生能源的电力装机将占全国电力装机的25%，其中光伏发电装机将占到5%。未来十几年，我国太阳能装机容量的复合增长率将高达25%以上。

但由于太阳能发电等可再生能源发电具有间歇性强、突变性大、可调度性弱等特点，大规模接入后对电网运行会产生较为明显的影响。目前，我国正在发展的大容量光伏电站通常表现出显著的区域集中性，大型光伏电站对电网产生的影响必然显著区别于国外分布式光电发展模式。同时，我国太阳能资源丰富、适宜建设大型光伏电站的地区存在局部电网建设相对薄弱的情况，为保障电网运行的安全稳定，有时需采取限制光伏电站发电功率的措施。

近年来，光伏电站功率预测取得一系列突破性进展，该项技术是提高电网调峰能力、增强电网接纳光电的能力、改善电力系统运行安全性与经济性的最为有效、经济的手段之一。从发电企业角度考虑，精准的光伏功率预测将使得光电可以积极地参与市场竞争，规避因供电的不可靠性而受到的经济惩罚。

开展光伏功率预测系统建设将在区域光电接纳等方面提供有力的技术支持， 该项工作将为太阳能开发企业等单位带来明显的经济效益和社会效益。

二、系统介绍

光伏发电功率预测系统是预测光伏电站未来发电能力的重要手段，是推动光伏行业持续健康发展的必要条件之一。根据国家电网和各网/省公司的要求，光伏电站需要上报自动环境监测站实时采集的数据、光伏发电功率预测结果等内容。为此，光伏电站需要建设如下内容：

（1）自动环境监测站的建设。

（2）光伏发电功率预测系统的建设：包括中心站的硬件、平台软件、短期光伏发电功率预测软件、超短期光伏发电功率预测软件等。国电南瑞NSF3200光功率预测系统包括了数据监测、功率预测、软件平台展示三个部分。监测是预测的基础，数据监测包括对气象信息的监测和对光伏电站运行状况的监测。光功率预测系统可实现短期、超短期预测功能，满足光伏发电企业对于不同时效预报的需求。软件平台将对监测和预测的数据结果以直观的方式展示并分析。该系统满足电网规范，具备高效、精确、智能的特点，为整个日前发电计划以及运行方式的制定提供基础和保障。

三、系统架构

（一）概述

光伏电站光伏功率预测系统的设计开发严格遵循《电力二次系统安全防护总体方案》等规范性文件中各项规定，并在设计过程中充分考虑光伏电站所处地理、气候环境的特征，切实保证项目建设服务于用户需求。

（二）系统结构

光伏出力预测系统软件平台模块划分和数据流见图 9-12。

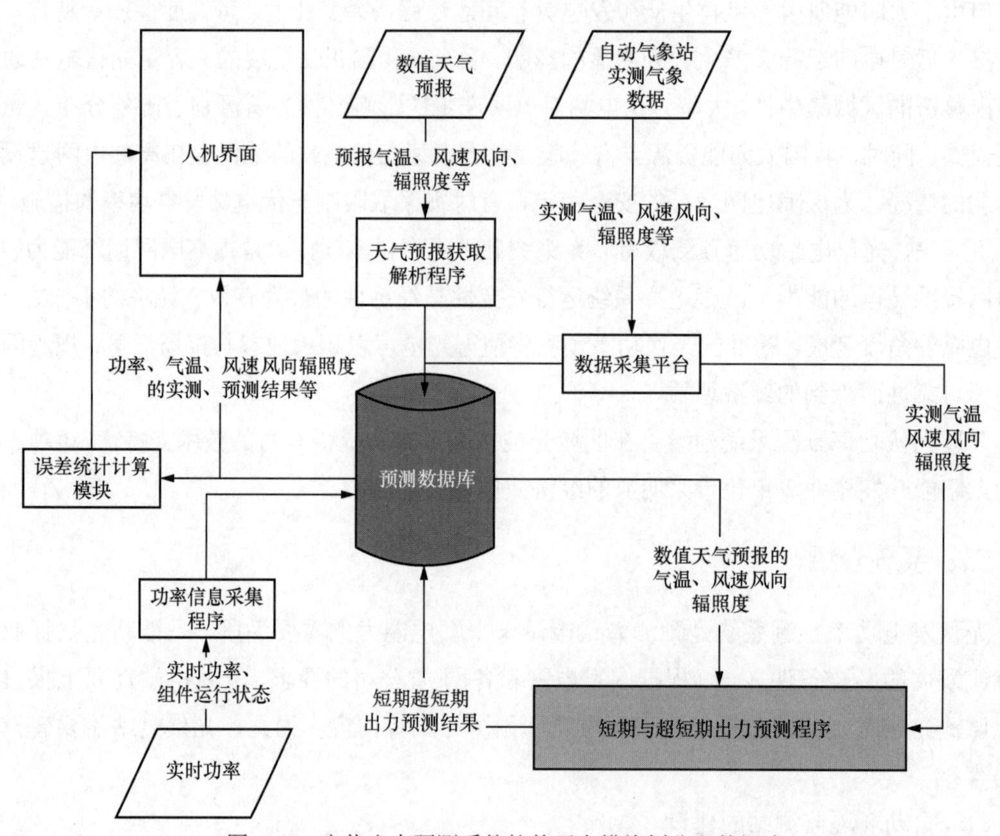

图 9-12　光伏出力预测系统软件平台模块划分和数据流

光伏功率预测系统是一个建立在分布式计算环境中的多模块协作平台，主要采用 java 语言、Python 语言等作为开发工具语言。各个软件模块的功能如下：

（1）预测数据库：是整个预测系统的数据核心，各个功能模块都需要通过系统数据库完成数据的交互操作。系统数据库中存储的数据内容包括：数值天气预报、自动气象站实测气象数据、实时有功数据、超短期辐射预测、时段整编数据、功率预测数据。

（2）人机界面：是用户和系统进行交互的平台，人机界面中以数据表格和过程线、直方图等形式向用户展现了预测系统的各项实测气象数据、电站实时有功数据和预测的中间、最终结果。

（3）天气预报获取解析程序：负责定时从 FTP 下载从气象部门获得的天气预报数据，通过筛选、格式化等操作将数据存放到预测系统数据库中。

（4）数据采集平台：负责从气象站收集与预测相关的气象数据，并对数据做初步筛选处理，并将之存入预测数据库。

（5）短期光伏出力预测模块：从预测数据库中获得数值天气预报数据，以此为输入，应用各种模型计算短期和超短期出力预测结果并存入预测数据库。

（6）超短期光伏出力预测模块：从预测数据库中获得气象站实测气象数据，以此为输入，应用各种模型计算短期和超短期出力预测结果并存入预测数据库。

（7）误差统计计算模块：输入不同时间间隔的预测和实测出力数据，统计合格率、平均相对误差、相关系数，通过存入预测数据库、输出误差计算结果到人机界面。

第十章

光伏电源特性与治理

第一节　光伏电源存在问题

近年来光伏发电发展迅猛，光伏发电固有波动性导致大规模并网时系统潮流分布发生改变，带来电压波动等问题。大规模光伏发电对电力系统产生很大影响，体现在对电能质量、配电系统保护、无功电压特性等方面，解决好光伏电源存在的各项问题是安全平稳供电的基础和保障。本章将分析光伏电源特性及光伏电源给电网带来的影响，并提出相应的治理措施，为光伏电源并网治理提供参考。

一、频率污染

随着光伏发电技术逐步成熟和应用，越来越多的光伏电源被接入电力系统，这对电力系统的频率稳定性产生了一定的影响。频率也是考察电能质量的重要参数之一，较大的频率偏差甚至会使对电能质量要求较高的系统直接崩溃和瘫痪。光伏电源并网后，会形成一定的电流，这个电流将会对电网的电压、功率等进行一定的调节，进而影响电力系统频率的稳定性。光伏电源输出功率的波动性较大，这也会影响到电力系统的频率稳定性。光伏电源的接入将会增加电网中谐波的数量，发生谐波扰动，进一步影响电力系统频率的稳定性。

光伏并网时将影响电网的稳定性，光伏发电频率过高导致电网频率超过标准范围，影响电网的稳定性。电网的频率通常应保持在 50Hz（或 60Hz）左右，如果频率过高，会导致电网的电压波动，甚至引发电网故障。光伏发电频率过高会对电气设备产生损坏。电气设备通常设计用于特定的电网频率，如果频率过高，会导致设备内部的电子元件过载或过热，从而损坏设备。频率的污染也将会导致电气设备的运行不稳定，增加电气设备发生故障的风险，引发火灾或其他安全隐患。

二、谐波污染

随着光伏发电系统在电网中所占的比例越来越大，大量分布式电源的引入会使电网产生大量的谐波，导致电压和电流的波形发生畸变，会对电网的安全稳定性产生影响。谐波污染问题会成为其发展中一个不可忽视的问题。光伏逆变器中含有大量的电力电子元器件，在直流逆变为交流时不可避免地会产生谐波，对电网会造成谐波污染，并且在并网逆变器输出轻载时谐波明显变大。在额定出力的 20%以下时。电流谐波总畸变率（*THD*）会超过 5%。如果电网中含有多个谐波源，还有可能会产生高次谐波的功率谐振。

谐波污染是由非线性负载设备引起的电力质量问题，主要表现为电网中存在频率为基波频率的整数倍的谐波信号。谐波污染对电力系统和相关设备带来以下危害：

（1）供电系统的损坏：谐波会导致电网中的电压和电流畸变，增加了电力设备的额定电流和功率损耗，导致设备寿命缩短、过载甚至损坏；

（2）非线性设备的故障：谐波会对非线性负载设备产生影响，如计算机、调光器、电子设备等，容易引起设备故障、噪声增加、工作不稳定等问题；

（3）通信干扰：谐波会通过电力线路传播，对无线电通信设备产生干扰，影响通信质量和可靠性；

（4）能源浪费：谐波引起电力系统的能量损耗增加，导致电能的浪费和成本的增加；

（5）其他负面影响：谐波还可能引起照明灯具的闪烁、电磁辐射增加、电能计量错误等问题，影响用户的生活和工作环境。

同时，为了减少谐波污染带来的危害，可以采取以下措施：

（1）安装滤波器：通过在负载设备或电力系统中安装合适的滤波器，能够有效地减小谐波的影响；

（2）控制非线性负载：选择优质的电力设备和使用合适的工作方式，减少非线性负载对电网的谐波污染；

（3）加强监测和测试：定期对电力系统进行谐波监测和测试，及时发现和解决谐波问题；

（4）提高设计标准：在电力系统的设计和建设过程中，考虑谐波的影响，选用符合谐波控制标准的设备和材料。

此外，国家针对谐波会造成的危害也设定了一系列标准，如国家电网公司光伏太阳能电厂接入系统技术规定与分布式电源入网技术规定，所连公共连接点的谐波电流分量（方均根值）应满足《电能质量　公用电网谐波》（GB/T 14549）的规定。

三、电压波动

电网的潮流决定了电网的电压分布情况，电网中负荷消耗和电源注入功率的变化都会引起电网各母线节点的电压波动，因此，光伏电源接入电网引起电压波动根本原因是分布式电源输出功率的波动。引起光伏电源功率波动的因素很多，自然条件的变化是主要原因之一，如太阳光照度的改变影响到光伏电池输出功率的大小。为了提高光伏电源的发电效率，很多机组采用了最大功率追踪控制，所以当外界条件发生变化时其输出功率必然随之变动，从而引起电压波动。

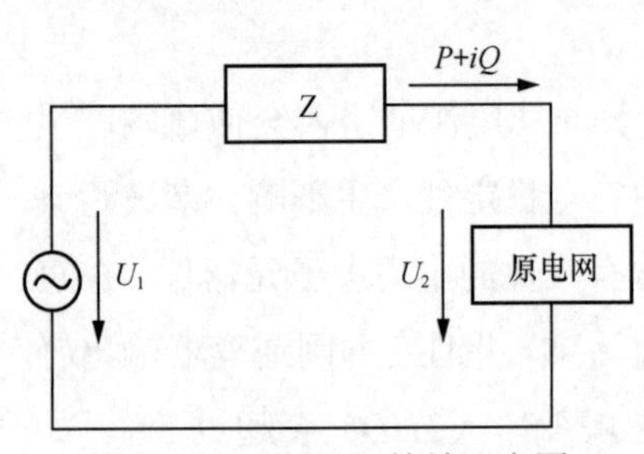

图 10-1　光伏并网等效示意图

图 10-1 为光伏并网的等效示意图，将光伏电源视为供电电源，利用戴维南等效将原电网等效为负载。

由图 10-1 可知，线路上的电压满足的关系式为

$$U_1 = \left(U_2 + \frac{PR + QX}{U_2}\right) + \mathrm{j}\left(\frac{PX - QR}{U_2}\right) \tag{10-1}$$

设光伏电源的有功和无功变化量分别为ΔP、ΔQ，其计算式为

$$U_1^* = U_2 + \frac{(P+\Delta P)R + (Q+\Delta Q)X}{U_2} \tag{10-2}$$

假设$U_2 = U_N$，则并网节点相对电压波动值d的计算式为

$$d = \frac{U_1^* - U_1}{U_N} = \frac{\Delta QX}{U_N^2} \tag{10-3}$$

式中　U_1——光伏出口的电压相量，V；

U_2——原电网电压相量，V；

P——光伏电源向系统输送的有功功率，W；

Q——光伏电源向系统输送的无功功率，W。

综上所述，光伏电池光照度的随机变化引起注入系统的有功功率P和无功功率Q的变化，造成电压的波动与闪变。线路电阻和电抗值是影响电压波动变化量的重要因素，合适的线路电抗与电阻比可以使有功功率引起的电压波动被无功功率引起的电压波动补偿掉，从而使总的平均波动与闪变值有所降低。在电抗中有相当大的比重是系统等值电抗，系统等值电抗与短路容量成反比，系统短路容量越大，电源等值阻抗越小，造成的电压波动就越小。

电压波动可能会对电气设备、机器和系统造成危害，包括以下几个方面：

（1）电气设备的寿命缩短：电压波动可能导致电气设备的内部元件受损，使设备寿命缩短。这些元件包括电容器、继电器、变压器等。当电压波动频繁发生时，电气设备的使用寿命也会因此缩短。

（2）设备故障：电压波动可能引起电气设备的故障。电压波动会导致设备过电流、过载和过热，从而引起故障。这可能会导致设备停机或者完全失效。

（3）数据丢失：如果电压波动引起计算机系统的故障，数据有可能会被损坏或丢失。这可能会造成信息损失或者严重的经济损失。

（4）生命安全问题：在某些情况下，电压波动可能会导致生命安全问题。例如，当呼吸机等医疗设备受到电压波动的干扰时，它们可能无法正常工作，从而危及病人的生命。

第二节　光伏电源特性

一、光伏电源概述

光伏电源组件的输出电流与电压之间呈非线性关系。在一定的光照强度和温度条件下，伏安特性的每个点都是工作点，一般而言，每个工作点具有相应的输出功率，并且还对应于

工作电压和电流乘积最大的工作点。在该时间点，光伏电源的输出功率也最大，并且该点是最大功率点。假设温度和光辐射强度固定，则光伏电源承载的负载的电阻值就是其工作点，并且可以通过调整负载电阻值来改变光伏电源的工作点。

随着技术的不断进步和成本的降低，光伏电源已经在全球范围内得到广泛应用。它被用于发电站、家庭光伏发电系统、移动充电设备等多个领域。在可持续能源领域，光伏电源具有巨大的发展潜力，并且对减少碳排放、应对能源危机等问题有着积极的影响。光伏电源具有清洁、可再生、环保等特点。通过光伏电源发电，可以减少对传统化石能源的依赖，降低温室气体的排放，对环境更加友好。同时，光伏电源在分布式发电方面具有优势，可以在城市屋顶、农村地区等各种地方灵活应用，减少输电损耗。

光伏电源的标准状态是指太阳能电池模块的表面温度为 25℃，光谱分布为 AM1.5，辐照度为 1000W/m^2 的情况。实际上，光伏系统通常不处于标准状态，并且温度和光强度不断变化，因此光伏系统很少达到标称输出功率。光伏电源的输出功率受到光强度的显著影响。光辐射强度与输出功率之间存在正相关关系，太阳能电池模块的输出功率与对应的温度特性为负相关。这意味着尽管太阳能电池的工作电流由于温度而增加，但是相应的工作电压变小，使得总输出功率变小。

二、频率特性

功率频率特性是影响大规模光伏并网发电的最主要因素。光伏发电机组一般通过电力电子器件与电网相连，光伏系统本身不具备旋转动能，不能像常规火电机组一样释放自身旋转动能来响应系统频率变化，新能源发电不具备惯量能力来支撑电网。光伏发电机组通过一系列控制方法可使输出在最大功率状态，但是当系统中出现切机、切负荷及其他低频扰动时新能源机组无法像常规机组一样通过调速器调节自身输出功率来调节系统频率。光伏发电输出功率在短期内频繁大幅度波动，会对电网有功功率平衡产生重大影响，影响电力系统一、二次调频，也会影响有功功率的经济调度。此外，频率超限的风险也将增加。在某些紧急情况下，光伏功率快速波动也会导致频率快速变化，并进一步触发低频减载、过频跳闸和保护误动等紧急情况。

由于大规模光伏并网，电力系统的备用容量优化策略将有所不同，这也对光伏发电和常规发电机组的有功-频率协调控制提出了新的要求。调频参数的整定还要适应多种类型的信号源。同时光伏系统是一个静态源，没有惯量。随着越来越多的常规发电机组被大规模光伏替代，大容量电力系统的有效惯量将减小，从而使系统应对电力短缺和频率波动的能力变差。与光伏发电共存的同步电机将被迫提供更多的转矩和惯量，以消除一些失稳事故，这可能进一步引起频率失稳问题。普遍认为，光伏发电的零惯量特性可能会对系统的频率稳定性产生不利影响。

三、谐波特性

光伏出力具有强烈的随机性、间歇性，其采用非线性电力电子装置作为并网接口，将给电网带来复杂的谐波和间谐波问题。间谐波作为非整数次工频分量，具有频谱复杂且时变的特点，传统的谐波分析方法较难适用于间谐波问题的分析，尤其是次同步频率段的间谐波分量较大时，可能与邻近发电机轴系机械振荡相互作用，诱发次同步振荡问题，严重危及电力系统的安全稳定运行。因此，建立光伏并网系统的间谐波分析模型，对间谐波产生机理和特性进行分析，便于抑制间谐波对系统的影响。

不同工作频率子系统互联的非同步耦合调制行为是产生间谐波的主要原因。分析间谐波的方法主要有时域信号的离散傅里叶分析和频域数学模型。典型的交直交换流器及直流输电系统中，由于具有两个不同频率的系统相互调制作用，因此会产生间谐波。负荷的波动性，也会产生间谐波问题。基于线性化的方法推导感应电动机带波动性负荷时的定子间谐波电流表达式，并分析间谐波幅值与负荷波动频率、负荷大小的关系。随着可再生能源发电的随机波动性增大和新型电力电子装置间不同频率系统间相互耦合作用加强，现代电力系统的间谐波产生和传播机理变得更为复杂，如直驱型永磁同步风力发电机和双馈式风力发电机的间谐波问题。光伏并网系统产生间谐波的主要原因有：一是光照的随机变化将导致光伏输出的直流电压随机波动，通过逆变器交直流侧相互作用，在交流侧产生复杂的间谐波分量；二是最大功率点跟踪（maximum power point tracking，MPPT）控制不断调整逆变器直流电压指令，以获取最大功率输出，从而导致逆变器直流侧电压波动，在交流侧产生间谐波分量。常见的MPPT 策略有扰动法和电导增量法，两者输出均具有扰动特征，因此统一称为扰动式 MPPT。在确定的扰动步长和扰动周期作用下，扰动式 MPPT 输出将呈现三点周期性振荡，该模式将会在并网系统中产生明显的间谐波分量。

第三节　光伏并网治理

一、光伏电源宽频监测

随着电力电子技术的广泛应用，电力电子设备在电力系统中的占比越来越大。电网呈现电力电子化趋势，这在电网中引入了较多的非工频分量，如低频分量、次/超同步分量、高次谐波/间谐波分量等，显著改变了电力系统的动态行为，带来了复杂的稳定性和振荡问题，这对电网的安全运行造成了一定的隐患。自 2015 年以来，电网多次发生数赫兹到数千赫兹以上的功率波动，传播数百至上千公里，导致严重事故，如鲁西直流工程 1200Hz 高频振荡停运事故，新疆哈密 20～34Hz 次同步间谐波振荡脱机事故等。

（一）宽频段振荡类型分析

振荡检测算法往往只在某一特定频段满足实际振荡监测要求，对于宽频段振荡监测，难以用一种通用检测算法实现全覆盖。因此，根据监测频段的不同，可将电网宽频振荡监测划分为低频振荡监测、次同步/超同步振荡监测、谐波/间谐波振荡监测，充分利用各种振荡监测算法的优势来实现宽频振荡监测。

（1）低频振荡。低频振荡的有功振荡的频率很低，一般在 0.2～2.5Hz，其幅值因扰动的大小而定。电力系统低频振荡的发生机理包含负阻尼机理、强迫共振机理、参数谐振机理、模式谐振机理、分岔理论、混沌理论，以及其他非线性成因，负阻尼和强迫共振为线性系统机理，而其余为非线性机理。目前，负阻尼机理及强迫振荡机理形成的低频振荡在电网中最为常见，非线性机理形成的低频振荡在实际电网中还鲜有报道。

负阻尼机理理论认为，稳定运行的电力系统必须存在一定大小的阻尼。这样，当电力系统受到一个扰动的时候，才会逐步稳定下来。如果阻尼大，稳定就快；如果阻尼小，稳定就慢；如果是零阻尼，这个扰动引起的振荡就不会停息。这里的扰动和稳定主要针对电力系统的有功而言。电力系统本身的阻尼总是正的，只是大小不同。但当励磁的电压调节通道产生负阻尼后，就会使得电力系统的阻尼减小，最严重的使电力系统的阻尼接近零或变负。一旦电力系统的阻尼变小，当它受到一个扰动后，就会产生低频振荡，包括本地模式、区域间模式、控制模式和扭转模式，可通过安装电力系统稳定器（PSS）等设备以增强系统的阻尼来抑制。

强迫振荡是由系统中持续的周期性扰动引发的功率振荡，尤其当扰动频率解决系统自然振荡频率时，会引起系统共振，导致大幅度的功率振荡，可能造成互联电网的大范围失稳，如负荷的波动、发电机励磁系统或调速系统工作不稳定而引起的持续扰动。

总体上看，低频振荡的时间尺度长，对电力系统的影响缓慢，对实时性的要求相对较低。

（2）次同步振荡与超同步振荡。根据国际电气电子工程师协会（IEEE）工作组的定义，电力系统的次同步振荡是一种异常状态，是指汽轮发电机组在运行平衡点受到扰动后，电气系统与汽轮发电机组在一个或多个低于系统同步频率的环境下进行显著能量交换的现象。其一般发生在具有串联电容补偿的电力系统中，在高压交直流输电系统中也可能由电力系统稳定器和静止无功补偿装置的控制设备等引起，有时也发生在发电机非同期并列或系统发生不对称短路等大扰动后的暂态过程中。不同发电机组产生次同步振荡的机理有所差异。对于火电机组，次同步振荡产生的原因主要包括感应发电机效应、机电扭振相互作用、暂态力矩放大作用。对于风电机组，次同步振荡可能由机械系统与电气系统相互作用、机械系统与电力电子装置相互作用、电力电子装置与电气系统相互作用产生。

无论是何种产生机理，对于宽频测量系统而言，产生次、超同步振荡时均表现为所测量的信号中叠加了次同步振荡分量。现阶段，通常将次同步振荡频率范围限定为 10～40Hz、超同步振荡频率范围限定为60～90Hz。

（3）谐波振荡与间谐波振荡。供电系统谐波的定义是对周期性非正弦电量进行傅里叶级数分解，除了得到与电网基波频率相同的分量，还得到一系列为电网基波频率整数倍的分量，称为谐波。

IEC61000-2-1对间谐波的定义如下：间谐波的频率在各次谐波电压（电流）之间，不是基波频率的整数倍，表现为离散频率或宽带频谱。IEEE间谐波任务组（IEEE Task Force on Interharmonics）采用IEC对间谐波的定义。在不同的文献中，间谐波有时又被称为非谐波、非特征谐波或者是分数谐波。

在发电系统中、配电系统中以及用电系统中，大量非线性负荷的使用加剧了电力系统谐波与间谐波污染，使得电能质量不能满足用户的要求。各种电力电子设备就是非线性负荷的主力军，如电容器组、电力电子变流器、各种用电设备等。这些设备在提高输电、配电、用电效率的同时也给系统带来了危害，如大量谐波与间谐波等，造成电能质量下降，严重威胁电力系统的安全与高效运行。间谐波大多出现在两交流侧频率不同的AC-DC-AC系统。

根据考虑国际标准的定义以及我国电网电力电子化发展的进展，目前工程上暂考虑100～2500Hz范围以内的间谐波和谐波。

（二）宽频段振荡监测算法研究

Prony方法从问世到现在已经有两百多年。随着计算机技术的发展，该方法的应用越来越广泛。目前，Prony算法在电力系统中的应用主要体现在低频振荡检测方面，在谐波分析、同步发电机参数辨识等方面也有较广阔的应用前景。近年来，应用Prony算法分析电力系统问题越来越普遍，其得到的关注也越来越多。本章主要介绍Prony算法的基本理论，并就Prony算法中的复杂复矩阵方程计算作适当简化，同时提出一种新的定阶方法，使算法在运用时能够更加高效、便捷。最后通过两个仿真算例，比较了Prony算法改进前后的辨识效果，结论表明改进的算法能快速准确地识别出振荡参数。

Prony算法是用一组具有任意振幅、相位、频率、和衰减因子的p个指数函数的线性组合，来拟合$y(n)=y(n\Delta t)$的等间距采样方法，即

$$\hat{y}(n)=\sum_{i=1}^{p}b_i z_i^{\mathrm{n}}=\sum_{i=1}^{p}A_i e^{j\theta_i}e^{(\sigma_i+\mathrm{j}2\pi f_i)\Delta t}{}_{n=0,1,2\cdots N-1} \qquad (10\text{-}4)$$

式中　A_i——幅值；

θ_i——初相；

f_i——频率；

σ_i——衰减因子；

p——拟合的指数函数个数；

N——采样个数；

Δt ——采样时间间隔。

从式中可以看出它的拟合是一个常系数线性差分方程的齐次解。为此来求解该方程。定义特征多项式为

$$\phi(z)=\prod_{i=1}^{p}(z-z_i)=\sum_{i=0}^{p}a_i z^{p-i} \tag{10-5}$$

式（10-5）中，$a_0=1$。

由式（10-5）可知

$$\hat{y}(n-k)=\sum_{i=1}^{p}b_i z_i^{n-k} \tag{10-6}$$

z_i 为特征多项式 $\varphi(z_i)=0$ 的特征根，由式（10-6）两边同乘 a_k 并求和，得到

$$\sum_{i=0}^{p}a_k\hat{y}(n-k)=\sum_{i=1}^{p}b_i\sum_{k=0}^{p}a_k z_i^{n-k} \tag{10-7}$$

由于 $z_i^{n-k}=z_i^{n-p}z_i^{p-k}$，且 $\sum_{k=0}^{p}a_k z_i^{n-p}=0$，则有

$$\sum_{k=0}^{p}a_k\hat{y}(n-k)=\hat{y}(n)+\sum_{k=1}^{p}a_k\hat{y}(n-k)=\sum_{i=1}^{p}b_i z_i^{n-p}\sum_{k=0}^{p}a_k z_i^{p-k}=0 \tag{10-8}$$

由式（10-8）可得递推差分方程式

$$\hat{y}(n)=-\sum_{i=1}^{p}a_i\hat{y}(n-i) \tag{10-9}$$

为建立 Prony 算法，定义实际测量 $y(n)$ 和估计值 $\hat{y}(n)$ 的误差为 $e(n)$，即

$$y(n)=\hat{y}(n)+e(n) \tag{10-10}$$

将式（10-10）代入，得到

$$\hat{y}(n)=-\sum_{i=1}^{p}a_i\hat{y}(n-i)=-\sum_{i=1}^{p}a_i y(n-i)+\sum_{i=0}^{p}a_i e(n-i) \tag{10-11}$$

令 $\varepsilon(n)=\sum_{i=0}^{p}a_i e(n-i)$，则

$$y(n)=-\sum_{i=1}^{p}a_i y(n-i)+\varepsilon(n) \tag{10-12}$$

由式（10-12）可写成矩阵形式，即

$$\begin{bmatrix} y(p) & y(p-1) & \cdots & y(0) \\ y(p+1) & y(p) & \cdots & y(1) \\ \vdots & \vdots & \vdots & \vdots \\ y(N-1) & y(N-2) & \cdots & y(N-p-1) \end{bmatrix}\begin{bmatrix} 1 \\ a_1 \\ \vdots \\ a_p \end{bmatrix}=\begin{bmatrix} \varepsilon(p) \\ \varepsilon(p+1) \\ \vdots \\ \varepsilon(N-1) \end{bmatrix} \tag{10-13}$$

用总平方误差最小的方法来确定 $a_1,a_2,\cdots,a_p$，即最小二乘法。总平方误差 W 为

$$W=\sum_{n=p}^{N-1}\left[y(n)+a_1y(n-1)+a_2y(n-2)+\cdots+a_iy(n-i)+\cdots+a_py(n-p)\right]^2 \tag{10-14}$$

为使目标函数W为最小，令

$$\frac{\partial w}{\partial a_i}=0 \quad \mathrm{i}=1,2,3\cdots p \tag{10-15}$$

$$\begin{aligned}\frac{\partial w}{\partial a_i}&=2\sum_{n=p}^{N-1}\left[y(n)+a_1y(n-1)+a_2y(n-2)+\cdots+a_iy(n-i)+\cdots+a_py(n-p)\right]^*y(n-i)\\&=2\sum_{j=0}^{p}a_j\left[\sum_{n=p}^{N-1}y(n-j)^*y(n-i)\right]\end{aligned} \tag{10-16}$$

令$\frac{\partial w}{\partial a_i}=0$，由式（10-15）和式（10-16）得

$$\sum_{j=0}^{p}a_j\left[\sum_{n=p}^{N-1}y(n-j)y(n-i)\right]=0 \quad i=1,2,3\cdots p \tag{10-17}$$

将式（10-17）写成矩阵形式可得式（10-18）～式（10-20），即

$$r(i,j)=\sum_{n=p}^{N-1}y(n-j)y^*(n-i) \quad i=1,2,3\cdots p; j=1,2,3\cdots p \tag{10-18}$$

$$\begin{bmatrix}r(1,0) & r(1,1) & \dots & r(1,p)\\ r(2,0) & r(2,1) & \dots & r(2,p)\\ \vdots & \vdots & \vdots & \vdots\\ r(p,0) & r(p,1) & \dots & r(p,p)\end{bmatrix}\begin{bmatrix}1\\ a_1\\ \vdots\\ a_p\end{bmatrix}=\begin{bmatrix}0\\ 0\\ \vdots\\ 0\end{bmatrix} \tag{10-19}$$

或

$$\begin{bmatrix}r(1,1) & r(1,2) & \dots & r(1,p)\\ r(2,1) & r(2,2) & \dots & r(2,p)\\ \vdots & \vdots & \vdots & \vdots\\ r(p,1) & r(p,2) & \dots & r(p,p)\end{bmatrix}\begin{bmatrix}1\\ a_1\\ \vdots\\ a_p\end{bmatrix}=\begin{bmatrix}r(1,0)\\ r(2,0)\\ \vdots\\ r(p,0)\end{bmatrix} \tag{10-20}$$

通过该矩阵方程可求得系数$a_1,a_2,\cdots,a_p$，进一步求解特征多项式$1+a_1z^{-1}+a_2z^{-2}+\cdots+a_pz^{-p}=0$的特征根$z_i$。

将式中的指数模型写成矩阵，即

$$\begin{bmatrix}1 & 1 & \dots & 1\\ z_1 & z_2 & \dots & z_p\\ \vdots & \vdots & \vdots & \vdots\\ z_1^{N-1} & z_2^{N-2} & \dots & z_p^{N-p}\end{bmatrix}\begin{bmatrix}b_1\\ b_2\\ \vdots\\ b_p\end{bmatrix}=\begin{bmatrix}\hat{y}(0)\\ \hat{y}(1)\\ \vdots\\ \hat{y}(N-1)\end{bmatrix} \tag{10-21}$$

利用广义逆矩阵求解$B=(Z^HZ)^{-1}Z^HY,Z^H=(Z^*)^T$，得到

$$A_i = |b_i|, \theta_i = \arctan\frac{\text{Im}(b_i)}{Re(b_i)}, f_i = \arctan\frac{\text{Im}(z_i)}{Re(z_i)} / 2\pi\Delta t, \sigma_i = \frac{\text{In}|z_i|}{\Delta t} \tag{10-22}$$

总结以上讨论，扩展 Prony 算法并构造出扩展阶的样本矩阵式，即

$$Re = \begin{bmatrix} r(1,0) & r(1,1) & \dots & r(1,pe) \\ r(2,0) & r(2,1) & \dots & r(2,pe) \\ \vdots & \vdots & \vdots & \vdots \\ r(pe,0) & r(pe,1) & \dots & r(pe,pe) \end{bmatrix} \tag{10-23}$$

样本数据矩阵中 pe 取 $N/2$。

用 SVD-TLS 算法确定矩阵 Re 的有效秩 p 以及系数 $a_1, a_2, \cdots, a_p$ 的总体最小二乘估计。

求特征多项式 $1 + a_1 z^{-1} + a_2 z^{-2} + \cdots + a_p z^{-p} = 0$ 的特征根 z_i，并求出 $\hat{y}(n)$。利用计算参数 b。最后根据式子所示，计算幅值 A_i，初相 θ_i，频率 f_i，衰减因子 σ_i。

二、谐波治理

谐波不但没有用途，还有十分严重的危害。

（1）由于大部分设备都是包括电动机在内的感性设备，只能吸收基波，高次的谐波会转化为热量或者振动，造成电气设备过热、产生振动和噪声，并使绝缘老化，使用寿命缩短，甚至发生故障或烧毁。

（2）在电力传送过程中，谐波由于频率高，产生的阻抗大，因此会多消耗电能，造成电能生产、传输和利用的效率降低。

（3）谐波可引起电力系统局部并联谐振或串联谐振，使谐波含量放大，造成电容器等设备烧毁，或者某些频段的设备不能正常工作。

（4）谐波还会引起继电保护和自动装置误动作，使电能计量出现混乱。对于电力系统外部，谐波对通信设备和电子设备会产生严重干扰。

因此，对光伏电源并网时产生的谐波进行治理尤为必要。目前，对于谐波治理存在以下几种方式：

（1）无源滤波器。在电力系统中，电力电容器串联电抗器，可以组成 LC 无源滤波回路，从而治理电网中的某次谐波，最终达到治理电网谐波的目的。

（2）APF 有源滤波器。除了无源滤波器之外，还可以使用 APF 有源滤波器进行滤波。有源电力滤波器 AFP 是一种用于动态抑制谐波的新型电力电子装置，能够补偿无功，针对不同大小以及频率的谐波可以展开跟踪综合补偿。相对于无源 LC 滤波器来说，在吸收固定频率和不同大小谐波的过程当当中，呈现出被动的状态，APF 可以对谐波和无功进行分离，在处理的过程当中会应用采样负载电流，能够对主动输出的电流大小进行控制，除此之外还能控制电流的频率和相位，降低负载当中的相应电流，可以实现动态化的跟踪补偿。光伏电

站电能质量谐波在整体治理的过程当中，需要在SVG接入点装设高压型的APV，以此能够对无功电流进行补偿，有效提高电网的功率因数。APF有源滤波器主要是通过检测电网中实时的电压电流，在经过运算以及处理之后，控制电路中主电路产生与谐波电流大小相等、方向相反的谐波电流使两者相互抵消，从而实现谐波治理。

（3）SVG静止无功发生器。SVG静止无功发生器和APF有源滤波器类似，它可以通过电力电子技术跟踪电网中的无功波动情况，实现自动控制补偿。目前一些新型SVG，可以实现简单的谐波治理功能。

在光伏发电并网系统中，不仅存在谐波问题，还存在无功问题。无功问题是一种常见的问题，它可能导致电网电压不稳定、设备损坏等不良后果。因此，对光伏发电系统进行无功治理是非常重要的。

（1）一种常见的无功治理方法是安装无功补偿装置，例如无功补偿器或静态无功发生器（SVG）。这些装置可以通过补偿无功功率，调节电压和电流的相位差，提高系统的功率因数，降低无功电流的影响。

（2）合理的光伏发电系统设计也能够减少无功电流的问题。例如，在系统设计阶段，可以合理安排电容器和电感器的连接位置和容量，以实现更好的无功平衡效果。

（3）合理控制光伏逆变器的工作模式和参数设置，也可以减少无功电流的影响。

（4）光伏发电系统的运行监测也是无功治理的重要手段。通过实时监测系统的电压、电流和功率因数等参数，及时发现并解决无功电流过大的问题。

总之，光伏发电的无功治理是一个综合性的问题，需要在设计、安装和运行阶段进行全面考虑和优化。通过合理的装置选择、系统设计和运行监测，可以有效减少无功电流对光伏发电系统的影响，提高系统的性能和可靠性。因此，针对光伏发电并网系统谐波治理时，可以采用电力电容器串联电抗器、SVG静止无功发生器等可以同时进行无功补偿和谐波治理的装置；可以通过电力电容器补偿无功，然后通过APF有源滤波器进行谐波治理。

第十一章

光伏电站的运行管控

第一节 光伏电站巡视与维护

一、一般要求

（1）光伏电站及户用光伏系统的运行与维护应保证系统本身安全，以及系统不会对人员造成危害，并使系统维持最大的发电能力。

（2）光伏电站及户用光伏系统的主要部件应始终运行在产品标准规定的范围之内，达不到要求的部件应及时维修或更换。

（3）光伏电站及户用光伏系统的主要部件周围不得堆积易燃易爆物品，设备本身及周围环境应通风散热良好，设备上的灰尘和污物应及时清理。

（4）光伏电站及户用光伏系统的主要部件上的各种警示标识应保持完整，各个接线端子应牢固可靠，设备的接线孔处应采取有效措施防止蛇、鼠等小动物进入设备内部。

（5）光伏电站及户用光伏系统的主要部件在运行时，温度、声音、气味等不应出现异常情况，指示灯应正常工作并保持清洁。

（6）光伏电站及户用光伏系统中作为显示和交易的计量设备和器具必须符合计量法的要求，并定期校准。

（7）光伏电站及户用光伏系统运行和维护人员应具备与自身职责相应的专业技能。在工作之前必须做好安全准备，断开所有应断开开关，确保电容、电感放电完全，必要时应穿绝缘鞋，戴低压绝缘手套，使用绝缘工具，工作完毕后应排除系统可能存在的事故隐患。

（8）光伏电站及户用光伏系统运行和维护的全部过程需要进行详细的记录，对于所有记录必须妥善保管，并对每次故障记录进行分析。

二、光伏阵列巡视与维护

（一）光伏阵列

光伏阵列又称光伏方阵，是指将若干个光伏组件在机械和电气上按一定方式组装在一起并且有固定的支撑结构而构成的直流发电单元。光伏阵列包括的设备设施有光伏组件及支架、支架基础、汇流箱、直流电缆等。按支架形式光伏阵列可分为固定式（固定倾角、固定可调倾角）和跟踪式（平单轴跟踪、斜单轴跟踪、双轴跟踪），选择何种方式是根据安装容量、安装场地面积和特点、运行管理方式等，经过技术经济对比后确定。

（二）光伏组件串

单块光伏组件的电压、电流都较小，为匹配光伏逆变器的启动运行电压及最高直流电压、最大输入电流的要求，通过一定数量的组件串联达到电压要求，通过一定数量的光伏组件串并联满足电流的要求。

（1）光伏组件的串联电压之和要小于光伏组件的耐受电压。目前光伏组件的最高耐受电压是1000V DC，一般要求串联后的电压不超过最高耐受电压。

（2）组件串的开路电压在低温的时候要小于逆变器可以接受的最高直流输入电压。

（3）组件串的MPPT工作电压必须在逆变器规定的范围内。

（4）光伏阵列的最大电流不超过逆变器的允许最大直流电流。

（三）光伏汇流箱

光伏汇流箱一般安装于光伏阵列的支架上，它的主要作用是将光伏组件串通过直流电缆接入后进行汇流，再与并网逆变器或直流防雷配电柜连接，以方便维修和操作。

汇流箱一般具有如下功能和要求：

（1）防护等级一般为IP65，防水、防灰、防锈、防晒、防盐雾，满足室外安装的要求。

（2）可同时接入多路电池串列，并可承受电池串列开路电压。

（3）直流输出母线的正极对地、负极对地、正负极之间配有光伏专用防雷器。

（4）可对输入、输出电流、电压及箱内温度进行监测。光伏防雷汇流箱为16路输入，针对具体设计情况需求，输入电池串列可相应增加或减少。

（四）光伏阵列的巡视

运行人员在当值期间对电站所有光伏阵列应至少进行1次全面巡视。

1. 光伏阵列的日常巡视检查项目

（1）光伏组件及支架。

1）检查光伏组件表面是否清洁，有无严重积灰现象，对组件表面进行测温；

2）检查光伏组件板间连线有无松动现象，引线绑扎是否牢固；

3）检查光伏组件固定牢固，组件间间隙风道通畅，固定螺栓无锈蚀，组件边框无变形损坏；

4）检查光伏组件是否有损坏或异常，如遮挡、破损，栅线消失，热斑等；

5）检查方阵支架间的连接是否牢固，支架与接地系统的连接是否可靠；

6）检查支架基础无严重倾斜、下沉，无洪水冲刷悬空等异常现象。

（2）汇流箱。

1）检查汇流箱整体完整，无损坏、变形；

2）检查固定螺丝无松动、生锈现象；

3）检查正负极保险底座、保险、防反二极管无烧坏现象；

4）检查回路电流、通信及防雷模块正常；

5）检查接入汇流箱的电缆包扎牢固，绝缘是否老化，电线接插头处无发热；

6）检查汇流箱无锈蚀、漏水、积灰现象，箱体外表面的标识标牌应完整；

7）检查汇流箱内各个接线端子不应出现松动、过热现象；

8）对汇流箱内部进行红外测温，应无过热现象。

2. 若发现下列问题应立即调整或更换光伏组件

（1）光伏组件存在玻璃破碎、背板灼焦、明显的颜色变化；

（2）光伏组件中存在与组件边缘或任何电路之间形成连通通道的气泡；

（3）光伏组件接线盒变形、扭曲、开裂或烧毁，接线端子无法良好连接。

3. 光伏阵列的运行与维护应符合的规定

（1）应使用干燥或潮湿的柔软洁净的布料擦拭光伏组件，严禁使用腐蚀性溶剂或用硬物擦拭光伏组件；应在辐照度低于 200W/m^2 的情况下用水清洁光伏组件，不宜使用与组件温差较大的液体清洗组件。

（2）严禁在风力大于 4 级、大雨或大雪的气象条件下清洗光伏组件。

（3）光伏阵列易发生直流电缆接地故障，巡检时应注意检查回路电流及电压是否正常，发现存在接地情况，应及时进行处理。

（五）光伏阵列的维护

光伏组件及支架的定期维护项目如表 11-1、表 11-2 所示。

表 11-1　光伏组件及支架的维护项目

序号	项目	维护周期	备注
1	组件固定螺栓紧固	每年 1 次	紧固松动的螺栓
2	组串电流测量	每季度	使用直流钳型电流表在太阳辐射强度基本一致的条件下测量接入同一个直流汇流箱的各光伏组件串的输入电流，其偏差应不超过 5%
3	直流电缆绝缘检查	每年 1 次	绝缘电阻不应低于 0.5MQ，有接地时应及时处理
4	支架螺栓紧固	每年 1 次	紧固松动的螺栓
5	组件接线维护	巡检发现	线缆接头检查，线缆规整
6	组件清洗	按需	
7	支架调整、维护	每年	基础倾斜、下沉处理；调整支架倾角（可调支架）

表 11-2　汇流箱的维护项目

序号	项目	维护周期	备注
1	防雷器的检修	半年	检测防雷器指示，如变为红色即需要更换，更换时注意对应原线号恢复，并紧固好螺丝
2	通信模块的维护	巡检发现	检查回路保险是否完好；模块烧损及时更换

续表

序号	项目	维护周期	备注
3	端子更换，接线端子紧固	巡检发现	如发现熔断器座端子、输出端子有发热及焦臭现象，应立即停用该汇流箱，更换损坏端子。更换端子前，应将原损坏端子周围清理干净，去除被烧焦、氧化的电缆接头等部件
4	熔断器的检查	季度	用万用表检测熔断器的通断，如损坏即更换同型号的熔断器
5	直流断路器的维护（定值整定）	季度	若需要更换直流断路器，应先断开该直流断路器对应的电源侧，更换时注意对应原线号恢复，并紧固好螺丝；断路器定值整定

三、光伏逆变器巡视与维护

（一）逆变器

逆变电路逆变器也称逆变电源，是将直流电能转变成交流电能的变换装置。光伏逆变器就是应用在光伏发电系统中的逆变器，是光伏系统中的重要设备。逆变器的基本电路根据不同的技术方案的差异可分为单相桥式逆变电路、三相半桥式逆变电路、三相全桥式逆变电路、多电平逆变电路等。下面以最简单的逆变电路——单相桥式逆变电路为例，具体说明逆变器的“逆变”。

单相桥式逆变电路如图 11-1 所示。输入直流电压，Z 代表逆变器的纯电阻性负载。当开关 K1、K3 接通时，电流流过 K1、Z 和 K3 时负载上的电压极性是左正右负；当开关 K1、K3 断开时，K2、K4 接通时，电流流过 K2、Z 和 K4，负载上的电压极性反向。若两组开关 K1-K3、K2-K4 以频率 f 交替切换工作时，负载 Z 上便可以得到频率为 f 的交变电压 U_r。该波形为一方波。其周期 T=l/f。

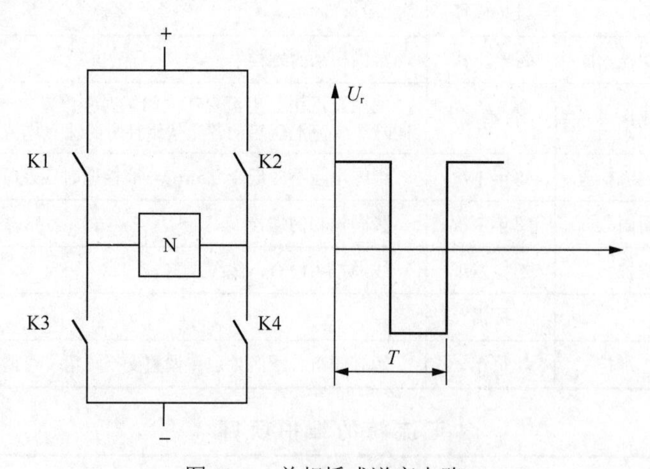

图 11-1　单相桥式逆变电路

电路中的开关 Kl、K2、K3、K4 实际是各种半导体开关器件的一种理想模型。逆变器电路中常用的功率开关器件有功率晶体管（GTR）、功率场效应管（PowerMOSFET）、可关断晶闸管（GTO）及快速晶闸管（SCR）等。近年来因为功耗更低、开关速度更快的绝缘栅双极晶体管（IGBT）大量普及，当今大功率逆变器多采用 IGBT 作为功率开关器件。

实际要构成一台实用型逆变器，尚需增加许多重要的功能电路及辅助电路，不同形式的逆变器，其系统也不同。可以将逆变器分为集中式与组串式两大类。

（二）集中式逆变器

1. 外观

（1）LED 指示灯。在逆变器前面板左侧最上端安装有 3 个显示机器主要运行状态的 LED 灯，分别为电源指示灯“POWER”、运行指示灯“OPERATION”和故障指示灯“FAULT”。通过这些指示灯可获得逆变器的工作状态并通过 LCD 液晶屏对逆变器进行控制。

（2）LCD 液晶屏。用户可通过液晶屏查看逆变器运行信息，实现部分控制功能，具体功能如下：

1）显示实时运行数据；

2）显示故障信息；

3）调整运行参数；

4）查看历史记录；

5）控制逆变器运行。

（3）紧急停机按钮。紧急停机按钮用于在故障或危急时刻，断开逆变器与电网的连接。当按下紧急停机按钮后，逆变器交流侧与电网的连接立即断开，按钮本身也将处于锁紧状态。此时，若光照条件允许，仍然可以通过液晶屏查看数据。若要重启逆变器，必须顺时针旋转急停开关，松开锁紧状态。将交流断路器先推至“OFF”，再推至“ON”。将电网重新接入，再通过液晶屏重启逆变器。

（4）启停旋钮。启停旋钮用于控制逆变器的启停。只有当此旋钮指到“START”位置，用户才可以通过液晶屏发出有效的开机指令，否则逆变器始终处于停止状态。此旋钮若处于“STOP”位置，将有停止命令发送至 DSP 控制器，使逆变器处于停止状态。

（5）直流断路器。直流断路器控制直流主电路通断，可以实现直流侧输入与内部逆变模块的断开，是逆变器的主要断路器件。直流断路器在“ON”位置时，逆变器才可启动运行。若仅断开直流断路器，而未切断逆变器前级供电电源，则直流输入端子处仍带电，此时若带电维护或检修，请注意防护。

（6）交流断路器。交流断路器控制交流主电路通断，可以实现逆变器输出与电网的断开，也是逆变器的主要断路器件。交流断路器在“ON”位置时，逆变器才可启动运行。若仅断开交流断路器，而未切断逆变器后级供电电源，则交流输出端子处仍带电，此时若带电维护或检修，请注意防护。

2. 主要优势

（1）逆变器数量少，便于管理；

（2）谐波含量少、电流质量高；

（3）功率密度大、成本低；

（4）保护功能齐全；

（5）功率因素调节功能和低电压穿越功能，电网调节性能好。

3. 主要缺点

（1）直流汇流箱故障率较高，影响整个系统。

（2）集中式逆变器 MPPT 电压范围窄，一般为 450～820V，组件配置不灵活。在阴雨天，雾气多的部区，发电时间短。

（3）逆变器机房安装部署困难、需要专用的机房和设备。

（4）逆变器自身耗电以及机房通风散热耗电，系统维护相对复杂。

（5）集中式并网逆变系统中，组件方阵经过两次汇流到达逆变器。逆变器最大功率跟踪功能（MPPT）不能监控到每一路组件的运行情况，因此不可能使每一路组件都处于最佳工作点，当有一块组件发生故障或者被阴影遮挡，会影响整个系统的发电效率。

（6）集中式并网逆变系统中无冗余能力，如有发生故障停机，整个系统将停止发电。

（三）组串式光伏逆变器

1. 主要优势

（1）组串式逆变器采用模块化设计，每个光伏串对应一个逆变器，直流端具有最大功率跟踪功能，交流端并联并网，其优点是不受组串间模块差异和阴影遮挡的影响，同时减少光伏电池组件最佳工作点与逆变器不匹配的情况，最大程度增加了发电量；

（2）组串式逆变器 MPPT 电压范围宽，一般为 250～800V，组件配置更为灵活。在阴雨天，雾气多的部区，发电时间长；

（3）组串式并网逆变器的体积小、重量轻，搬运和安装都非常方便，不需要专业工具和设备，也不需要专门的配电室，在各种应用中都能够简化施工、减少占地，直流线路连接也不需要直流汇流箱和直流配电柜等；

（4）组串式还具有自耗电低、故障影响小、更换维护方便等优势。

2. 主要缺点

（1）电子元器件较多，功率器件和信号电路在同一块板上，设计和制造的难度大，可靠性稍差；

（2）功率器件电气间隙小，不适合高海拔地区。户外型安装，风吹日晒很容易导致外壳和散热片老化；

（3）不带隔离变压器设计，电气安全性稍差，不适合薄膜组件负极接地系统，直流分量大，对电网影响大；

（4）多个逆变器并联时，总谐波高，单台逆变器 THDI 可以控制到 2%以上，但如果超过 40 台逆变器并联时，总谐波会叠加。而且较难抑制；

（5）逆变器数量多，总故障率会升高，系统监控难度大；

（6）没有直流断路器和交流断路器，没有直流熔断器，当系统发生故障时，不容易断开；

（7）单台逆变器可以实现零电压穿越功能，但多机并联时，零电压穿越功能、无功调节、有功调节等功能实现较难。

（四）逆变器的巡视

逆变器的巡视周期：每周至少 1 次。其巡视项目有：

（1）逆变器室超过 45℃，散热轴流风机是否正常运行；

（2）检查逆变器运行是否正常，有无异音；

（3）检查逆变器实时输出功率、直流电压、直流电流、交流电压、交流电流是否正常；

（4）检查逆变器有无故障停机记录；

（5）对逆变器内部进行红外测温，检查直流柜开关、母排、接线处有无过热现象；

（6）检查直流电缆及交流电缆有无过热现象；

（7）检查通信柜运行是否正常；

（8）逆变器通风滤网的积灰程度；

（9）逆变器周围环境是否不利于运行；

（10）逆变器通风状况和温度检测装置检验；

（11）逆变器引线支持状态及接线端子；

（12）逆变器各部连接状况；

（13）逆变器接地牢靠；

（14）逆变器室灰尘状态；

（15）逆变器室轴流风机及风道状态；

（16）检查标示标牌清晰、完整；

（17）通信屏柜内清洁、标示标牌齐全，装置运行正常。

（五）逆变器的维护

由于环境温度、湿度、灰尘以及振动等的影响，逆变器内部的器件会发生老化及磨损等，从而导致逆变器内部潜在的故障发生。因此，有必要对逆变器实施日常及定期维护，以保证其正常运转与使用寿命。一切有助于逆变器处于良好工作状态的措施及方法，均属于维护工作的范畴，如表 11-3 所示。

表 11-3　　集中式逆变器的维护

序号	项目	维护周期	备注
1	保存软件数据	每月 1 次	（1）读取数据采集器的数据。 （2）保存运行数据、参数以及日志。 （3）检查各项参数设置
2	系统大致运行状态及环境	半年	（1）观察逆变器是否有损坏或变形。 （2）听逆变器运行是否有异常声音。 （3）在系统并网运行时，检查各项变量。 （4）检查主要器件是否正常。 （5）检查逆变器外壳发热是否正常，使用热成像仪等监测系统发热情况。 （6）观察进出风是否正常。 （7）检查逆变器周围环境的湿度与灰尘、所有空气入口过滤器功能是否正常。注意：必须检查进气口的通风。否则，如果模块不能被有效冷却，将会由于过热而发生故障
3	系统清洁	半年	（1）检查电路板以及元器件的清洁。 （2）检查散热器温度以及灰尘。如必要，须使用压缩空气并打开风机，对模块进行清洁。 （3）更换空气过滤网
4	检查逆变器防雷器	半年	是否需要更换（正常为绿色，红色则更换）
5	功率电路连接	半年	（1）检查功率电缆连接是否松动，按照之前所规定的扭矩再紧固。 （2）检查功率电缆、控制电缆有无损伤，尤其是与金属表面接触的表皮是否有割伤的痕迹。 （3）检查电力电缆接线端子的绝缘包、扎带是否已脱落
6	端子、排线连接	半年	（1）检查控制端子螺丝是否松动，用螺丝刀拧紧。 （2）检查主回路端子是否有接触不良的情况，螺钉位置是否有过热痕迹。 （3）检查接线铜排或者螺钉是否存在颜色改变。 （4）目测检查设备终端等连接以及排线分布
7	冷却风机维护与更换	半年	（1）检查风机叶片等是否有裂缝。 （2）听风机运转时是否有异常振动。 （3）若风机有异常情况需及时更换
8	断路器维护	半年	（1）对所有金属元件的锈蚀情况做常规检查。 （2）接触器年检（辅助开关以及微开关）保证其机械运转良好。 （3）检查运行参数（特别是电压以及绝缘）
9	安全功能	半年	（1）检查紧急停机按钮以及 LCD 的停止功能。 （2）模拟停机，并检查停机信号通信。 （3）检查机体警告标识及其他设备标识，如发现模糊或损坏，请及时更换
10	逆变器室清扫	半年	控制电源模块、内部接线（特别是交流侧滤波电容电缆）、进出电缆头、熔断器等
11	更换和检修易损部件	半年	核查保护是否投入完整，定值是否准确
12	保护定值检查	每年 1 次	
13	通信检查、通信装置维护	每季度	后台通信畅通，遥调功能正常；数据准确，遥控、装置清扫、检查

续表

序号	项目	维护周期	备注
14	标示标牌	巡检时发现	标示标牌清晰、完整
15	测温装置检查	每半年	测温准确
16	接地监测装置或负极接地装置	每半年	装置运行正常；保险无熔断

注　1．由于直流母线含有电容，待逆变器完全断电后，需要等待至少15min。在清除灰尘之前，请用万用表测量确认机器内部已完全不带电，以免电击。

2．更换电子元器件，应保证型号一致。

表11-4　组串式逆变器的维护

序号	项目	维护周期	备注
1	系统清洁	每半年至1年1次	定期检查散热片有无遮挡及灰尘脏污
2	系统运行状态	每半年1次	观察逆变器外观是否有损坏或者变形。 听逆变器在运行过程中是否有异常声音。 在逆变器运行时，检查逆变器各项参数是否设置正确
3	电气连接	首次调测后半年，以后每半年到1年1次	检查线缆连接是否脱落、松动。 检查线缆是否有损伤，着重检查电缆与金属表面接触的表皮是否有割伤的痕迹。 检查未使用的RS485、USB等端口的防水盖，是否处于锁紧状态
4	接地可靠性	首次调测后半年，以后每半年到1年1次	检查接地线缆是否可靠接地

四、箱式变电站巡视与维护

大中型光伏电站都是高压并网，光伏逆变器将直流电转换成低压交流电后，需要通过升压变压器将低电压变换成满足电网要求的电压等级，才能接入电网。箱式变电站在光伏电站中的作用就是将逆变器输出的低压交流电转换成高压交流电送入电网。

（一）箱式变电站

箱式变电站是一种高压开关设备、变压器和低压配电装置，按一定接线方案排成一体的工厂预制户内、户外紧凑式配电设备，即将高压受电、变压器升/降压、低压配电等功能有机地组合在一起，安装在一个防潮、防锈、防尘、防鼠、防火、防盗、隔热、全封闭、可移动的箱体内，机电一体化，全封闭运行，特别适用于户外使用。

（二）箱式变电站的特点和形式

箱式变电站由高压配电装置、电力变压器、低压配电装置等部分组成，安装于一个金属箱体内，三部分设备各占一个空间，相互隔离。箱式变电站分为普通和紧凑型两类。普通型箱式变电站有组合式 ZBW 型（美式）和预装式 XWB 型（欧式）等。箱式变电站高压配电装置不用断路器，常用的有 FN5-10 型或 FN7-10 型负荷开关加熔断器，通过电缆或母排接到变压器高压侧。

1. 组合式ZBW型（美式）箱式变电站的结构特点

ZBW 型户外组合式变电站是由高压室、变压器室、低压室三者组成一体的预装式成套变配电设备。其特点：

（1）适用于环网、双线、终端供电方式，且三种方式互换性极好。进线方式采用电缆。

（2）高压室采用完全可靠的紧凑设计，具有全面的防误操作连锁功能，可靠性高，操作检修方便。

（3）高压室可兼容终端负荷开关等。变压器可采用油浸式变压器、干式变压器。变压器室采用温度控制，可采用自然通风或顶部强迫通风。

（4）低压室设有计量，可根据用户需要设计二次回路及出线数，满足不同需要。

（5）外壳采用钢板或者合金板，配有双层顶盖，隔热性好。外壳及骨架全部经过防腐处理，具有长期户外使用的条件。外形及色彩可与环境相互协调一致。

（6）安装方便，在箱式变电站的基础下面设有电缆室，而在低压室内设有人孔可进入电缆室进行工作。

（7）各室之间均用隔板隔离成独立的小室。

（8）为了便于监视和检修，在各小室内均有照明装置，由门控制照明开关。

2. 预装式XWB型（欧式）箱式变电站的结构特点

优点：辐射较美式箱变低，可以配置配电自动化，同时具有美式箱变的优点；

缺点：体积较大，不利于安装，对环境布置有一定影响；

应用：适用于重要用电场所，供电可靠性较高。

（三）箱式变电站的结构

箱变通常由高压室、变压器室、低压室组成，分目字型布置或品字型布置。目字型布置连接方便，易于维护；品字型布置有效利用空间，便于电气连接，但是容量较小。

1. 高压部分

高压部分组成：高压进线柜、高压出线柜、高压计量柜（若需要）。

高压部分主要元器件：带电显示器 DXN、电磁锁、高压避雷器、高压负荷开关、高压熔断器、接地刀闸。

（1）带电显示器 DXN。示装置由电压传感器和显示器两部分组成，两部分经安装连线组成了电压显示装置，用以反映显示装置处高压回路电源有电或无电情况。电压传感器为环氧树脂浇注的支柱绝缘子，10kV 的高压经电压传感器取出 70V 的电压信号。

（2）高压负荷开关。接通和切断额定电压和额定电流下的电路，并造成可见的空气间隔，不能切断短路电流，与高压熔断器串联使用，用负荷开关切断负荷电流，高压熔断器切断短路及过载电流。

（3）熔断器。高压熔断器又称变压器保护用高压限流熔断器，其作用是切断大电流。因为高压负荷开关只能切断负荷电流，当遇到短路或过载情况时，就要靠熔断器来切断大电流。

（4）接地刀闸。具有一定的关合能力以保护开关设备内其他电气设备不受损坏，可与各种高压开关柜配套使用，作为高压电气设备检修时接地保护。

（5）避雷器。氧化锌避雷器，被广泛地用于发电、输变、变电、配电系统中，使电气设备的绝缘免受过电压的损害。具有电气绝缘性能好，介电强度高、抗漏痕、抗电蚀、耐热、耐寒、耐老化、防爆、憎水性、密封性等优点。用于保护交流电力系统的电气设备免遭大气过电压和操作过电压损坏。

（6）高压计量用 PT、CT、FU。

1）PT：电压互感器，作电压、电能测量及继电保护之用；

2）CT：电流互感器，全封闭支柱式结构，作电气测量和电气保护之用；

3）FU：高压熔断器，用于电压互感器的保护，在短路时以限制线路电流到最小值的方式进行瞬时开断。

2. 低压部分

低压部分由低压进线柜、计量表计等组成。

低压进线柜组成：电流表、电压表、万能转换开关（测量电压用）、温度控制仪、合闸按钮、分闸按钮、合闸指示灯、分闸指示灯、断路器、电流互感器等元件组成。

3. 变压器室

变压器室内可安装油变或干变。

（四）箱式变电站的巡视

运行人员在当值期间对光伏区箱变应至少进行 1 次全面巡视；巡视项目包括：

1. 箱体及基础

（1）箱体外壳有无损坏、变形；柜门完整密封良好，锁具无损坏；

（2）箱变外部清洁；

（3）标示标牌完好；

（4）箱体接地良好；

（5）箱体应无漏水、渗水，照明、通风设备应完好；

（6）通风窗口积灰程度，风道畅通；

（7）基础无下沉，电缆沟有无积水。

2. 变压器

（1）油浸式变压器巡视检查项目。

1）运行时上层油温应不超过 80℃；

2）变压器的油色、油位应正常，本体音响正常，无渗油、漏油，吸湿器应完好；

3）套管外部应清洁、无破损裂纹、无放电痕迹及其他异常现象；

4）变压器外壳及箱沿应无异常发热，引线接头、电缆应无过热现象；

5）各部位的接地应完好；

6）测温装置指示正常；

7）消防设施应齐全完好。

（2）干式变压器的巡视检查项目。

1）干式变压器的温度限值应按制造厂的规定执行；

2）变压器的温度和温控装置应正常；

3）变压器的运行声音正常；

4）引线接头完好，电缆、母线应无发热迹象；

5）绝缘子外部表面无积污、无裂纹、无放电；

6）冷却风机运行正常，转动灵活无异音。

3. 高压室

（1）配电盘外壳清洁、无破损、无异常，各种标志应齐全、明显、完好；

（2）带电指示正常，表计显示正常；

（3）电缆接头接触良好、无发热现象；

（4）各部位的接地应完好；

（5）开关分、合闸指示正常，内部无放电、异音；

（6）机械联锁装置完整可靠；

（7）机构箱门关闭严密；

（8）电缆进出孔封堵严密；

（9）避雷器清洁、无放电现象；记录动作计数器动作次数。

4. 低压室

（1）配电盘外壳清洁、无破损、无异常，各种标志应齐全、明显、完好；

（2）表计显示正常；

（3）电缆接头接触良好、无发热现象；

（4）各部位的接地应完好；

（5）开关分、合闸指示正常，内部无放电、异音；

（6）机构箱门关闭严密；

（7）电缆进出孔封堵严密；

（8）各回路元器件完好；

（9）测控装置运行正常。

（五）箱式变电站的维护（见表 11-5）

表 11-5　　　　箱式变电站日常维护项目

序号	项目	维护周期	备注
1	油浸式变压器		
1.1	油样化检	35kV：每年； 10kV：3 年	
1.2	渗漏油处理，必要时注油	必要时	若油位指示低于警示油位线
1.3	本体及套管清扫	每半年	
1.4	预防性试验（绝缘电阻、直流电阻测量、交流耐压）	按规程要求周期	
2	干式变压器		
2.1	本体清扫、检查	每半年	
2.2	电气连接螺栓紧固	每半年	
2.3	预防性试验（绝缘电阻、直流电阻测量、交流耐压）	按规程要求周期	
2.4	冷却风机检查	每半年	
2.5	温控、风控回路检查	每半年	
3	箱变高、低压开关室		
3.1	本体清扫、检查	每半年	
3.2	电气连接螺栓紧固	每半年	
3.3	高压电气设备预防性试验（开关、隔刀、避雷器）	按规程要求周期	
3.4	二次回路检查	每半年	
3.5	测量表计校验	按规程要求周期	
3.6	测控装置校验	每年 1 次	
3.7	熔断器检查、更换	每半年	测量阻值
4	其他		
4.1	通风风机、风道清扫、检查	每半年	
4.2	滤网清洗	每半年	
4.3	照明及其他设施维护	每半年	
4.4	接地检查	每年	接地导通测试

（六）干式变压器巡视与维护

干式变压器有结构简单，维护量小等特点，在大中型光伏电站中得到广泛应用。其在光伏电站中的作用将逆变器输出的低压交流电转换成高压交流电送入电网。

（七）干式变压器

干式变压器是指铁芯和绕组不浸渍在绝缘油中的变压器。主要有浸渍式与环氧树脂式（包括浇注式与绕包式）两大类型。

1. 浸渍式干变

浸渍式干变的结构与油浸变压器的结构非常相似，就像一个没有油箱的油浸变压器的器身。早期的浸渍式干变结构，就是由油变演化而来的它的低压绕组一般采用箔式绕组或圆筒式（层式）绕组。高压绕组一般为饼式绕组、由于空气的冷却能力要比变压器油差得多，为了保证适当数量的冷却空气吹入绕组，这种变压器要求轴向冷却空道宽度最小为 10mm，辐向冷却空道宽度最小为 6mm。浸渍式干变工艺比较简单，通常用导线绕制完成的绕组浸渍以耐高温的绝缘漆、并进行加热干燥处理。

2. 环氧树脂浇注式干变

环氧树脂浇注式干变是利用环氧树脂作为绕组绝缘、散热材料的一种变压器。

（1）绝缘强度高：浇注用环氧树脂具有 18～22kV/mm 的绝缘击穿场强，且与电压等级相同的油浸变具有大致相同的雷电冲击强度。

（2）抗短路能力强：由于树脂的材料特性，加之绕组是整体浇注，经加热固化成型后成为一个刚体，所以机械强度很高，经突发短路试验证明，浇注式变压器因短路而损坏的极少。

（3）防灾性能突出：环氧树脂难燃、阻燃并能自行熄灭，不致引发爆炸等二次灾害。

（4）环境性能优越：环氧树脂是化学上极其稳定的一种材料，防潮、防尘，即使在大气污秽等恶劣环境下也能可靠地运行，甚至可在 100%温度下正常运行，停运后无需干燥预热即可再次投运。可以在恶劣的环境条件下运行，是环氧浇注式干变较之浸渍式干变的突出优点之一。

（5）维护工作量很小：由于有了完善的温控、温显系统，目前环氧浇注式干变的日常运行维护工作量很小，从而可以大大减轻运行人员的负担，并降低运行费用。

（6）运行损耗低，运行效率高。

（7）噪声低。

（8）体积小、重量轻，安装调试方便。

（9）不需单独的变压器室，不需吊芯检修，节约占地面积，相应节省土建投资。

（八）干变的巡视

运行人员在当值期间对光伏区干式变压器应至少进行 1 次全面巡视；巡视项目包括：

（1）干式变压器的温度限值应按制造厂的规定执行；

（2）变压器的温度和温控装置应正常；

（3）变压器的运行声音正常；

（4）引线接头完好，电缆、母线应无发热迹象；

（5）绝缘子表面无积污、无裂纹、无放电；
（6）冷却风机运行正常，转动灵活无异音；
（7）接地可靠。

（九）干变的维护

干变维护项目如表11-6所示。

表11-6　　干变维护项目

序号	项目	维护周期	备注
1	本体清扫、检查	每半年	
2	电气连接螺栓紧固	每半年	
3	预防性试验（绝缘电阻、直流电阻测量、交流耐压）	按规程要求周期	
4	冷却风机检查	每半年	
5	温控、风控回路检查	每半年	
6	接地检查	每年	接地导通测试

五、光伏电站组件清洗标准

为规范光伏电站光伏组件清洗工作，合理判断组件清洗时间，明确电站光伏组件清洗技术要求，保障电站安全、稳定、经济运行。在光伏电站的运营阶段，光伏组件的清洁度直接影响发电设备的转换效率，影响组件表面清洁度的附着物主要为沙尘、污垢、鸟粪等，沙尘降落到光伏板表面后，一方面产生了遮挡，使得光伏板表面玻璃的透射率减小，减小了投射到光伏电池表面的太阳辐射量；另一方面降落到光伏板上的沙尘导致光伏板的传热形式发生了变化，制定经济合理的洗标准对提高电站光伏组件的转换效率至关重要。为了保证光伏电站光伏组件的发电效率不受影响，提高电站光伏组件转换效率，针对电站的环境和气候条件因地制定合理的清洗标准，对于光伏电站有重要意义。

（一）组件表面积灰及附着物的分类

从沙尘的物理特性来看，沙尘是固体杂质，形状多不规则，具有吸水性。当光伏组件表面有大量沙尘，且附近空气相对湿度达到一定程度时，水汽即形成水滴，所以沙尘易被水湿润，也易吸附水分。因此当积灰时，积灰易吸附水分，就极有可能在水分达到一定程度时沿光伏板坡面向下搬运沙尘的情况，这样即使得产生积灰的形态不同。光伏组件表面沙尘的附着状态对于沙尘吹除的难易程度，对光线的遮挡程度都不同，因此可以按积灰附着形态，将沙尘分为干松积灰和粘结积灰。

（1）干松积灰：飞灰的颗粒大部分都很细小，很容易附着到光伏板表面上，形成干松积灰。干松灰的积聚过程完全是一个物理过程，灰层中无粘性成分，灰粒之间呈现松散状态，易于吹除，主要分布图木舒克、英吉沙电站。

清洗方式：可采用喷淋式冲洗或压力水冲洗。

（2）粘结积灰：沙尘颗粒累积在光伏组件表面，由于降雨、露水等原因，沙尘颗粒潮湿后，吸附性非常强，这些颗粒就会吸收空气中的物质并粘附在光伏板表面上，从而形成具有较强粘性的积灰，干后再形成一个坚硬的结晶状外壳，粘贴于光伏板表面。根据擦除程度的难易可以将粘结积灰分为强粘结积灰和弱粘结积灰，主要分布石城子、雅满苏、青河。

清洗方式：可采用喷淋+局部刷洗或压力水冲洗。

（3）鸟粪：鸟粪主要出现的电站生活区周边少量组件，但是遮挡会对发电系统造成比较大的影响。每个电池组串电特性基本一致，正常发电的光伏组件被局部遮挡后会对组件电池片产生所谓热斑效应。电池板被遮蔽后，将被当作负载消耗其他有光照的太阳光伏组件所产生的能量，被遮蔽的光伏组件此时会发热，会产生热斑现象。

清洗方式：可采用喷淋或压力水冲洗+人工刷洗。

（二）光伏组件清洗判定原则

（1）正常情况下光伏组件的清洗周期以三个月为宜，但需要根据各区域气候、降雨情况、组件脏污程度调整清洗时间。在当地的多雨季节内尽量少安排或不安排清洗工作。清洗前查看天气预报如果预定清洗时间 3 天之内有降雨或降雪则推迟清洗时间或取消清洗。如果未达到预定清洗时间而组件表面明显脏污应提前清洗或增加清洗次数；

（2）根据限电率变化情况，限电率持续高于 30%时且浮尘天气持续时不建议清洗；

（3）根据各区域天气变化情况：沙尘暴、浮尘、降雨期等天气变化下组件附尘对电量的影响程度判定。

在电站一台具有代表性的标杆机组逆变器（逆变器不受 AGC 控制限电、设备无故障正常运行），在标杆机所属的汇流箱选两个组串，作为“附尘板”和“标准板”当电站出现浮尘天气或光伏组件表面出现肉眼可见附尘时，根据“标准板”和“附尘板”组串电流、电压变化曲线（或功率曲线 Pmax）进行对比分析，测算电站组件表面附尘影响电量。

其计算式为

附尘损失率=（标准板出力−浮尘板出力）/标准板出力×100%

日附尘损失电量=对应当日实发理论电量×（1−附尘损失率）−日实发理论电量

每万千瓦附尘损失电量=日附尘损失电量/电站容量

（三）组件清洗判定

组件清洗的判定方法流程图 11-2 所示。

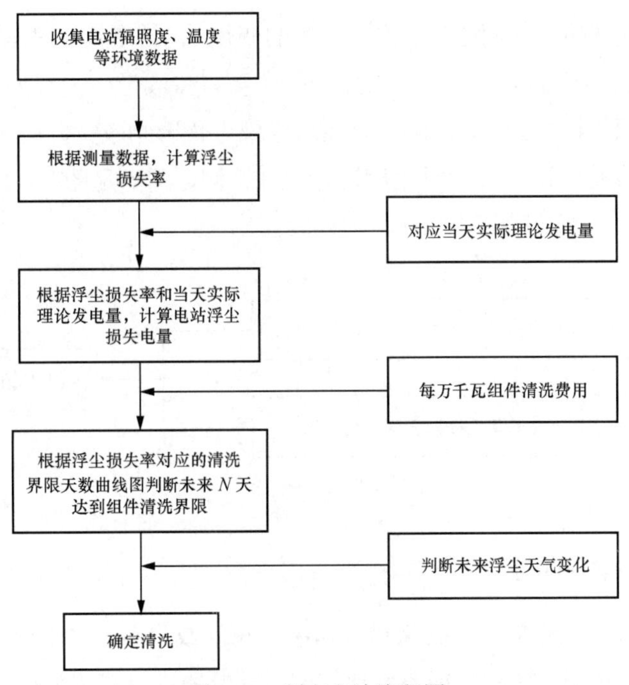

图 11-2　判定方法流程图

（1）根据各电站浮尘天气情况和光伏组件附尘检测，推算出附尘电量损失率的变化对应每万千瓦的电量损失，根据电站每万千瓦光伏组件清洗费用与每万千瓦的附尘电量损失对比（即每万千瓦附尘电量损失不小于每万千瓦清洗费用）。

计算清洗组件界限天数判定公式为

$$F / W_{\mathrm{Lo}} \cdot P = N \tag{11-1}$$

其中　F——每万千瓦清洗费用；

W_{Lo}——每万千瓦浮尘损失电量；

P——上网电价；

N——清洗组件界限天数。

说明：根据图 11-3 电池板附尘度对组件电量持续影响情况，当光伏组件附尘电量损失率达到界限天数时开展清洗工作。

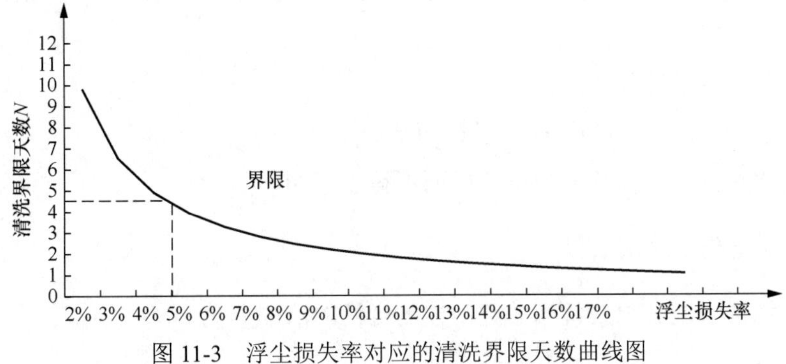

图 11-3　浮尘损失率对应的清洗界限天数曲线图

（2）根据现场光伏组件的附尘度、浮尘天气的变化、清洗费用、限电情况判定清洗频次，南疆区域（图木舒克、英吉沙）二、三、四、五月主要以持续浮尘天气为主，一般为连续 7～15 天持续出现，且浮尘密度较大，浮尘过后对组件电量影响较大，应在浮尘期间重点关注天气预报浮尘天气变化情况，并对浮尘度进行跟踪检测，需满足图 11-4 所示条件开展清洗工作。

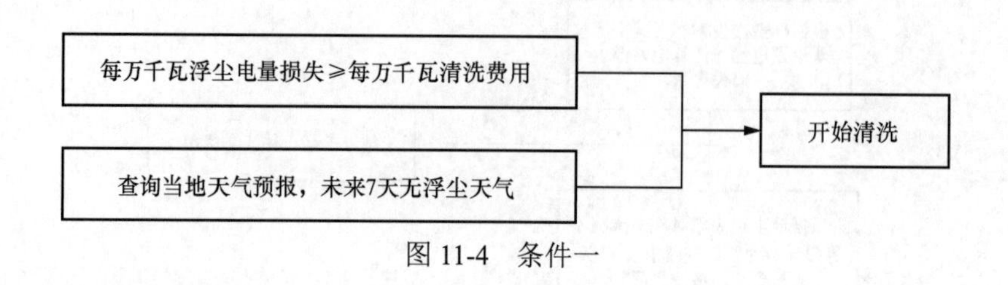

图 11-4　条件一

（四）光伏组件清洗要求

（1）光伏组件清洗工作应选择在清晨、傍晚、夜间或阴雨天（辐照度低于 200W/m^2 的情况下）进行，严禁选择中午前后或阳光比较强烈的时段进行清洗工作。在早晚清洗时，也要选择在阳光暗弱的时间段内进行。

（2）每个清洗组必须由两人组成。

（3）作业中须使用专业的玻璃清洁工具。严禁使用尖锐的金属工具。

（4）组件清洁工作人员必须按规定着装，正确穿戴塑胶手套、绝缘胶鞋等安全防护用具，防止高空坠落及触电。

（五）人工清洗

（1）人工清洁采用压力水流清洁时，组件玻璃表面的水压不得超过 0.2MPa。

（2）清洗用水必须采用非碱性水，推荐使用软化水，严禁使用未经处理的河水、井水等自然水体，清洗水不得有砂石或固体颗粒。

（3）压力水冲洗后还存在有硬性异物如粘结积灰、鸟粪、粘稠物体时应由人工使用非金属（稍硬）刮板或纱布工具进行单独刮擦处理，但需注意不能使用硬性材料来刮擦，防止破坏玻璃表面。

（4）严禁使用有机溶剂清洁组件

（5）严禁使用温差大于 10℃的水进行清洁。

（6）压力水冲洗时冲洗角度与电池板面不得小于 30°。

（六）专用清洗车清洗

（1）专用清洗清洗必须具备相关部门检测合格的清洗车辆。

（2）车辆操作人员必须具备相关操作证。

（3）根据光伏电站的现场条件选用适合现场条件的清洗车辆，现场条件由投标方勘查定，清洗过程中造成组件和支架损坏或倾斜、弯曲现象照价赔偿并赔偿电量损失。

（4）清洗车清洗每组必须由两人一组进行清洗作业。

（5）夜间清洗必须具备足够的照明。

（6）机械清洗后如组件上还有结积灰、鸟粪、粘稠物体时应由人工使用非金属（稍硬）刮板或纱布工具进行单独刮擦处理，但需注意不能使用尖锐金属性材料来刮擦，防止破坏玻璃表面。

（七）组件清洗后评价

组件清洗开始后在电站（各期）留一台标杆机组逆变器（逆变器不受 AGC 控制限电、设备无故障正常运行）作为“附尘标杆机”暂不清洗（最后一天清洗），其他标杆机正常清洗后作为“标杆机”，第二天开始根据（附件二）表格，记录两台逆变器各点出力变化情况和日发电量，从清洗后电量提升情况、清洗方式、耗水量、耗油量、人工投入、清洗速度等进行经济性分析，为下次清洗提供参考数据。

六、光伏电站低效单元的分析和治理

由于光伏电站组件和组串数量庞大，电站在实际运行过程中，由于组件本身质量问题、恶劣环境影响、前期设计施工缺陷等因素，各个组串逆变器或汇流箱发电单元不可避免会存在低效发电的现象，低效发电单元的查找、分析和解决对于电站的发电量提升具有非常重要的意义，为了推动行业内光伏电站运维人员对低效单元的关注，引导运维人员有效利用集中监控系统进行线上分析和线下诊断，能够开展低效单元的查找和分析处理工作。

（一）低效发电单元特征和排查思路

低效发电单元：由某组串的组件固定属性决定的，即某组串存在低效组件或存在低功率混装组件后，该组串对应的逆变器连续若干天的发电量或发电小时数同正常组串相比较会一直偏低，一般不会存在忽高忽低的现象。

组串低效运行：环境因素、施工因素、设计因素、朝向问题、电网限电、其他等。

在查找低效组串之前，运维人员需对电站基本情况非常熟悉，如电站装机容量、逆变器型号、逆变器的接入组串数量、每一串的组件数量、组件规格等。对于使用组串式逆变器的电站，需先对该所有逆变器进行分析，查找低效逆变器发电单元。为快速定位低效单元，这里以组串式逆变器或直流汇流箱作为一个初步排查单元，再通过现场核实或其他诊断方法，锁定到某个组串支路或组件。当然，该思路也适用于使用汇流箱的集中式电站，以下的思路和方法不一定要照搬，在现场巡检也可以根据自己的经验来判断，虽然查找的过程因人而异，采取不同的方法而得到相同的结果也是认可的。

通过数据分析和现场勘查来分析逆变器低效发电的简单思路：

（1）第一步：利用后台分析各个逆变器的容量是否和实际容量一致，对于不一致的情况需要重新进行配置，导出各个逆变器近一个月左右的日有效发电小时数数据（需要根据实际的逆变器方阵容量进行计算，以防错误的结果带来误判，这一点非常重要，每个电站都应编制组串容量信息表，即组串逆变器编号、接入组串数量，组件串联数、组件功率等级等，一定要和现场一一核实），判断存在低效的逆变器，原始数据需保存。

（2）第二步：锁定低效组串或组件：①通过在监控系统、离散率分析、电流对标分析等线上诊断；②如果不通过后台系统，也可以按照自己的思路，跳过线上离散率分析等，直接通过现场排查来分析引起逆变器低效发电的原因。

（3）第三步：根据第二步现场诊断周边环境，必要时进行电压电流测试，分析原因（从内因和外因入手），进行相关记录（拍照）。

（4）第四步：提出解决措施及评估可操作性，根据可行的措施，对低效组串进行整改，做好相应的记录。

对于集中式逆变器的电站，可通过以下方法：

（1）以集中式逆变器为分析单元，通过连续一个月的逆变器发电小时数分析存在低效的逆变器单元。

（2）对于低效逆变器单元，导出历史 5min 支路电流数据，使用组串电流离散率分析。重点关注离散率较大的组串。倘若离散率正常，但是该汇流箱的支路整体电流偏低的（通过下文的电流对标法），这种情况需要现场核实具体原因，支路组件低效的可能性较大。

对于存在限电的电站，当光伏出力超过了省调下发的计划出力时段，不建议进行数据分析。此时限电造成的因素很难排除。因此需要等到辐照度较好时段，光伏出力小于 AGC 计划出力值时，进行分析或通过查询历史发电数据，选择全天限电比例非常小的时段进行分析。

（二）低效组串或组件位置锁定方法

1. 线上诊断方法

线上诊断目的是对电站的低效发电单元（组件或组串）进行初步分析并筛选，特别是发电小时数比较方法，而组串电流离散率分析、电流对标等方法需要运维人员具备一定的大数据分析能力。运维人员可通过线下诊断来判断，可能需要辅以一定的测试手段（如万用表、钳形表等测试工具），或通过查看组串周边环境，是否存在阴影遮挡等进行确认，分析低效的原因。

（1）监控系统瞬时分析。如发现某子阵逆变器，第 5 支路、第 6 支路存在工作电压偏低，电压值仅 290V 左右正常支路的电压为 760V 左右，但是电流基本和其余支路一致。这种情况下，运维人员需要携带万用表、钳形表等工具到现场检查此两路支路存在的问题。

（2）离散率分析。利用后台管理系统将低效逆变器的各路支路电流、电压等数据同正常的逆变器进行比较，查找电流或电压较低的组串。以某电站为例，如某方阵逆变器发电小时数最低，需要分析组串电流离散率。电流离散率的分析最好选择晴天，即辐照度较好的天气。因为阴雨天，组串电流较小，组串之间的差异很难反映出来。如通过观察该逆变器每一路的电流数据，发现 15:00～18:00 时段，第 2 路电流偏低，因此可将问题锁定到第 2 支路，需要记下该逆变器的组串编号，待到现场核查，心里面需要有一个预判。按照经验，如果组串的电流在中午辐照较好时段是正常值，而在下午时段较低，有可能是由于遮挡引起（如果我们能通过监控系统的实时数据发现问题，这样最好，现场就仅仅核查下就可以了，工作开展就有针对性了。如果后台实时监控数据无法判断，就可到现场去排查）。

（3）电流对标分析。如果从离散率分析无法锁定某个组串的时候，我们需要进一步分析发电小时数偏低是否是因为组串电流整体偏低引起。如果逆变器对应的组串整体电流偏低，那么组串电流离散率就可能是正常的，单从离散率判断就失之偏颇；即离散率正常的不一定就没有问题，离散率不正常的就一定有问题，这一点需要运维人员注意。

电流对标的目的就是从组串的实际特性出发，发现实际真正存在问题的组串。一般情况下，我们需要寻找辐照度比较稳定的日期或时段。如果辐照度不稳定，忽高忽低，对我们的分析会带来影响，主要是担心辐照变化较快时，组串逆变器的实际跟踪响应精度有差异，得到的输出电流不一定能反映实际辐照下的输出电流，这样会对我们的判断带来影响。电流对标的前提是组串之间的组件型号必须一致，高功率的组件相对低功率的组件输出电流要大一些，但是它们的等级不同，无法形成对比。实际分析时将平均电流比较低的组串逆变器和电流比较高的组串逆变器形成对比。如果发现偏差较大，就需要调取组串容量信息表，核查该组串采用的组件功率，如果电流偏低是因为采用低功率的组件引起，就注明一下，如果采用的组件型号和高电流的组件型号一致，那么就说明了低电流的组串是存在一定问题的，需要我们到现场核实。

（4）线上诊断小结。

1）核实系统后台逆变器容量是否存在问题。如果无误，按后台自动计算的发电小时数。如果系统后台容量错误，需要按实际的逆变器容量计算发电小时数。

2）从系统后台导出各个逆变器近一个月的发电小时数（如果容量不正确，按实际容量计算），从小到大进行排名，筛选小时数排名最靠前的逆变器。

3）线上初步诊断：选择辐照较好的天气，导出低效逆变器 5min 历史数据（主要是组串各支路电流），得到各支路的电流离散率。如果离散率正常，说明该逆变器组串支路整体电流偏低，可以用上文介绍的电流对标法进行确认。

2. 线下诊断方法

（1）查看周边环境。主要查看该组串逆变器对应的组串是否存在外在环境的影响，如阴影遮挡、灰尘遮蔽、杂草、铁塔、电线杆等。对于山地光伏电站，查看该组串是否处于山坳中，组串的朝向是否正南，组串的安装倾角是否和其他组串一致，并积极拍照留存。

（2）测试组串或组件。上后台系统诊断出来的电流偏低组串，用钳形表测试的电流值可能会和后台存在偏差。查看光伏组件是否受损，如组件玻璃面、组件内部电池是否碎裂、接线盒、光伏线缆绝缘等。查看组串接线是否错误，接线错误很可能会导致某组串电压偏低。用钳形电流表测试组串逆变器对应组串的各支路工作电流，同时测试发电较好的逆变器作为对标，记录测试的组串编号和其测试数据用于后续分析。若有红外热像仪，可检测是否存在热斑组件、开路电压是否正常、组件接线盒旁路二极管发热是否严重等。

（三）低效处理措施

（1）SSG 纳米涂膜，可明显改善组件透光玻璃的表面结构，提高透光率，具有自清洁功能，能够在空气的作用下快速分解鸟粪等有机化合物，能够提升组件发电量在 4%以上，每 MW 成本投入在 30 万元左右。

（2）组串 MPPT 接线优化：目前组串优化器，一般是两路组串一个 MPPT，查看逆变器输入端的光伏电缆是否留有余量，如果有余量，因此可将低效的组串放入同一个 MPPT。尤其是对于未接满组串的逆变器而言，要充分利用空余接线端子。必要的情况下，需要使用光伏电缆和 MC4 连接头连接组串。

（3）草木遮挡问题：对于南方地区，在雨季时段，草木茂盛，方阵周边出现大面积杂草，此时需要重点关注，合理调整我们的排查重点，制定适宜的除草计划。在日常巡检发现某组件存在零星的杂草遮挡时，需要立即清除。另外除草工具及时配备，出现磨损及时更换，除草时注意人身安全。

（4）更改接线方式：对于竖装双排安装的支架类型，传统的 U 形接线存在的弊端会使得整个支架的光伏组件受到前排方阵的阴影遮挡损失，特别是冬季，遮挡影响更大。因此可将接线方式改成“一”字形，即相邻的支架上排组件相互串联成一个组串，下排组件连成一个组串，需要准备足够的线缆和 MC4 连接头。

（5）加装功率优化器：需要各个电站统计可安装功率优化器的组串或组件单元，主要是高大铁塔、电线杆、组件左右前后遮挡、女儿墙遮挡（分布式电站）、综合楼遮挡部分组件、树木遮挡（在树木无法砍伐的情况下）等阴影遮挡，统计遮挡所能影响到的组件数量。

光伏电站的低效单元分析和处理是一个长期工作，属于精细化管理和运维范畴，而传统的粗放式运维和管理模式对于低效的分析处理将是一个很大的挑战，因此低效单元的分析和处理离不开智能化监控系统和数据分析处理平台。文中从低效的定义、低效的种类以及组串逆变器、集中逆变器等不同类型的电站如何去查找分析低效单元进行了详细的阐述，并在最后通过典型案例进行了经济效益评估。

第二节　场站设备关键技术指标评价方法

为进一步规范光伏电站的生产设备管理，建立科学完整的设备关键技术指标及评价体系，通过对场站设备关键技术指标的横、纵向对比分析，评价统计周期内各场站设备运行维护水平，带动企业生产经营活动向低成本、高效益方向发展，从而实现场站设备管理水平提升的目标，特制订本指标评价方法。明确了场站关键技术指标评价体系的统计指标、评价指标、计算公式及评价办法。

一、光伏场站设备关键技术指标评价体系

光伏电站及设备评价指标包括系统效率、基于温度修正的系统效率、平均故障间隔时间、平均故障修复时间、故障频次和事故事件六项指标。

二、统计指标定义

（一）平均风速

平均风速是指统计周期内风机轮毂高度处瞬时风速的平均值，取统计周期内全场风机或场内代表性测风塔的风速平均值，仅用于风电场及设备评价。

（二）平均气温

平均气温是统计周期内通过环境监测仪测量的光伏发电站内环境温度的平均值，仅用于光伏电站及其设备评价。

（三）总辐照量

总辐照量指统计周期内通过辐照仪测量的光伏电站内太阳能辐射的单位面积总辐射量，总辐射仪应当水平放置，科学维护。单位：kWh/m^2（或 MJ/m^2），仅用于光伏电站及设备评价。

（四）发电量

发电量是在统计周期内光伏电站内所有发电设备输出电量的总和，可从集控系统计取。单位：kWh。

（五）上网电量

上网电量是在统计周期内光伏电站向电网输送的全部电能，可从光伏电站与电网的结算关口表计取。单位：kWh。

（六）下网电量

下网电量是在统计周期内电网向光伏电站输送的全部电能，可从光伏电站与电网的结算关口表计取。单位：kWh。

（七）理论发电量

理论发电量是指统计周期内，在当前的健康及性能情况下具备的发电能力。单位：kWh。

（八）限电损失电量

限电损失电量是指统计周期内受电网传输通道或安全运行需要等因素影响，场站发电设备可发而未发出的理论电量，可以从集控系统获取。单位：kWh。

（九）故障损失电量

故障损失发电量是指统计周期内场站发电设备故障停机期间的理论发电量之和，可以从集控系统获取。单位：kWh。

（十）维护停机时间

维护停机时间是指统计周期内发电设备因箱变、输变电线路及站内设备处在维护状态无法正常运行的持续时间之和，可以从集控系统获取。单位：h。

（十一）故障停机时间

故障停机时间是指统计周期内场站发电设备故障状态无法正常运行的持续时间之和。单位：h。

（十二）不可用时间

不可用时间是指统计周期内集控系统中记录的包括维护停机时间、故障停机时间、维护停机引起的无连接时间、故障停机引起的无连接时间、维护停机引起的手动停机时间、故障停机引起的手动停机时间在内总不可用时间，可以从集控系统获取。单位：h。

（十三）不计算时间

不计算时间是指统计周期内集控系统中记录的包括非维护和故障引起的无连接时间、非维护和故障引起的手动停机时间的总不计算时间，可以从集控系统获取。单位：h。

（十四）故障次数

故障次数是指统计周期内场站发电设备因自身故障停运的总故障数量，可以从集控系统获取。

（十五）事故事件

事故事件是指在生产经营活动相关活动中，因过错或者意外造成人身伤亡或者财产损失的事件。按专业领域分为：安全、质量、环境三类。实际按照中国广核新能源控股有限公司《事故事件管理制度》（第 1 版）第三章定义与等级定义，可以从安全质量部或运维事业部发布的事故事件处理通知和事故事件调查报告中获取。

三、场站设备关键技术指标定义

（一）时间可利用率

时间可利用率（time based availability，TBA），指在一定的评价时间内发电设备无故障可使用时间占考核时间的百分比，是用来描述统计期内机组处于可用状态的时间占总时间比例的指标，是用来考核设备可靠性时常用的一项指标，仅用于风电场及其设备评价。其计算式为

$$TBA = \frac{T_{统计} - T_{不可用} - T_{不计算}}{T_{统计} - T_{不计算}} \times 100\% \tag{11-2}$$

式中　$T_{统计}$——统计周期时间，h；

$T_{不可用}$——不可用时间，h；

$T_{不计算}$——不计算时间，h。

（二）能量可利用率

能量可利用率（energy based availabilit，EBA）即实际发电量和理论发电量的比值，仅用于风电场及其设备评价。

$$EBA = \frac{E_{实发}}{E_{理论}} \times 100\% \tag{11-3}$$

式中　$E_{实发}$——场站发电量，kWh；

$E_{理论}$——场站理论发电量，kWh。

（三）系统效率

系统效率（performance ratio，PR）又被称为性能比或质量因数，仅用于光伏发电评价。该指标代表某一段时间范围内实际交流发电量与该时间段内实际辐照情况下的理论直流发

电量的比值，反映整个光伏电站扣除所有损耗后（包括辐照损失、线损、器件损耗、灰尘损失、热损耗、限电损失等）实际输入到电网的电能与场站光伏阵列在实际光照条件下应发电量的比例关系，指标可以有效地判断光伏系统的发电效率和可靠性等情况。同等气象条件下，系统效率值越大，光伏电站的运行效率越高。仅用于光伏电站及其设备评价。

根据 IEC61724，系统效率的计算式可归纳为

$$PR=\frac{Y_f}{Y_r}=\left(E_{实发}/P_{额定}\right)\Big/\left(H/G\right) \tag{11-4}$$

式中 Y_f——光伏发电系统统计周期内并网交流发电量与系统额定功率之比；

Y_r——单位面积光伏电池板在统计周期内接受的总辐射量与标准测试条件下辐照度之比；

$E_{实发}$——实际发电量，kWh；

$P_{额定}$——场站额定容量，kW；

H——方阵平面总辐射量，kWh/m^2（或 MJ/m^2）；

G——标准辐照度，一般为 1000W/m^2。

（四）基于温度修正的系统效率

传统 *PR* 值的计算忽略了场站的环境因素，未考虑到温度变化对光伏发电系统的性能影响。对组件来说通常晶硅组件的功率温度系数是不恒定负数，温度升高时，功率温度系数会降低，温度降低时，则相反，因此在冬季低温、辐照强度均匀条件下，*PR* 值会偏高，而在夏季高温、均匀辐照下，*PR* 值会偏低，所以造成了 *PR* 值随气温季节性变化而波动，但温度变化造成的 *PR* 变低现象并不属于光伏系统问题。对于同一地区的光伏电站，太阳辐射资源和气候情况比较相似，可以通过 *PR*、Y_{r} 和 Y_{f} 进行对比，但对于不同地区电站设备的系统效率评价，需要根据温度条件对 *PR* 值进行修正。本项指标主要依据温度修正后的 *PR* 值对光伏发电系统进行评估，仅用于光伏电站及其设备评价。

CPR 的计算即在原有 *PR* 的公式基础上除以温度修正系数 *K*，可以表示为

$$CPR=\frac{PR}{K}=\frac{PR}{1+\delta\left(\overline{T}-T_{\mathrm{STC}}\right)} \tag{11-5}$$

式中 K——温度修正系数；

δ——光伏组件的功率温度系数；

$\overline{T}$——实际评估周期内光伏电站平均温度，℃；

T_{STC}——标准测试条件下的温度，25℃。

（五）平均故障间隔时间

平均故障间隔时间（mean times between trips，MTBT）是指场站发电设备两次相邻故障

之间的平均时间。它直接衡量场站发电设备整体可靠性水平，综合评估场站发电设备故障频次和故障维修能力。

$$MTBT = \frac{N \cdot T_{统计}}{N_{故障}} \tag{11-6}$$

式中　N——装机数量，台；

$N_{故障}$——故障次数；

$T_{统计}$——统计周期时间，h。

（六）平均故障修复时间

平均故障修复时间（mean time to repair，MTTR）是指在规定的条件下和规定的期间内，场站发电设备的故障维修总时间与故障次数之比。它是衡量维修服务团队响应速度、故障诊断、修复效率和备件保障能力的综合指标。

$$MTTR = \frac{T_{故障}}{N_{故障}} \tag{11-7}$$

式中　$T_{故障}$——故障时间，h；

$N_{故障}$——故障次数。

（七）故障频次

故障频次是指在统计周期内，指场站设备发生的故障总次数与运行的机组总台数的比值。

$$FTAF = \frac{N_{故障}}{N \times \left(T_{统计} / 8760\right)} \tag{11-8}$$

式中　$FTAF$——故障频次，次/台年；

N——装机数量，台；

$N_{故障}$——故障次数；

$T_{统计}$——统计周期时间，h。

（八）场站设备关键技术指标评价办法

场站设备关键技术指标评价以设备可靠性为主维度进行综合评价。所评价的场站设备并网运行时间应至少满一年，评价周期以一年为宜。

按照同设备型号不同场站对各项关键技术指标（除事故事件外）进行汇总排名，排名前20%得A，排名在20%～50%得B，排名在50%～80%得C，排名在最后20%的场站得D。

按照不同设备型号对各项关键技术指标（除事故事件外）进行汇总排名，排名前20%得A，排名在20%～50%得B，排名在50%～80%得C，排名在最后20%的场站得D。

根据场站、设备型号的各项指标评价进行综合评价，如果有设备质量相关事故事件发生则视事故事件影响的严重性进行评价，如发生因设备原因造成人身伤亡的重大安全事故直接为D。

各项指标的评价完成后，对各场站和各型号设备进行综合评价，并应在综合评价意见栏中描述出被评价场站或设备的优劣势，以及需要保持或加强的方面。

第三节　光伏电站智慧巡检典型方案

一、变电站人工巡检现状分析

（一）人工巡检的内容、方式、周期和要求

根据《国家电网公司变电站管理规范》《无人值守变电站管理规范（试行）》的意见和要求，目前，某公司巡视管理规定如下：

（1）变电站设备巡视，分为正常巡视（含交接班巡视）、全面巡视、熄灯巡视和特殊巡视，各类巡视应做好记录。

1）正常巡视（含交接班巡视）：除按照有关要求执行外，有人值守变电站还应严格执行交接班设备巡视，必须在规定的周期和时间内完成。无人值班变电站：变电站所辖站每日1次；其他变电站所辖站每2日1次。

2）熄灯检查：应检查设备有无电晕、放电、接头有无过热发红现象。有人值班变电站，无人值班变电站每周均应进行1次。

3）全面巡视（标准化作业巡视）：应对设备全面的外部检查，对缺陷有无发展做出鉴定，检查设备的薄弱环节，检查防误闭锁装置，检查接地网及引线是否好。无人值班变电站每月进行2次，上半月和下半月各进行1次。

4）特殊巡视：应视具体情况而定。下列情况时应进行特殊巡视：大风前、后；雷雨后；冰雪、冰雹、雾天；设备变动后；设备新投入运行后；设备经过检修、改造或长期停运后重新投入系统运行后；设备异常情况；设备缺陷有发展时；法定节假日、重要保电任务时段等。在法定节假日、重要保电任务时段，各无人值班变电站每日至少巡视一次。

（2）迎峰度夏期间除正常巡视外，增加设备特巡和红外测温。无人值班变电站每日巡视1次。红外测温分为正常红外测温、发热点跟踪测温、特殊保电时期红外测温三种。

正常红外测温周期为各变电站每周不少于一次，晚高峰时段进行。主要针对长期大负荷的设备；设备负荷有明显增大时；设备存在异常、发热情况，需要进一步分析鉴定；上级有明确要求时，如特殊时段保电等。

发热点跟踪测温应根据检测温度、负荷电流、环境温度、气候变化等进行发热值的比对，分析设备发热点变化，确定发热性质。其周期为有人值守变电站每日 1 次，晚高峰时段进行。无人值班变电站每个巡视日 1 次或值班长视发热情况每日 1 次。

特殊保电时期、迎峰度夏期间应进行全面测温、重点测温及发热点跟踪测温。

测温记录应记录全面，主要应包含发热设备运行编号、发热部位具体描述、发热点温度、该台设备其他相同部位温度（或同类型设备相同部位温度）、负荷电流大小、测温时间、天气状况、环境温度等信息。

（二）人工巡检有效性分析

变电站值班员进行人工巡检，对运行设备进行感观的简单的定性判断，主要通过看、触、听、嗅等感官去实现的。人工巡视对设备外部可见、可听、可嗅的缺陷能够发现，如油位、油温、压力、渗漏油、外部损伤、锈蚀、冒烟、着火、异味、异常声音、二次设备指示信号异常等。

人工巡检受人员的生理、心理素质、责任心、外部工作环境、工作经验、技能技术水平的影响较大，存在漏巡，缺陷漏发现的可能性。且对于设备内部的缺陷，运行人员无专业仪器或者仪器精确度太低，通过简单的巡视是不能发现的，比如油气试验项目超标，设备特殊部位发热、绝缘不合格等缺陷；还有一类缺陷只能在操作的过程中才能发现，如机械卡涩、闸刀分合不到位、闸刀机构箱门损坏等。

另一方面，由于无人值班变电站增多，许多变电站的距离也较远，在站内出现事故或大风、大雪及雷雨后因变电站无法出车不能及时巡视时，造成变电站值班员不能及时了解现场设备状态，及时发现隐患，危及电网的安全运行。特别是无法及时了解出现问题的变电站情况，失去优先安排处理的机会。

巡视人员巡视设备时需要站在离设备较近的地方，对巡视人员的人身安全也有一定的威胁，特别是在异常现象查看、恶劣天气特巡，事故原因查找时危险性更大。

综上所述，无人值班变电站的人工巡检存在及时性、可靠性差，花费人工较多，存在较大的交通风险和巡视过程风险，巡视效率低下。

二、开展智能巡检具备的条件

（一）变电站设备和人员现状

（1）全面应用了变电站综合自动化系统，变电站管理模式。

（2）互感器类设备为电磁式，信号为模拟信号，油位不能实现数字化监控。

（3）一次设备位置（35kV 及以下隔离开关位置信号除外）等已实现后台监控，二次设备测量、故障保护异常状态、装置动作信号功能均已实现，但尚未实现全面的、实时的图像监控、缺少设备状态监测环节（如发热、渗漏、油位等）。

（二）信息通信网络现状

变电站信息通信网络采用独立的光芯，通过网络交换机直接互联，网络带宽高达千兆，运行稳定，能够满足变电站智能巡视的要求。

三、变电站智能化巡视建设方案

（一）建设目标、思路

在变电站所辖受控站，通过安装视频监控、红外云台测温、开关柜测温、变压器油色谱在线监测、SF_6 密度微水监测、高压开关动作特性在线监测、高压室环境监测、避雷器在线监测、直流系统在线监测、照明系统远程控制、保护信息管理系统等系统，建立变电站智能巡检管理平台，将设备运行的状态信息、视频图像信息进行整合和集成，实现变电站巡视工作的可视化、智能化，从而达到延长巡检周期或取代人工巡检的目的。

（1）现场设备远程可视化。

1）日常巡视：按照事先设定的巡视顺序，运行人员在主站查看各摄像头自动旋转巡检的信息，具备自动和手动巡视功能，夜间巡视自动开启照明灯。

2）专业巡视：依次查看设备的压力值、油位、高压室湿度、主变温度。

3）特殊巡视：依据天气、设备运行情况可自由选择或自由设定部分设备的巡视。

4）熄灯巡视：利用视频和红外测温系统开展巡查，查看设备是否存在放电、发热现象。

（2）设备运行状态信息实时采集。

通过各种在线监测技术和手段，实时采集设备的温度、油色谱、SF_6 气体密度、开关动作特征、避雷器泄漏电流、高压室环境等信息，具备超标数据的自动报警功能。

（3）辅助设备远程开启。

远方能够开启变电站照明系统。

（二）子系统建设方案

（1）工业级视频监控系统。

1）布点原则：通过球形摄像头能够清楚地看到变电站各类主要设备的运行参数，如开关、仪器仪表的指针读数、主变的油位等。

2）220、110kV 设备区：监控 SF_6 表指针读数、流变的状态、开关状态、设备的外观、主变的油位等；

3）35kV 设备区：监控开关状态、设备的外观、主变的油位等。

（2）开关柜测温系统。

采用无线方式，对开关柜内的动触头和母线连接处的运行温度进行实时监测，分别监测开关三相上、下触头的温度，每台监测装置可接收 64 个温度传感器的信号。

（3）红外云台测温系统。

以 220kV 变电站安装 4 台红外成像仪、110kV 变电站安装 1 台红外成像仪为标准，通过远方控制监测设备的运行温度变化情况。或者通过对监测平台参数的设定，自动监测设备温度，并将监测数据及红外图像自动进行保存。

安装位置：以现场实际情况确定位置，下图为已安装红外成像仪的图例。

（4）SF_6气体微水及密度在线监测。

采用芬兰维萨拉微水传感器测量 SF_6 断路器或 GIS 的 SF_6 气室内 SF_6 气体的水分含量，同时测量 SF_6 气体的温度、压力、密度等。

（5）断路器动作特性在线监测。

断路器动作特性在线监测系统采用专用的霍尔电流传感器，采集断路器的分、合闸线圈、储能电机等运行过程中的波形和数据以及综合电流互感器二次传感采集的电流的波形、数据，通过断路器在线监测终端将采样数据进行综合计算、分析，通过 RS485 总线远传进入后台综合在线监测软件，用户可以方便地查勘监测软件监测的分、合闸线圈的动作波形、储能电机的工作状态以及软件对断路器工作工况的评估和分析结果。

（6）变压器油色谱在线监测。

对主变全部加装油色谱在线监测系统，实现对变压器油中溶解气体含量的全面、实时、在线监测。

（7）高压室环境监测。

高压室内电气设备发生过热、短路、闪络故障时，常常可以闻到焦味、火焰味和塑料、橡胶、油漆等受热挥发的臭味。采用气体传感器针对空气中的气体成分进行实时监测，当空气组成成分发生变化时，通过气体传感器向监测装置发出报警信号，并将报警信号数据远传至智能巡检系统主站。

当设备出现故障时，会夹着杂音，甚至有“噼啪”的放电声，可以通过噪声传感器监测设备正常时和异常时的音量的变化来判断设备故障。将高压室内的声环境的状态作为监测对象，利用传感技术及网络技术，构成设备故障时异常声音的自动监测系统。

（8）避雷器在线监测。

能有效地对避雷器的泄漏电流（全电流与阻性电流）和动作次数进行实时监测。

（9）直流系统在线监测。

通过单体电池电压内阻巡检仪和绝缘监测仪有效地监测蓄电池单个电池内阻、浮充电流、浮充电压、对地绝缘参数等。

（10）照明系统远程控制。

将受控站的灯光全部实现远程控制，变电站可远程开关受控变电站内的灯光。

（11）保护信息管理系统。

通过安装保护信息管理机，实现实时查看变电站保护设备的交流采样值、保护动作事件、异常报文、软压板投退状态等。

第四节 新能源输变电智慧运维技术概述

“十三五”期间，电网规模将迎来爆发式增长，电网运行安全性要求也越来越高，依靠人力为主的传统运维检修模式导致运维能力提升有限，已经无法满足迅猛增长的电网运维工作需求；同时传统的运维检修模式无法实现资源的优化配置，运检资源分配随意性较大，制约了运检效率的进一步提高。

通过现代科技提升变电站运检智能化水平，可有效提升设备可靠性和提高劳动生产率，是提高电网安全稳定和缓解人力资源紧张的有效手段。当前智能运检技术还未形成统一标准，各地所采用的技术存在过于超前无法落地应用或过于落后效果欠佳的现状，本书在深入分析当前运检技术的基础上，提出了适合于当前工业发展水平的智能运检模式，并解决了其中的几个核心问题，形成了成熟的解决方案，即采用移动作业和巡视机器人提高巡视智能化水平，采用在线监测技术提高设备。状态监测智能化水平，采用远方顺控操作提高操作智能化水平，采用检修机器人提高检修智能化水平。实际应用效果表明，本文提出的智能运检方案，能有效提升设备状态掌控水平，提高电网安全稳定性，同时也能大幅提高现有劳动生产率，缓解生产部门人员紧张和任务繁重的现状，具有重要的理论意义和工程价值。

1. 智能变电站与传统变电站的区别

智能变电站与传统变电站相比，对于继电保护技术来说，最大区别表现在取消电缆连接，变电站设备之间采用网络传输进行数据交换，这就使得各保护设备的配置原则、技术性能要求、功能划分、维护检修等都与传统变电站大不相同，也为多种新技术的应用提供了基础。智能变电站采用电子式互感器，且电子式互感器的优势随电压等级的升高而越发明显。智能变电站在信息采集、传输与处理各个环节都与传统的变电站有所不同，智能变电站集成化程度更高，可以实现一、二次设备的一体化与智能化整合，具备全网意识，强调满足电网的运行要求，注重变电站之间、变电站与控制中心的协调互动，提高整体性运行水平，有别于传统的变电单单强调手段、功能与满足自身需求的目标。智能变电站具有三层结构、两层网络架构，实现简单化的网络系统处理更加复杂的数据关联。

2. 智能变电站运行现状

智能变电站运用了光纤设备、智能模块、网络通信与在线监测等技术，全面实现了系统的智能化。它首先简化了相应二次回路，利用网络化的结构实现了数据的传输便捷与信息共享，对倒闸操作方式进行改变，提高了一、二次设备的顺控与遥控操作应用。智能变电站极大地提高了供电可靠性与电压合格率，为能源的可靠供应提供基础。

智能变电站在运行中存在着一定的问题。首先，在智能变电站的内部装置中，有源电子互感器需要有源端模块长期供电，运行的稳定性与可靠性降低，温度等外界因素对于光学互感器的影响作用较大，影响输出信号的波形，造成稳定性差；电子互感器在智能变电站中的应用中需要通过中间多个环节进行信息传输，造成了延时增加，需要在保护跳闸处处理智能终端，对加速保护造成影响，一般智能变电站相比于传统的变电站慢 5～7mm；在一次设备附近加装保护设备，可以对电缆使用量进行控制，体现智能化，但是室外安装智能汇柜需要严格的环境条件，造成设备成本不断增加，设备的运行维护与检修将会成为重要问题。

3. 智能变电站的运营维护系统建设

智能变电站的运营维护系统是一项新型模式，需要从传统的变电站运营维护模式中进行转变。目前发现，在运营维护系统中存在着以下几个问题。首先运维人员的专业技能不够，随着新设备与技术的应用，运维人员对设备的熟悉度不够，专业技能素质还需要不断提高；在智能变电站操作方式上，一、二次设备的更换速度快，科技水平高，具有遥控操作功能的设备不断增多，传统的操作模式，如全面遥控操作与程序化操作模式较少；在现场的工作细节处理上，仍然存在着一定的漏洞，如误防锁具无防尘罩，变电站区域杂物混乱，二次标示不规范，各种保护装置切换把手的操作步骤不够详细等。基于以上问题，需要从多个方面对运营维护系统进行规范。

4. 强化责任落实，进行合理的系统规划

智能变电站的运维需要结合季节特点与实际需求，开展周期性的运维活动，把月、周、日的工作安排列入计划，每个周期的工作重点相互联系、促进，把每月的活动主题细化到每周的工作重点，把每一环节的任务落实到具体的岗位、人员，具体到日工作安排，以便于统一指挥管理，通过例会的形式把实际工作内容与计划进行对照，及时发现问题、解决问题，通过对比情况进行工作进展的检查与考核。

5. 抓运转、加强维护推进运维一体化

（1）图文并茂抓巡视过程。《智能变电站运行管理规范》规定智能变电站设备巡视分为六种，在例行巡视、全面巡视、熄灯巡视、特殊巡视、专业化巡视的基础上增加了远程巡视。组织编写了《智能变电站远程巡视标准化作业指导书》，对各种智能设备拍照、编辑与汇总，在巡视标准基础上添加图形，形成了图文并茂的《标准化巡视作业指导书》，实现了智能设备远程巡视的标准化。

（2）加强变电站资料管理。针对变电站资料管理特点，建议做好这几方面：

1）明确资料管理范围与对象，保证资料完整性。

2）重要资料应统一管理，专人保管。

3）每座变电站资料使用单独存储介质，不得他用，防止受病毒或恶意代码破坏。

4）资料定期备份。

5）系统改造与扩建等需修改文件时，应经审批流程，修改前后备份，保管好资料对安全运行与日常维护很重要。

（3）完善智能变电站的运行维护制度。首先是现场运行规程。运行规程主要包含变电站设备的运行方式情况、设备的组成、技术参数与智能高压设备状态监测、电子互感器等部分的组成特点与运维特点。其次，要完善设备巡视检查制度，设备主要包括可视化设备、智能在线监测设备、终端设备、光纤接头盒、网络交换机等，巡检制度中明确检查周期与检查内容，对于发现的问题情况如何处理等，另外还要对高级应用程序进行维护管理制度制定，对其基本原理、技术实现方式以及运行维护特点进行规定。在巡视中，按照“巡视标准化作业指导卡”进行，对发现的缺陷问题，准确分析，并做好相关的记录。

6. 操作智能化

采用远方顺控技术提高变电站设备操作的智能化水平，可一键化实现多个操作，在国内外首次采用压力传感技术实现隔离开关分合闸位置的“双确认”，同时实现了操作票的模块化编辑。

（1）隔离开关分合闸状态的“双确认”。敞开式隔离开关在操作过程中的可靠性相比短路器要低，进行操作时需要操作人员到现场核实隔离开关的真实位置，工作量较大，采用“双确认”技术可提高对隔离开关位置状态判断的准确性，从而代替操作人员到现场核实隔离开关位置。

隔离开关的分合闸状态，通常一路信号来自后台遥控信号（来源于辅助开关），另一路信号可通过在断路器或隔离开关传动机构上安装微动开关来获取，这种“双确认”技术已应用较多，但在隔离开关传动机构上安装微动开关仍然属于间接判断隔离开关分合闸位置，不满足安装规则关于两路信号应该非同源的要求，本文研究隔离开关分合闸状态的直接检测方法，即在触头位置安装压力传感器测量合闸时的压力，通过压力来直接反映隔离开关的分合闸状态。压力传感器同时具有温度测量功能，可用于触头温度的在线监测。

（2）顺控方案。采取在调度控制中心实现顺控操作的方案：在控制系统中增加一个顺控模块，当需要进行远方顺控操作时，顺控模块调取站端存储的常用操作票，实现一键化操作，一次性完成多个操作步骤。

对于常用操作票可固化在系统中，同时也可自行选择各种操作组合成所需要的操作票，操作前能够实现操作过程的自动模拟和五防的校验。

7. 巡视智能化

（1）巡视机器人。

采用智能巡视机器人提高巡视的智能化水平，可代替大部分人工巡视工作量，主要具有以下功能：

1）具备可见光探头，能够进行可见光视频录制和传输，同时具有智能识别系统，能够识别表计读数、隔离开关实际位置等；

2）具备红外探头，能够实现设备的红外测温及过热报警；

3）自动定位功能，根据需求到达指定位置，如在断路器操作时自动到达相应位置进行监视；

4）具备声音识别功能，能够识别设备异常声响。

（2）手持智能巡检仪。

1）具备与国网 PMS2.0 通信权限；

2）可与红外成像测温、开关柜局放等带电检测装置实现无缝连接，通过无线网络将带电检测数据传输至内网智能运检系统，减少人工录入工作量；

3）内预置标准数据记录模板，方便记录巡视数据；

4）可与红外镜头高度融合，实现红外成像温仪的小型化。

8. 监测智能化

（1）在线监测装置。选取目前主流的在线监测技术，包括红外在线测温、变压器油中溶解气体在线监测、变压器局部放电在线监测、变压器铁芯电流在线监测、变压器分接开关在线监测、隔离开关触头压力及温度在线监测、开关柜内部在线测温、开关柜局部放电在线监测、避雷器在线监测、互感器在线监测、二次压板在线监测等，将检测数据集中传输至运检数据智能处理系统，采用数据挖掘、模式识别等人工智能算法开展对监测数据的分析，增强在线监测设备发现缺陷的能力，同时将发现的缺陷通过消息推送的方式发送至运维人员手中的智能终端上，实现状态监测的智能化。

（2）大数据平台。研发了变电智能运检大数据平台，实现运检数据分析、预警的智能化，具体功能如下：

1）在运行、巡视、监测、检修和带电检测过程中产生的大量数据汇集至该系统，结合变电站三维模型直观、全面地进行展示；

2）具备大数据分析功能，能够人工智能技术开展对数据的分析，预测潜在的缺陷；

3）可向运维人员手持智能移动终端发送预警信息，同时也可通过手持智能终端访问系统数据。

9. 检修智能化

（1）带电检修机器人。研发了带电检修机器人，带电检修机器人具有如下功能：

1）可夹持带电作业工具（如遥控扳手、断线钳、压接钳等），进入狭小空间进行安装、拆卸连接件，安装引线等带电作业任务；

2）绝缘机械臂可夹持检测设备进入狭小空间在线检测（如局部放电检测、绝缘子探伤、摄像头等）；

3）可开展绝缘子清扫、喷涂 RTV、憎水性检测等带电作业工作。

（2）自愈式发热缺陷处理。开展了记忆合金垫片应用研究，在以螺栓连接的高压导体部位，采用记忆合金制成的螺栓垫片（形变温度为60℃），该垫片具有随温度变形的特性，当连接部位发热导致温度升高时，垫片变形弯曲，导致螺栓压紧力增大，接触电阻减小，发热量减小，温度降低。

10. 应用效果

（1）提高设备可控、在控能力。采用设备状态智能监测及数据智能分析技术，增强了提前发现设备缺陷的能力，减小了设备故障对电网运行稳定性的影响；采用带电检修机器人和发热缺陷自愈处理技术，以前需要停电处理的缺陷可以进行带电处理，对于单个缺陷，根据其处理复杂程度，可以减少停电时间数小时至数天。

（2）提升工作效率，减少运维成本。采用远方顺控技术将大幅提升劳动效率，如涉及3个及以上变电站的倒闸操作时，采用现场操作方式约需3台车、3个司机、6个操巡队员，路上需耗费大量时间，实施远方顺控操作，人员不需要到现场，大大减少了操巡人员工作量，节省了人力、物力、财力；采用巡视机器人，可代替日常人工巡视任务，减少了人工及运维成本。

11. 运维系统的几点建议

（1）目前，智能变电站的监控画面与系统功能受供应商不同而难以统一，尤其是对于所有的信息量采用报文的方式进行上报，没有对信息的规范性提出要求。另外，对于监控后台软压板的设置问题进行明确，所以需要制定统一的标准与规范，提高运维工作效率。

（2）随着交换机在智能变电站中的使用数量不断增多，要求施工对端口光纤进行定位，要求设计单位在图纸中包含相应内容，加强网络交换机的设备维护，避免土建施工与设备安装同步进行，避免粉尘污染对光纤设备造成影响，导致投入使用后信号传输出现异常；智能变电站长时间运行，将会产生大量的电子资料，要做到重要电子资料的统一规范整理，专人负责，每座智能变电站的电子资料单独存储，避免受到病毒或恶意代码攻击、破坏，及时对电子资料进行备份，在系统改造升级时，要对配置文件修改前后进行备份，以便后续运维时进行追溯。

（3）最后要加强智能变电站的辅助系统整合，把在线监测、防火、防盗与通风、环境监测等辅助设备进行有效整合，充分发挥辅助系统的作用。

智能化是未来变电站发展的趋势，要通过提高运维水平，不断提高系统运行的可靠性与稳定性，以及通过深入学习智能变电站的运维知识、提高专业技能、增强运维纪律意识与安全意识。在工作中严格认真执行，促进智能变电站运维系统的建设与发展，提高工作效率与质量，为电力企业的发展打下坚实基础。变电智能运检模式，紧密贴合生产一线需求，采用了大量现代科技手段，并研究解决了关键核心技术，对提升设备状态掌控水平、提高电网安全稳定性和大幅提高现有劳动生产率具有重要的理论意义和工程价值。

第十二章
光伏发电的无功电压控制

第一节　无功电压控制

2022 年 10 月 16 日，习近平总书记在中国共产党第二十次全国代表大会上指出，要深入推进能源革命，加快规划建设新型能源体系，积极参与应对气候变化全球治理。传统化石能源在过去几十年里在全球范围内被广泛使用，也带来了碳排放、气候变化和环境污染等问题。在当今时代下，人类对环境问题的日益重视，人们正在逐渐转向更清洁和可持续的能源替代品，如光伏、风电等，以减少对传统化石能源的依赖。随着光伏、风电等新能源装机容量的逐步增加，以光伏为代表的新能源逐渐接入配电网，这对构建低碳、高效、可持续发展的新型电力系统具有积极意义。新能源的接入可以减少对传统化石燃料的依赖，降低碳排放，促进可再生能源的利用，从而推动能源结构的转型。然而，新能源的大规模接入也对配电网的安全稳定运行提出了巨大挑战。由于太阳能光伏发电系统的输出会受到天气条件和日照变化等因素的影响，光伏发电的不可控性和波动性可能会对电网的稳定性造成影响。同时，光伏系统中的逆变器将直流电转换为交流电，并与电力系统进行连接，逆变器可能会产生谐波和干扰，对电力系统产生危害。光伏发电系统并网后会向电网注入电能，会引起电网电压的波动和谐波扩散等问题，降低了电力系统的电压质量，如电压偏差、电压闪变和谐波失真等。而且光伏发电的输出受到天气条件的影响，预测光伏发电的准确性相对较低，这给电力系统的调度带来一定挑战。一旦因为预测偏差导致电力系统的运行计划和调度出现问题，将会增加电网的运营成本。

为了保证电网安全稳定运行、用电质量和设备寿命，无功电压控制（voltage quality control，VQC）至关重要。无功电压控制是电力系统中的一种重要调节手段，它的主要目的是通过调节无功功率的生成或吸收，来控制电网的电压水平。在电力系统中，电压的变化对于电网中的电设备和用电设备都具有影响，当电压水平偏离额定值时，电力设备可能无法正常运行，甚至会导致设备损坏。通过无功电压控制，可以使系统保持在合理的电压范围内，从而确保电网的稳定运行。由于负荷变化、线路阻抗等，电压可能会发生波动，若在电压波动过程中不能及时采取控制措施进行调整，将会导致电压不稳定甚至跳闸。通过无功电压控制，可以调整发电机的励磁电流，改变其对电网的无功功率注入或吸收，以使系统的电压恢复稳定，保证系统的运行可靠性。此外，无功电压控制对于优化电力系统能效具有重要意义。在电力系统中，无功功率一定程度上存在传输损耗，通过无功电压控制，可以合理地调节电压水平，减少无功功率的传输和损耗，提高电力系统的能效。尤其在长距离传输线路中，通过控制无功电压，可以降低无功损耗，提高电能的传送效率。同时，无功电压控制对于电力系统的电压恢复具有重要意义。在电力系统发生故障或者突发负荷变化时，电网电压可能会

瞬时下降，通过无功电压控制，可以调节发电机的励磁电流，快速注入无功功率来提高电压，实现电压的快速恢复，确保电力系统的稳定运行。无功电压控制可以保证电网的稳定运行，调整电网电压，优化电力系统能效，快速恢复电网电压，确保电力系统的安全运行。随着电力系统规模的不断扩大和电能质量要求的不断提高，无功电压控制越来越受到重视，在当前的电力系统中发挥着重要的作用。

光伏系统的接入对电网的电压质量和稳定性带来了新的挑战，其中一个重要问题是无功电压控制。由于光伏系统的特性和运行模式，在其接入电网后可能会出现一系列无功电压控制方面的问题：光伏系统的输出功率取决于太阳辐射强度和其他环境因素，导致其功率具有一定的波动性和不确定性，这种波动的功率注入电网会导致电压的瞬时变化，从而影响电网的电压质量和稳定性。电网需要保持稳定的电压水平，以确保各类电力设备的正常运行。然而，光伏系统本身并不主动提供无功功率，而无功功率的调节对于维持电网的电压稳定非常重要。缺乏有效的无功电压控制措施可能会导致电压波动、电压偏离、无功功率不平衡等。为了解决这些问题，需要采取适当的无功电压控制策略。

第二节　无功电压控制理论基础

一、无功与电压平衡

电压和频率是衡量电能质量的重要指标，而影响电压质量的直接因素就是无功功率。无功功率是指交流电系统中的能量来回传递而不产生有用功的功率，它分为无功容性功率和无功感性功率两种类型。在一个平衡的电力系统中，无功功率的产生和消耗应该是平衡的，如果无功功率产生和消耗不平衡，就会导致电压偏移。当无功容性功率产生大于无功感性功率消耗时，电压会升高，这是因为无功容性功率会导致电流领先电压，从而提高电压水平；相反，当无功感性功率消耗大于无功容性功率产生时，电压会降低，这是因为无功感性功率会导致电流滞后电压，从而降低电压水平。

在电力系统中消耗无功功率的主要是异步电动机，发电机通过电网线路向负载提供电能，如图 12-1 所示。

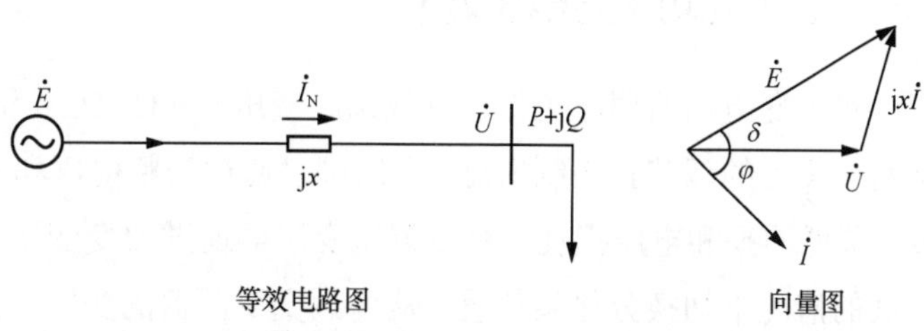

图 12-1　简易等效电路图与向量图

当省略掉线路上设备的电阻，且发电机和负载的有功功率为定值时，发电机送到负载

节点的负荷功率为

$$P = UI\cos\varphi = \frac{EU}{X}\sin\delta \tag{12-1}$$

$$Q = UI\sin\varphi = \frac{EU}{X}\cos\delta - \frac{U^2}{X} \tag{12-2}$$

$$Q = \sqrt{\left(\frac{EU}{X}\right)^2 - P^2} - \frac{U^2}{X} \tag{12-3}$$

式中 P——有功功率，W；

Q——无功功率，W；

X——发电机与线路电抗之和，Ω；

E——电动势，V；

U——电压，V；

I——电流，A。

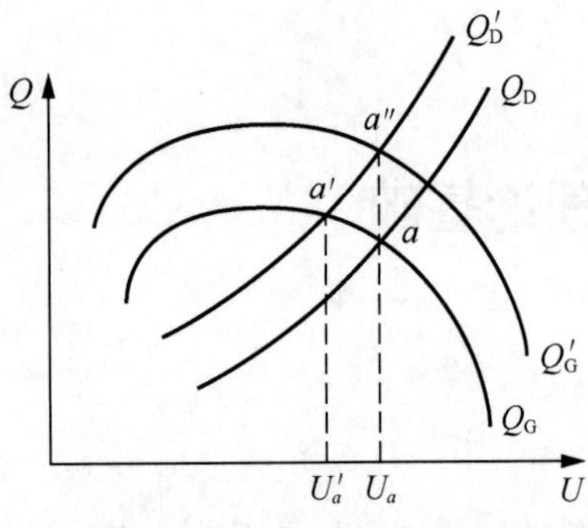

图 12-2　无功电压特性曲线

二者无功电压特性曲线图如图 12-2 所示。当电力系统电动势一定时，无功功率与电压关系如图所示，Q_G表示负载或电源在电力系统中产生的无功功率，Q_D表示负载或电网中消耗的无功功率。如果此时系统的无功功率是平衡的，那么曲线 Q_G 与曲线 Q_D 相交形成点 a，即为无功功率在额定电压下的平衡点，此时的额定电压为 U_a。

当电力系统中负载数量增加时，负载消耗的无功功率会大幅增加，Q_D 曲线上移至 Q_D'，但此时系统的无功电源不足，并没有补充无功功率，负载产生无功功率的曲线仍为 Q_D，无功平衡点由 a 移到了 a'。此时电力系统的无功电源不足，无法维持电压与无功之间的平衡关系，为了保证新的平衡关系，运行电压降低。若无功电压充足，Q_D 升至 Q_D'，平衡点便由 a 升至 a''，既保证了系统的无功功率平衡，又可以使负载在额定电压下稳定运行。因此采取一定的无功电压控制措施，对维持电压在合理的范围、确保电力系统的正常运行至关重要。

二、无功功率与电压调节

对于变电站的调压工作，有载调压变压器（OLTC）和无功补偿设备（如并联电容器组）是两种常见的调节和控制措施。它们可以通过调整电压和改变无功功率的分布来改善电压质量、降低网损和电压损耗。有载调压变压器通过改变变压器的变比来调整电压水平。它在带负载的情况下切换分接头位置，从而改变变压器的变比。这样可以在保持电力系统运行的同时，调整电压水平，并减少变压器的损耗。有载调压变压器本身并不产生无功功率，但系统

消耗的无功功率与电压水平有关。因此，在系统无功功率不足的情况下，单纯通过调节变比来提高电压水平是不可行的，因为这样会使系统无功功率更不足。综合考虑系统的无功功率需求和电压调节需求，有载调压变压器的调节分接头操作需要与其他无功补偿设备相结合，以实现有效的调节。无功补偿设备主要通过并联电容器组等方式来改变网络中的无功功率分布，改善功率因数，并减少网损和电压损耗。无功补偿设备的投切能够提供额外的无功功率，使系统的无功功率需求得到满足，从而提高电压水平和电网的稳定性。为了实现既改善电压水平又降低网损的效果，在变电站调压方面应综合考虑有载调压变压器和无功补偿设备的作用，通过合理的调控和控制措施，以满足系统的无功功率需求，从而达到调节电压和优化电网运行的目的。

简单的系统接线图如图 12-3 所示。

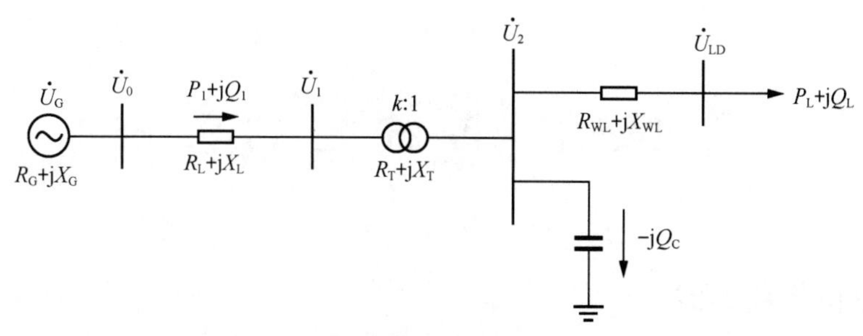

图 12-3　系统接线图

忽略线路电压降的横分量，主变高压绕组侧的低压绕组侧母线电压为U_d'为

$$U_d' = U_s - \frac{P_s R_s' + Q_s X_s'}{U_d'} \tag{12-4}$$

式中　U_s——线路电压，W；

$P_s + jQ_s$——系统的传输效率，%；

$R_s' + jX_s'$——电源与低压绕组侧母线之间的等值阻抗，Ω。

当变电站低压绕组侧母线所带的电容投入使用后，低压绕组侧母线电压U_{dc}'为

$$U_{dc}' = U_s - \frac{P_s R_s' + \left(Q_s - Q_c\right) X_s'}{U_{dc}'} \tag{12-5}$$

主变高绕组侧电压 U_g 为式（12-6）所示，即

$$U_g = U_s - \frac{\left(P_1 + \Delta P_1\right) R_s + \left(Q_1 + \Delta Q_1 - Q_c\right) X_s}{U_g} \tag{12-6}$$

式中　Q_c——变电站内补偿的无功功率，W；

P_1——有功负载功率，W；

Q_1——无功负载功率，W；

R_s、X_s——系统的等效阻抗，Ω。

若系统电压保持不变，则可推导出

$$U'_{\mathrm{d}}+\frac{P_{\mathrm{s}}R'_{\mathrm{s}}+Q_{\mathrm{s}}X'_{\mathrm{s}}}{U'_{\mathrm{d}}}=U'_{\mathrm{dc}}+\frac{P_{\mathrm{s}}R'_{\mathrm{s}}+\left(Q_{\mathrm{s}}-Q_{\mathrm{c}}\right)X'_{\mathrm{s}}}{U'_{\mathrm{dc}}} \tag{12-7}$$

$$Q_{\mathrm{c}}=\left(U'_{\mathrm{dc}}-U'_{\mathrm{d}}\right)\frac{U'_{\mathrm{dc}}}{X'_{\mathrm{s}}} \tag{12-8}$$

$$U_{\mathrm{dc}}=\frac{U_{\mathrm{d}}}{2}+\frac{\sqrt{U_{\mathrm{d}}'^{2}+4Q_{\mathrm{c}}X'_{\mathrm{s}}}}{2k} \tag{12-9}$$

由式（12-7）~式（12-9）得出，电压的大小与无功补偿装置与变压器变比及主变低压绕组侧母线的短路容量有关，即调节主变分接头与投切电容器组均能改变电力系统的无功功率与电压。

第三节　传统控制策略

一、九区图控制策略

为了保持供电电压在规定范围之内，保持电力系统的稳定运行和合适的无功平衡，保证在电压合格的前提下使电能损耗最小，基于电压、无功的控制原理采用了传统的控制措施，即九区图控制策略等。常用九区图控制策略根据 U 和 Q 的正常、越上限、越下限，将系统的运行状态分为九个区域，如图 12-4 所示。

在图 12-4 中，区域 0 是正常运行区，此时电压和无功均满足要求，无须进行调整，而其他 8 个区域均存在电压或者无功越界的情况，不满足正常运行的条件，当系统运行状态处于不正常的 8 个区域时，则需要根据具体情况采取相应措施。调节的基本规律为：当调节 T 分接头，升高变比，使电压降低，该方法只能进行调压操作，改变无功分配，但不能增加额外的无功功率，解决无功不足；当投入电容器 C，使电压升高，该方法能够额外提供无功功率，解决无功不足问题，但对于无功充足而分布不合理区域所造成的电压偏移却无能为力。因此，采用“合二为一”的方式来调控电压与无功。根据上述控制规律，基本的控制策略如下：

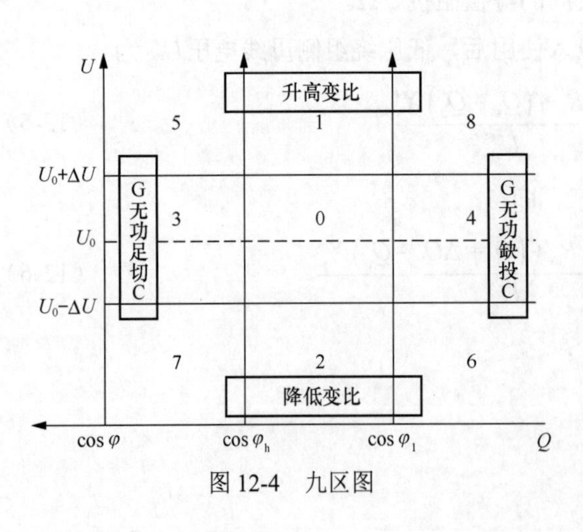

图 12-4　九区图

（1）0 区：电压正常，功率因数正常，不需要控制调节。

（2）1 区：电压越上限，功率因数正常，调节 T 分接头，升高变比，降低电压。

（3）2 区：电压越下限，功率因数正常，调节 T 分接头，降低变比，升高电压。

（4）3 区：电压正常，功率因数越下限，切除电容器 C。

（5）4 区：电压正常，功率因数越上限，投入电容器 C。

（6）5 区：电压越上限，功率因数越下限，先切除电容器 C，若电压过大再调节 T 分接头，升高变比，降低电压。

（7）6 区：电压越下限，功率因数越上限，先投入电容器 C，若电压还小再调节 T 分接头，降低变比，升高电压。

（8）7 区：电压越下限，功率因数越下限，先调节 T 分接头，降低变比，升高电压，若无功还小再切除电容器 C。

（9）8 区：电压越上限，功率因数越上限，先调节 T 分接头，升高变比，降低电压，若无功还大再投入电容器 C。

九区图原理简单易懂，但在实际调节中存在问题，主要表现为无功和电压间的协调程度不高，可能导致设备频繁调节，引起系统振荡和不稳定运行，从而降低系统稳定性，缩短设备寿命，并影响经济效益。

二、十七区图控制策略

为了解决这些问题，十七区图对九区图进行了新的划分。在九区图的基础上，再将 1、2、3、4 这 4 个容易发生投切振荡区域中每一个区划分为 3 个区域，同时进行了高压侧无功、母线电压和无功上下限值、电压上下限值的采集和对比，并制定了新的电压和无功控制策略。该控制策略可实现只需一次调节便可达到调节的目标，避免了多次投切电容器组合调节分接头，以实现变电站系统无功电压的调整优化。十七区图如图 12-5 所示。

基本的控制策略如下：

（1）9 区：电压越上限，功率因数正常，调节 T 分接头，升高变比，降低电压，若 T 分接头在最低挡，则切除电容器 C。

（2）10 区：电压越上限，功率因数正常，切除电容器 C。

（3）11 区：电压正常，功率因数越下限，根据电压优先原则不操作。

（4）12 区：电压正常，功率因数越上限，根据电压优先原则不操作。

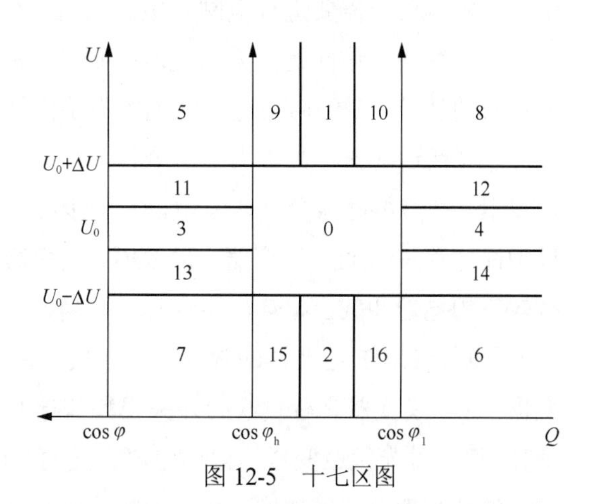

图 12-5　十七区图

（5）13 区：电压正常，功率因数越下限，根据电压优先原则不操作。

（6）14 区：电压正常，功率因数越上限，根据电压优先原则不操作。

（7）15 区：电压越下限，功率因数正常，调节 T 分接头，降低变比，升高电压，若 T 分接头在最高挡，则投入电容器 C。

（8）16 区：电压越下限，功率因数正常，投入电容器 C。

尽管十七区图在有效防止电网运行状态接近定值边界时的二次调整、避免振荡现象方面表现良好，但它并未能从根本上解决无功与电压间协调程度不高的问题，导致其控制精度相对较低。此外，类似于九区图，十七区图的控制策略也是通过将无功功率和电压的上下限分成若干个区域进行定性分析，而没有采用基于无功电压控制数学模型的求解方法，这使得其无法得出基于全网定性分析的最优控制策略。

第四节　电压无功协调控制策略

随着时代的进步，光伏发电并网技术得到了飞速的发展。光伏发电是一种清洁、可再生的能源形式。通过光伏并网，可以大规模利用太阳能，减少对传统化石能源的依赖，降低温室气体排放，有利于环境保护和应对气候变化。同时，光伏发电并网技术可以实现分布式发电，即在电力网络中分散安装多个小型光伏发电系统，这种分布式布局有助于降低输电损耗、提高电能利用效率，并增强电力系统的鲁棒性和抗灾能力。但是，光伏发电并网系统受天气条件和日照强度影响较大，因此光伏并网系统的电能输出具有波动性和间歇性，这可能导致电网的电压、频率等参数出现变化，对电力系统的稳定性和管理带来一定挑战。且光伏并网系统需要接入到电力网络中，电网的容量、稳定性和管理能力都有一定限制，当光伏发电容量过大时，可能需要进行电网升级或改造，增加相应的成本和工程复杂度。

为了解决上述问题，无功电压控制成了配电网电压调节和功率损耗最小化的有效方法。但传统的调节方法，由于光伏发电的不确定性和间歇性，无法快速响应以应对电压的快速变化，而光伏逆变器作为电力电子器件，可以提供快速灵活的无功支持。此外，可以控制光伏逆变器，在必要时减少光伏发电，进一步缓解电压上升。当今常用的光伏逆变器为绝缘栅双极型晶体管（IGBT）逆变器，但 IGBT 逆变器相比于一些新型逆变器技术，在开关过程中会有较高的导通和截止损耗，导致其效率稍低，其响应速度也较慢。由于其较高的开关损耗和导通损耗，IGBT 逆变器的效率有一定的限制，因此，本节使用 SiC 逆变器来代替 IGBT 逆变器，SiC 逆变器具有较低的开关损耗和导通损耗，可以实现更高的效率，提供更低的能源消耗。但同时光伏逆变器的输出电流会随着长时间、高强度的运行而增大，导致 SiC MOSFET 结温波动和疲劳损伤加剧，严重影响了光伏系统的可靠运行。为此，本发明提出一种计及碳

化硅型光伏逆变运损多约束的电压无功协调控制策略，为了使逆变器寿命时间更长、功率损耗越小、无功电压优化效果更好，通过电流将 SiC 器件的总损耗、SiC 器件的寿命与无功电压优化建立耦合关系，并引入惩罚函数将有约束条件转化为无约束条件并修改目标函数，确保所求解的正确性。该优化方法显著降低了 SiC MOSFET 的功率损耗，提高了电力系统的可靠性和安全性。

图 12-6 为逆变器及配网约束无功电压优化图所示，本节将通过功率损耗模型、热模型与寿命模型、无功电压优化模型和约束优化这四个方面进行分析与计算。

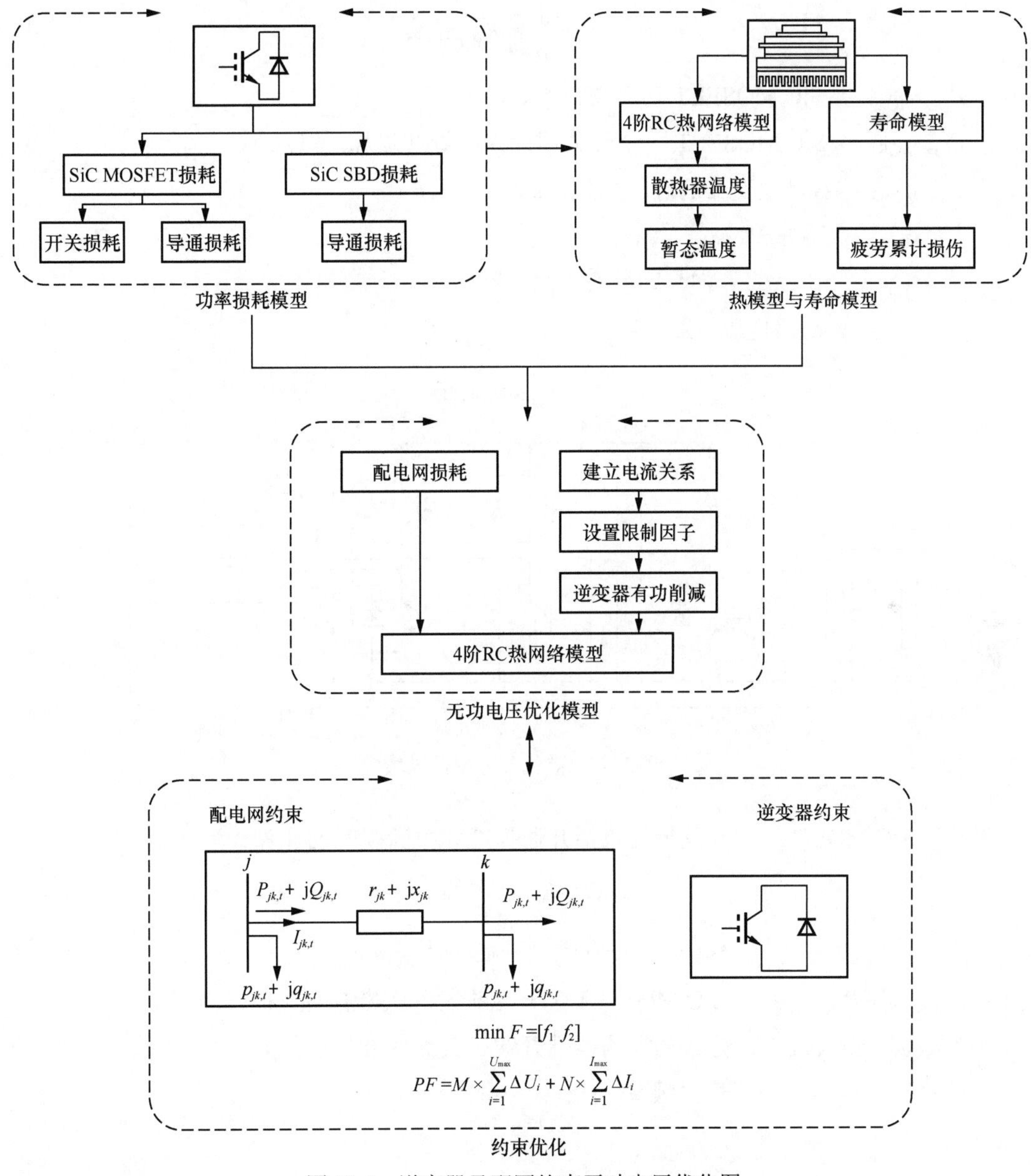

图 12-6　逆变器及配网约束无功电压优化图

一、碳化硅逆变器的功率损耗

推算 SiC MOSFET 的功率损耗。与 IGBT 器件不同的是，SiC 器件包含 SiC MOSFET 存在肖特基二极管（SBD），SiC 逆变器的损耗特性包含 SiC MOSFET 功率损耗与 SiC SBD 功率损耗。图 12-7 所示为逆变器模块。其中，SiC MOSFET 的功率损耗包括导通损耗和开关损耗。SiC MOSFET 功率损耗与 SiC MOSFET 一个开关周期 a 内的导通损耗的计算式为

$$P_{\text{loss\_MOS}} = P_{\text{con\_MOS}} + P_{\text{sw\_MOS}} \tag{12-10}$$

$$P_{\text{con\_MOS}} = \frac{1}{a}\int_0^a R_{\text{M},T_\text{j}} i_{\text{ds}}^2 \mathrm{d}a \tag{12-11}$$

式中 $P_{\text{loss\_MOS}}$——SiC MOSFET 功率损耗，kW；

$P_{\text{con\_MOS}}$——SiC MOSFET 一个开关周期内的导通损耗，kW；

$P_{\text{sw\_MOS}}$——SiC 逆变器的开关损耗，kW；

T_j——器件的结温，℃；

R_{M,T_j}——在温度 T_j 为时的导通电阻，kΩ；

i_{ds}——漏极电流，A。

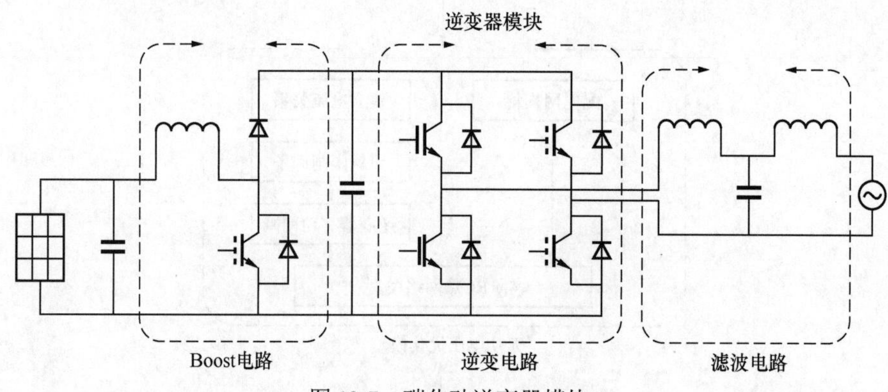

图 12-7　碳化硅逆变器模块

其中，SiC MOSFET 的开关损耗包括开通损耗和关断损耗的计算式为

$$P_{\text{sw\_MOS}} = P_{\text{on\_MOS}} + P_{\text{off\_MOS}} \tag{12-12}$$

$$P_{\text{sw\_MOS}} = \left(E_{\text{on\_MOS}} + E_{\text{off\_MOS}}\right) \times f_{\text{sw\_MOS}} \tag{12-13}$$

式中 $P_{\text{on\_MOS}}$、$P_{\text{off\_MOS}}$——SiC MOSFET 的开通损耗和关断损耗，kW；

$E_{\text{on\_MOS}}$、$E_{\text{off\_MOS}}$——开关周期内器件开通、关断的能量值，μJ；

$f_{\text{sw\_MOS}}$——开关频率，Hz。

$$
\begin{cases}
E_{\text{on\_MOS}}=\left(\dfrac{T_{\text{j}}}{T_{\text{j- test}}}\right)\left(\dfrac{U_{\text{DC}}}{U_{\text{DC-test}}}\right)\left(\dfrac{R_{\text{g}}}{R_{\text{g- test}}}\right)f(I)\\
E_{\text{off\_MOS}}=\left(\dfrac{T_{\text{j}}}{T_{\text{j-test}}}\right)\left(\dfrac{U_{\text{DC}}}{U_{\text{DC- test}}}\right)\left(\dfrac{R_{\text{g}}}{R_{\text{g-test}}}\right)g(I)
\end{cases}
\tag{12-14}
$$

在式（12-14）中，$E_{\text{on\_MOS}}$、$E_{\text{off_MOS}}$受电流、温度、直流侧电压还有驱动电阻的影响；$f(I)$、$g(I)$为关电流的函数。

推算 SiC SBD 的功率损耗。SiC SBD 的反向恢复和正向恢复速度非常快，开关损耗可以忽略不计，因此，SiC SBD 的功率损耗只需考虑其导通损耗，一个开关周期 a 内 SiC SBD 的导通损耗的计算式为

$$
P_{\text{con\_SBD}}=\frac{1}{a}\int_0^a\left(V_{\text{S},T_{\text{j}}}i_{\text{S,t}}+R_{\text{S},T_{\text{j}}}i_{\text{S,t}}^2\right)\text{d}a \tag{12-15}
$$

式中　$P_{\text{con\_SBD}}$——一个开关周期内 SiC SBD 的导通损耗，kW；

$V_{\text{S},T_{\text{j}}}$——在温度为 T_{j} 时 SiC SBD 的开通电压，kV；

$i_{\text{S,t}}$——SIC SBD 的电流，A；

$R_{\text{S},T_{\text{j}}}$——在温度为 T_{j} 时 SiC SBD 的导通电阻，kΩ。

计算 SiC 器件的总损耗，即

$$
P_{\text{loss}}=P_{\text{con\_MOS}}+P_{\text{on\_MOS}}+P_{\text{off\_MOS}}+P_{\text{con\_SBD}} \tag{12-16}
$$

式中　P_{loss}——SiC 器件的总损耗，kW。

二、碳化硅逆变器的暂态结温与寿命

图 12-8 为碳化硅模块及温度图。建立 Foster 的 4 阶 RC 热网络模型，发热源到外壳的热阻抗的计算式为

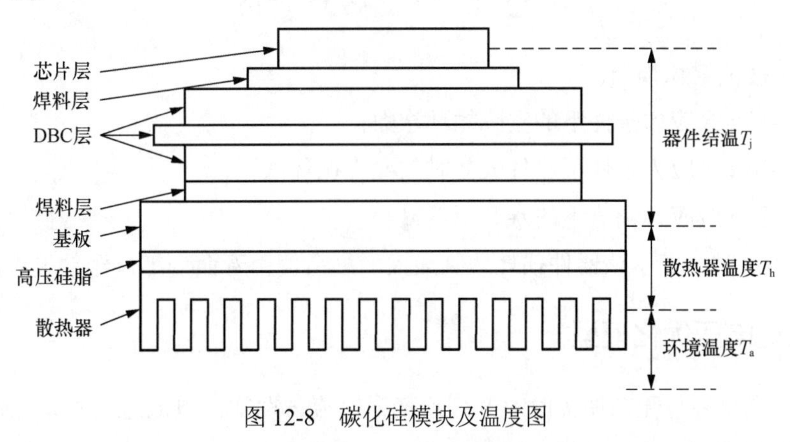

图 12-8　碳化硅模块及温度图

$$
Z_{\text{th(j-h)}}=\sum_{i=1}^{4}R_{\text{th\_}i}\cdot\left(1-e^{-t/\tau_i}\right) \tag{12-17}
$$

式中　τ_i——时间常数，$\tau_i = R_{\mathrm{th}i} C_{\mathrm{th}i}$；

$R_{\mathrm{th}i}$——等效热模型中第 i 阶热阻，J/W；

$C_{\mathrm{th}i}$——等效热模型中第 i 阶热容，J/K。

由此，可以得出 SiC 器件的暂态结温，其计算式为

$$\begin{cases} T_{\mathrm{h}} = P_{\mathrm{loss}} Z_{\mathrm{th(h\text{-}a)}} + T_{\mathrm{a}} \\ T_{\mathrm{j}} = P_{\mathrm{loss}} Z_{\mathrm{th(j\text{-}h)}} + T_{\mathrm{h}} \end{cases} \tag{12-18}$$

式中　T_{j}——器件的暂态结温，℃；

T_{a}——环境温度，℃；

T_{h}——散热器温度，℃；

$Z_{\mathrm{th(h\text{-}a)}}$——外壳到环境的热阻抗值，℃/W。

构建 SiC 逆变器的寿命模型，其计算式为

$$N_{\mathrm{f}} = \alpha \cdot \left(\Delta T_{\mathrm{j}}\right)^{-n} \cdot \exp\left[\frac{E_{\mathrm{a}}}{k_{\mathrm{B}} \cdot \left(T_{\mathrm{jm}} + 273\right)}\right] \tag{12-19}$$

式中　ΔT_{j}——结温℃波动幅值，℃；

T_{jm}——结温均值，℃；

α、n——常系数；

E_{a}——活化能，J；

k_{B}——玻尔兹曼常数，eV/K。

根据 Palmgren-Miner 理论，假设应力循环作用 n_i 次，在该应力水平下材料达到失效的循环次数为 N_i，则该部分应力循环对结构造成的疲劳损伤为 n_i/N_i，总损伤 D 是各级应力幅的损伤和，其计算式为

$$D = \sum \frac{n_i}{N_{\mathrm{f}i}} = D_1 + D_2 + \cdots + D_i \tag{12-20}$$

式中　D——疲劳累积损伤；

n_i——第 i 级应力条件下的实际循环次数；

$N_{\mathrm{f}i}$——第 i 级应力条件下器件失效时的允许循环次数；

D_i——第 i 级应力幅值下的寿命消耗量。

当 D 值为 1 时，表示该器件损耗达到最大，剩余使用寿命为零，器件失效。

三、无功电压优化模型

分析光伏电源参与无功调控时对 SiC 逆变器电流与期间内电流之间关系。建立光伏系统的无功电压优化模型，分析光伏电源参与无功电压调控原理并确立模型的优化目标。SiC 逆变器的寿命与结温相关，而结温与功率损耗有关，功率损耗与 SiC MOSFET 和 SiC SBD 的

电流有关，且逆变器的电流与功率损耗过程中的导通电流呈正相关。器件的总损耗和其寿命模型通过电流建立影响，且与无功电压调控存在耦合关系。

分析光伏电源参与无功调控时对 SiC 逆变器电流与功率损耗过程中的导通电流之间关系。

正常工作状态下，SiC 逆变器电流与功率损耗过程中电流的关系计算式为

$$I_{\mathrm{t}} = i_{\mathrm{t}} y(i_{\mathrm{t}}) + b \tag{12-21}$$

式中　I_{t}——逆变器电流，A；

i_{t}——导通电流，A；

$y(i_{\mathrm{t}})$——逆变器电流与导通电流之间的相关函数；

b——补偿系数。

在无功电压优化中，SiC 逆变器的电流与视在功率的关系为

$$I_{\mathrm{t}} = \frac{S_{\mathrm{t}}}{U_{\mathrm{AC,t}}} \tag{12-22}$$

式中　S_{t}——光伏电源的视在功率，kVA；

$U_{\mathrm{AC,t}}$——交流电压有效值，kV。

由于采用限制因子 δ 来限制视在功率输出，可能会出现 MPPT 模式下 PV 输出功率大于限制的 SiC 逆变器视在功率水平的情况。为了 SiC 逆变器的视在功率输出受 δ 限制，通过限制因子 δ（以百分比表示）对其进行可靠性约束，即

$$S_{k,t} \leqslant \delta \cdot S_k^{cap}, \forall k,t \tag{12-23}$$

$$S_{k,t} = \sqrt{\left(P_{k,t}\right)^2 + \left(Q_{k,t}\right)^2}, \forall k,t \tag{12-24}$$

式中　k——网络总线的索引；

t——运行周期的索引；

$P_{k,t}$——光伏电源输出有功功率，kW；

$Q_{k,t}$——SiC 逆变器输出无功功率，kvar；

S_k^{cap}——SiC 逆变器的功率容量，kVA。

为保证 SiC 逆变器视在功率输出受 δ 限制，在无功电压模型中采用如下的光伏弃风方案，即

$$0 \leqslant P_{k,t} \leqslant P_{k,t}^{\max}, \forall k,t \tag{12-25}$$

$$P_{k,t}^{c} = P_{k,t}^{\max} - P_{k,t}, \forall k,t \tag{12-26}$$

式中　$P_{k,t}^{\max}$——SiC 逆变器的最大有功输出，kW；

$P_{k,t}^{c}$——SiC 逆变器的截断有功输出，kW。

由上述内容推算 SiC 逆变器无功优化模型的优化目标，即

$$\min(\omega_1 P_{\text{net,loss}} + \omega_2 P_{\text{curt,loss}}) \tag{12-27}$$

$$P_{\text{net,loss}} = \sum_{t\in T}\sum_{j,k\in B} r_{jk} I_{jk,t}^2, \forall jk,t \tag{12-28}$$

$$P_{\text{curt,loss}} = \sum_{t\in T}\sum_{k\in K} P_{k,t}^c, \forall k,t \tag{12-29}$$

式中 ω_1、ω_2——目标权重因子；

$P_{\text{net,loss}}$——配电网的总功率损耗，kW；

$P_{\text{curt,loss}}$——逆变器的有功削减量，kW；

r_{jk}——母线 j 至母线 k 的总线路电阻，kΩ；

$I_{jk,t}$——母线 j 至母线 k 的总线路电流，A；

$P_{k,t}^c$——母线 k 处光伏电压的有功削减量，kW。

四、约束优化

在无功电压化问题中，优化的目标函数需要满足一定的约束条件。然而，在传统的求解约束过程中，传统的优化方式可能导致求解出错。这时，惩罚函数法提供了一种有效的求解途径。根据配电网的总功率损耗的优化目标，引入配电网运行约束，再引入一个惩罚函数，将约束条件转化为目标函数的一部分，从而将原始约束问题转化为无约束问题并修改目标函数，同时可以通过惩罚函数来衡量是否违反了约束条件，排除非法解，若违反约束条件，重新进行无功优化计算。通过设置配电网运行约束，可以确保光伏系统的无功功率注入不会对配电网的稳定性造成不利影响，使得电网系统能够正常运行，提高电力系统的可靠性和安全性。配电网潮流模型图如图 12-9 所示。

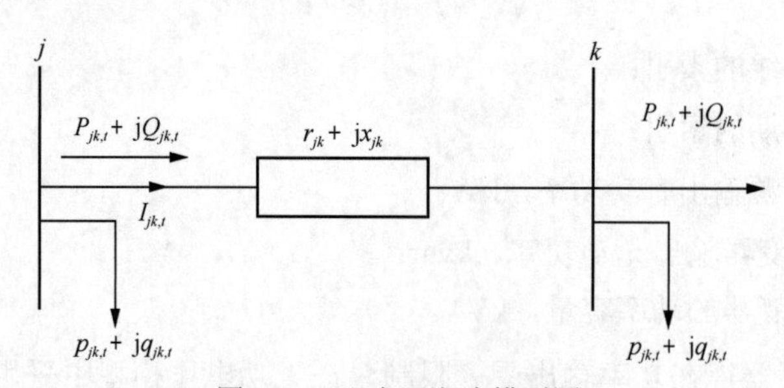

图 12-9 配电网潮流模型图

配电网正常运行约束，其计算式为

$$p_{k,t} = \sum_{l:k\to l}(P_{jk,t} - r_{jk} I_{jk,t}^2) - \sum_{l:k\to l} P_{kl,t}, \forall k,t \tag{12-30}$$

$$q_{k,t} = \sum_{l:k\to l}(Q_{jk,t} - x_{jk} I_{jk,t}^2) - \sum_{l:k\to l} Q_{kl,t}, \forall k,t \tag{12-31}$$

式中 $p_{k,t}$、$q_{k,t}$——节点 k 的有功、无功注入功率，kW；

$P_{jk,t}$、$Q_{jk,t}$——支路 j 的首端有功、无功功率，kW；

$r_{jk}+jx_{jk}$——线路 j 到 k 之间的阻抗，kΩ；

$P_{kl,t}$、$Q_{kl,t}$——从节点 k 流出到下游节点 l 的总有功、无功功率，kW。

求和是因为与节点 k 和 l 之间连接的支路可能不止一条，所以需要求和。同时，通过公式推导可得出节点电压与线路电流，即

$$\begin{cases} U_{k,t}=U_{j,t}-\dfrac{P_{jk,t}r_{jk}+Q_{jk,t}x_{jk}}{U_{j,t}} \\ (U_{j,t}-U_{k,t})^2=I_{jk,t}^2\times(r_{jk,t}^2+x_{jk,t}^2) \end{cases},\forall jk,t \tag{12-32}$$

$$U_{k,t}^2=U_{j,t}^2-2\left(P_{jk,t}r_{jk}+Q_{jk,t}x_{jk}\right)+I_{jk,t}^2\times\left(r_{jk}^2+x_{jk}^2\right),\forall jk,t \tag{12-33}$$

$$I_{jk,t}^2=\frac{P_{jk,t}^2+Q_{jk,t}^2}{U_{j,t}^2},\forall jk,t \tag{12-34}$$

式中　$U_{j,t}$、$U_{k,t}$——是节点 j 和节点 k 的电压，kW。

母线电压上下限约束、母线电流上下限约束的计算式为

$$U_{\min}\leqslant U_{jk,t}\leqslant U_{\max},\forall k,t \tag{12-35}$$

$$I_{jk}^{\min}\leqslant I_{jk,t}\leqslant I_{jk}^{\max},\forall jk,t \tag{12-36}$$

对于一般的约束优化问题，构建惩罚函数，即

$$\min f(x)=\min(\omega_1 P_{\text{curt,loss}}+\omega_2 P_{\text{net,loss}}) \tag{12-37}$$

$$\min F=\begin{bmatrix} f_1 & f_2 \end{bmatrix} \tag{12-38}$$

$$g(x,u)=0 \tag{12-39}$$

$$h(x,u)\leqslant 0 \tag{12-40}$$

$$x^T=\left[U_{\min}\cdots,U_{\max},I_{jk}^{\min},\cdots,I_{jk}^{\max}\right] \tag{12-41}$$

$$u^T=\left[p_{k,t}^{\min},\cdots p_{k,t}^{\max},q_{k,t}^{\min},\cdots q_{k,t}^{\max}\right] \tag{12-42}$$

式中　F——新构建的惩罚函数；

f_1——新构建的逆变器有功削减量，kW；

f_2——新构建的配电网总功率损耗，kW；

$g(x,u)$——等式约束；

$h(x,u)$——不等式约束；

x——因变量；

u——自变量。

通过惩罚函数将有约束的目标函数转化为无约束的目标函数，即

$$F_1=f_1+PF \tag{12-43}$$

$$F_2=f_2+PF \tag{12-44}$$

$$PF = M \times \sum_{i=1}^{U_{\max}} \Delta U_i + N \times \sum_{i=1}^{I_{\max}} \Delta I_i \tag{12-45}$$

式中　F_1、F_2——构建出的新目标函数；

PF——惩罚函数；

M、N——因变量违反极限的惩罚因子。

其中，电压、电流变化量为

$$\Delta U_i = \begin{cases} \left|U_{\min} - U_{jk,t}\right| & U_{jk,t} < U_{\min} \\ \left|U_{jk,t} - U_{\max}\right| & U_{jk,t} > U_{\max} \\ 0 & U_{\min} \leqslant U_{jk,t} < U_{\max} \end{cases} \tag{12-46}$$

$$\Delta I_i = \begin{cases} \left|I_{\min} - I_{jk,t}\right| & I_{jk,t} < I_{\min} \\ \left|I_{jk,t} - I_{\max}\right| & I_{jk,t} > I_{\max} \\ 0 & I_{\min} \leqslant I_{jk,t} < I_{\max} \end{cases} \tag{12-47}$$

惩罚函数通常设计为满足以下特性：在满足约束条件时，惩罚函数的值为0，即不受惩罚；在违反约束条件时，惩罚函数的值随着违反程度的增加而增加，且当惩罚因子M、N越大，惩罚越重，当惩罚因子M、N趋近于无穷大时，惩罚函数$F(x)$的值将趋近于无穷大，从而使得$F(x)$的最小值对应于满足约束条件的解。其中，惩罚因子$M \geqslant 0$。通过引入惩罚函数和惩罚参数，我们可以使用无约束优化算法来最小化新的目标函数$F(x)$。

碳化硅型光伏逆变运损多约束的电压无功协调控制策略考虑 SiC 逆变器的无功电压优化，为了使逆变器寿命时间更长、功率损耗越小、无功电压优化效果更好，通过电流将 SiC 器件的总损耗、SiC 器件的寿命与无功电压优化建立耦合关系，并引入惩罚函数将有约束条件转化为无约束条件并修改目标函数，确保所求解的正确性。

第十三章
光伏发电的有功频率控制

第一节 有功频率控制

光伏发电系统是一种可再生能源的利用方式，它通过将太阳光转化为电能来满足电力需求。然而，光伏系统的电能输出与传统电网的工作频率需要保持一致，以确保稳定的供电和平稳的运行。因此，光伏发电系统需要实施有功频率控制技术，以使其与电网保持同步并提供稳定的电能输出。随着可再生能源的快速发展和对环境友好能源的需求不断增长，光伏发电作为一种重要的可再生能源技术正受到广泛关注。光伏发电系统通过利用太阳能将光线转化为电能，具有无污染、无噪声和可再生等诸多优点。因此，光伏发电系统被广泛应用于居民住宅、工业厂房、商业建筑和农业领域等各个领域。然而，光伏发电系统与传统电力系统之间存在着一些关键的差异。传统电力系统以交流电为主，并且要求各个发电机组之间保持同步，以便在整个电网中实现电能的稳定输送和供应。而光伏发电系统则是直流发电，其输出电能需要通过逆变器转换为交流电才能与电网连接。因此，光伏发电系统的电能输出需要与电网保持同步，并且满足电网的频率要求，这就需要实施有功频率控制技术。有功频率控制是光伏发电系统中的一项重要技术，它的主要目的是使光伏系统的输出电能与电网的工作频率保持一致。如果光伏系统的输出频率与电网频率不匹配，将会引起电能的不稳定供应和传输问题，甚至可能对电网造成损害。此外，与传统发电机组相比，光伏发电系统具有不可控、间歇性等特点，因此需要通过有功频率控制来确保其可靠性和可调度性。有功频率控制技术可以通过逆变器控制策略来实现，该策略包括频率闭环控制、电流控制和功率控制等方法。通过这些控制方法，光伏发电系统可以动态调整其输出功率和电流，以使其与电网保持同步，并在电网故障或变化的情况下提供稳定的电能输出。光伏发电系统的有功频率控制是实现可再生能源与传统电力系统互联互通的关键技术之一。通过合理的控制策略和算法，我们可以确保光伏系统的电能输出与电网保持同步，并提供稳定可靠的电力供应。

有功频率控制（active frequency control，AFC）是电力系统中用于调节和维持系统频率稳定的一种控制技术。它通过调整发电机组的有功输出功率来实时平衡电网的供需差距，使得系统频率保持在额定频率范围内。AFC 的主要原理是根据电网的动态负荷变化情况，调整发电机组的有功输出功率。当负荷增加时，电网的需求超过了发电机组的输出能力，此时系统频率会下降。为了使频率恢复到额定值，AFC 会调整发电机组的输出功率增加，以满足电网的需求。相反，当负荷减少时，AFC 会降低发电机组的输出功率，以避免频率过高。

具体来说，AFC 通常通过以下五个步骤实现频率的调节：

（1）频率测量：使用传感器或采样装置监测电网频率，并将其作为反馈信号输入控制系统。

（2）频率偏差计算：将测量到的频率与额定频率进行比较，计算出频率偏差。

（3）控制信号生成：根据频率偏差，控制系统计算出调整发电机组输出功率的控制信号。

（4）发电机组控制：根据控制信号，调整发电机组的阀门位置或控制变桨角度，改变输出功率。

（5）系统回馈和调整：持续监测频率并反馈给控制系统，进行动态调整，使频率保持在额定范围内。

AFC 的目标是实现电力系统频率的稳定。当频率超出设定的上下限时，AFC 会采取相应的措施来调整发电机组的有功输出功率，以使频率恢复到合适的范围内。这样可以保证电力系统的正常运行，同时确保各个连接到电网的设备能够正常工作，提供更快速、准确的频率调节响应。

当光伏系统接入电力系统后，AFC 面临着一系列的问题和挑战。这些问题主要源于光伏系统的特性和行为，对传统的频率控制机制带来了新的影响和限制。首先，光伏系统是受太阳辐射影响的能源源头，其输出功率会随着日照条件的变化而波动。这种功率波动会对电网负荷-供应平衡产生影响，可能导致频率的不稳定。在传统电力系统中，主要依靠传统发电机组的惯性来提供频率调节和稳定。但光伏系统的特性导致了一些影响频率控制的问题。其中一个最基本的问题是因为光伏发电的功率波动而导致的电力系统的频率变化。由于光伏系统的输出功率与太阳辐射量成正比，当太阳辐射量发生变化时，例如天空出现云层或遮挡物等，光伏系统的发电功率可能会出现快速变化。这种功率波动会直接影响电力系统中的负荷-供应平衡，导致频率的不稳定。因此，在光伏系统的管理控制中，需要考虑对这样的波动进行更加积极的管控，以确保电力系统的频率稳定。目前，广泛使用的方法是利用逆变器中的电子元件来控制输出功率，从而降低波动性。其次，光伏系统在电网上接入时，通常采用逆变器将直流光伏发电转换成交流电，并通过电网并联运行。然而，逆变器的响应速度有限，远低于传统发电机组的响应速度。这意味着光伏系统无法像传统发电机组那样快速提供有功功率调节，对频率控制的响应速度受到限制。在电网故障等异常情况下，需要迅速调整发电机组的输出功率来稳定电网频率。然而，由于逆变器响应速度慢，光伏系统的调节速度无法满足这种要求，导致频率控制变得更加困难。此外，光伏系统的高比例渗透可能会导致电网的功率不平衡。由于光伏系统的特性，其注入电网的是无功功率，而不是有功功率。这可能导致电网的有功功率不足或超出需求，影响到频率的稳定。此问题尤其在低载率情况下更加明显，对于电力系统的频率控制和稳定性构成挑战。在实际运行中，可以通过调整发电机组的输出功率、优化电力系统的调度等方法来解决这个问题。最后，与传统的发电机组相比，光伏系统缺乏旋转部件，旋转惯量较小，其频率调节能力受到限制。旋转惯量是指发电机组持续输出能量的能力，它对频率稳定性至关重要。传统的发电机组具有较大的旋转惯量，可以通过惯性保持系统的频率稳定。但是，光伏系统缺乏旋转部件，因此其惯性较低，使得频率控制更加复杂。为了弥补这个缺陷，需要开发新的控制策略来提高光伏系统的频率调节能力。

光伏系统的引入给有功频率控制带来了新的问题和挑战。对于实现稳定的频率控制，需要针对光伏系统的特性进行相关研究和改进措施，以确保光伏系统的无功和有功功率调节能够与传统发电机组协调工作，保障电网频率的稳定和可靠运行。

第二节　有功频率控制理论基础

一、有功与频率平衡

光伏系统中的有功与频率平衡是指光伏发电系统在接入电力网络时，通过调整有功功率与电网频率之间的平衡，以确保系统的稳定运行和电网的正常运行。在光伏发电系统中，光能通过光伏组件转化为直流电能，然后通过逆变器将直流电转换为交流电，以与电网进行连接。在这个过程中，有功功率是指系统输出的实际功率，而频率是指电网中电压和电流波形的周期性变化频率。有功功率与频率之间的平衡是至关重要的，它受到电力网络的负荷需求和供电能力的影响，如果光伏系统输出的有功功率过多或过少，会导致电网频率偏离标准值，进而影响其他接入电网的设备和用户的正常用电。

考虑功率与负荷频率调节特性的潮流方程为

$$\begin{cases} P_{\mathrm{G}i} - P_{\mathrm{D}i} - P_i = 0 \\ Q_{\mathrm{G}i} - Q_{\mathrm{D}i} - Q_i = 0 \end{cases} \quad i = 1, 2, \cdots, n \tag{13-1}$$

式中　$P_{\mathrm{G}i}$——节点 i 所在发电机输出的有功功率，W；

$Q_{\mathrm{G}i}$——节点 i 所在发电机输出的无功功率，W；

$P_{\mathrm{D}i}$——节点 i 的有功负荷功率，W；

$Q_{\mathrm{D}i}$——节点 i 的无功负荷功率，W；

P_i——节点 i 的注入有功功率，W；

Q_i——节点 i 的注入无功功率，W。

若节点 i 所在发电机输出的有功和无功功率不存在发电机，则为 0。

将频率引入该潮流模型，得到

$$P_{\mathrm{G}i} = P_{\mathrm{G}i0} - K_{\mathrm{G}i}\left(f - f_0\right) \tag{13-2}$$

$$Q_{\mathrm{G}i} = \frac{Q_{\mathrm{G}i0}}{U_{i0}} U_i - K_{\delta i}\left(U_i - U_{i0}\right) U_i \tag{13-3}$$

$$P_{\mathrm{D}i} = \left[A_{\mathrm{P}i} + B_{\mathrm{P}i}\left(U_i / U_{\mathrm{N}i}\right) + C_{\mathrm{P}i}\left(U_i / U_{\mathrm{N}i}\right)^2\right]\left[1 + K_{\mathrm{Pf}i}\left(f - f_{\mathrm{N}}\right) / f_{\mathrm{N}}\right] P_{\mathrm{DN}i} \tag{13-4}$$

$$Q_{Di}=\left[A_{Qi}+B_{Qi}\left(U_i/U_{Ni}\right)+C_{Qi}\left(U_i/U_{Ni}\right)^2\right]\left[1+K_{Qfi}\left(f-f_N\right)/f_N\right]Q_{DNi} \tag{13-5}$$

$$\begin{cases} P_i=U_i\sum_{j=1}^{n}U_j\left(G_{ij}\cos\delta_{ij}+B_{ij}\sin\delta_{ij}\right) \\ Q_i=U_i\sum_{j=1}^{n}U_j\left(G_{ij}\sin\delta_{ij}-B_{ij}\cos\delta_{ij}\right) \end{cases} \tag{13-6}$$

式中　K_{Gi}——第 i 台发电机的有功-频率特性系数；

$K_{\delta i}$——第 i 台发电机的无功-电压特性系数，W；

f——系统频率，Hz；

U_i——节点 i 的电压幅值，W；

P_{DNi}——节点 i 在节点电压为 U_{Ni} 和频率为 f_N 条件下的有功负荷功率，W；

Q_{DNi}——节点 i 在节点电压为 U_{Ni} 和频率为 f_N 条件下的无功负荷功率，W；

A_{Pi}、B_{Pi}、C_{Pi} 和 A_{Qi}、B_{Qi}、C_{Qi}——负荷模型的电压特性参数；

K_{Pfi}、K_{Qfi}——负荷模型的频率特性参数；

G_{ij}、B_{ij}——节点导纳矩阵中第 i 行第 j 列元素的实部和虚部；

δ_{ij}——节点 i 和节点 j 的电压相角差，度。

负荷模型的电压特性参数，有 $A_{Pi}+B_{Pi}+C_{Pi}=1$， $A_{Qi}+B_{Qi}+C_{Qi}=1$；下标“0”表示当前运行状态下相关变量的值。

有功频率调节特性是电力系统中一个关键的参数，它体现了机组和负荷对频率变化的响应能力。在潮流模型中考虑了有功频率调节特性后，系统的频率、节点电压与机组输出功率及负荷功率之间建立了密切的联系，从而提高了电网频率和潮流分布计算结果的准确性。这一特性有着重要的参考价值。有功频率调节特性反映了机组和负荷的自然有差调节属性。在电力系统中，机组和负荷对频率的变化都有一定的自适应能力，会根据系统的需求进行相应的响应调整。机组主要通过调整输出功率来实现频率调节，而负荷则通过调整消耗功率来响应频率变化。有功频率调节特性的考虑使得潮流模型更加贴近实际情况，能够更准确地描述系统中机组和负荷之间的相互作用。有功频率调节特性的能够将系统频率、节点电压与机组输出功率及负荷功率联系起来。在潮流计算中，系统频率和节点电压是非常重要的参数，它们直接影响着电力系统的稳定性和正常运行。有功频率调节特性的引入可以帮助建立起这些参数与机组输出功率、负荷功率之间的关系，从而更全面地了解系统中的能量分布和传输情况。有功频率调节特性还可以提高潮流计算结果的准确性。潮流计算是电力系统规划和运行的基础，其结果直接影响到系统的稳定性和安全性。传统的潮流模型在计算过程中通常忽略了有功频率调节特性，导致计算结果与实际情况存在一定的偏差。而引入有功频率调节特性后，可以更精确地模拟机组和负荷的响应行为，进而提高潮流计算的准确性，为电力系统的规划和运营提供可靠的参考依据。

二、有功功率与频率调节

在光伏系统中，调节有功功率与频率是非常重要的。在对电网反馈控制上，通常采用电网反馈控制方式调节有功功率与频率。这种控制方式基于电网的供需平衡原理，通过调节光伏系统的输出功率，使其与电网需求匹配，从而保持电网频率稳定。为了进一步提高光伏系统的稳定性和可靠性，可以引入储能系统，将多余的光伏电能储存起来，用于在光照不足或电网需求高峰时提供电能。通过合理调度储能系统的充放电过程，可以实现对有功功率和频率的调节。具体控制方法包括储能系统的充放电控制与储能系统与光伏系统的协调控制。根据电网负荷需求和光伏系统的输出功率情况，确定储能系统的充电和放电策略，使其在电网负荷低谷时进行充电，在电网负荷高峰时进行放电，以平衡供需关系；通过建立储能系统与光伏系统之间的协调关系，根据两者的工作状态和电网需求，实现有功功率和频率的调节。同时也可以采用控制策略的优化方法，通过数学建模和优化算法，寻找最优的控制策略。一种常用的优化方法是模型预测控制（MPC），该方法通过建立光伏系统的数学模型，预测未来时刻的电网负荷需求和光伏系统的输出功率，并通过优化算法确定最佳的控制策略，使得光伏系统能够快速、准确地调节有功功率和频率。

第三节　传统控制策略

一、MPPT 控制算法

在实际应用中，有多种 MPPT 控制算法可供选择，如伏安特性比较法、模拟斜坡法、脉冲响应法等。这些算法根据光伏阵列的输出特性和工作条件来确定最佳的工作点。

对于一个高效的光伏系统，最大功率的跟踪至关重要。利用综合扰动观察法跟踪速度快和元启发式算法全局寻优能力好的优点，先通过元启发式算法搜索到全局最大功率点附近，然后切换到扰动观察法快速平稳地跟踪到全局最大功率点。

P&O 算法（perturb and observe algorithm）是一种常用于太阳能光伏系统中的 MPPT 算法。该算法通过调整光伏阵列的工作电压或电流，以实时追踪太阳能光伏系统输出的最大功率点。其基本原理为：

（1）设置一个初始工作点，通常是在光伏阵列的伏特-安培特性曲线上选择一个合适的点作为起始点；

（2）微调工作点的电压或电流值，通常通过改变电压或电流的小幅度增量（扰动）来实现；

（3）测量新的工作点对应的功率输出，并与当前的功率输出进行比较；

（4）如果新的功率输出比当前的功率输出更高，则保持新的工作点，并重复（2）和（3）。

（5）如果新的功率输出比当前的功率输出更低，则反向调整工作点，并重复（2）和（3）。

重复以上步骤，直到找到输出功率的最大值或达到预定的停止条件（例如连续多次扰动后功率没有明显提高）。

P&O 算法的实现相对简单，不需要复杂的数学模型或高级控制策略，只需根据当前功率变化进行简单的扰动和观察即可。它可以实时追踪并调整工作点，以适应光照条件的变化，从而实现 MPPT 算法。P&O 算法适用于不同类型的光伏阵列和系统，可以与多种光伏组件和控制器配合使用。相对于其他更复杂的 MPPT 算法，P&O 算法的硬件和实施成本较低，适合一些预算有限的应用场景。但其也有一些缺点，P&O 算法容易因为过大或过小的扰动而引起工作点在最大功率点附近来回振荡，导致功率输出不稳定。由于 P&O 算法是通过扰动检测功率变化来寻找最大功率点，在扰动过程中可能会出现功率下降的情况，导致额外的功率损失。当光伏阵列工作于部分阴影或多峰性光照条件下，P&O 算法可能会被局部极值点所误导，无法准确找到全局最大功率点。P&O 算法在光照变化较快的情况下，响应速度可能相对较慢，需要较长的时间才能收敛到最大功率点，如图 13-1 所示。

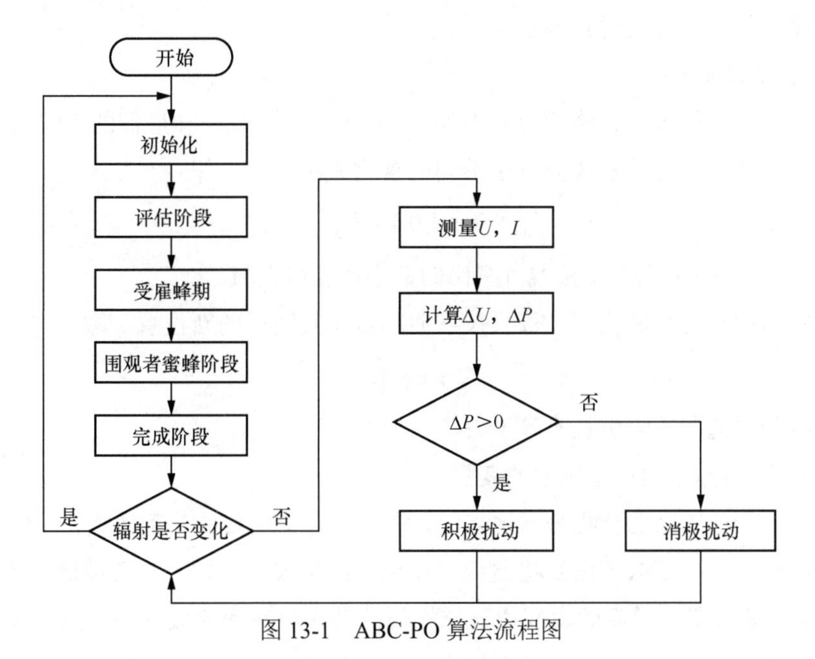

图 13-1　ABC-PO 算法流程图

P&O 算法首先测量初始光伏系统的电压和电流，并计算相应的功率。其次，考虑 DC-DC 变换器在一个方向上电压（ΔU）或占空比（ΔD）的微小扰动，计算相应的功率。最后，与之前的功率值进行比较。如果功率变化（ΔP）为正，则摄动方向正确；否则方向应该反。P&O 算法会在最大功率点周围存在振荡，且不能跟踪特殊情况下光伏系统的全局最大功率点，从而落在当前最大功率点上。这导致了能量提取的减少，从而降低了系统的效率。

为了应对太阳辐照度变化对光伏系统最大功率点的影响，在 P&O 算法的基础上引入人工蜂群算法。在最大功率点追踪中，为了在给定辐照度和天气条件下追踪最大功率点将 DC-DC 转换器插入光伏组件和负载之间。通过调整 DC-DC 变换器开关的占空比，使得光伏板在其最大功率运行。使用 ABC 算法优化变流器占空比时，以光伏系统的输出功率作为适应度函数。决策变量即占空比，在算法中被称为食物源位置。

ABC 算法（artificial bee colony algorithm）是一种基于蜜蜂觅食行为的启发式优化算法。它模拟了蜜蜂群体在寻找食物过程中的行为，通过觅食蜜蜂的交流和协作来搜索最优解。ABC 算法的原理相对简单，容易理解和实现。与其他优化算法相比，ABC 算法不需要复杂的数学推导和参数调整，使得它具有更低的实施门槛。ABC 算法适用于解决大规模问题。由于其并行搜索的特点，多个工作蜜蜂可以同时探索不同的解空间区域，从而加快了搜索速度并提高了算法的效率。ABC 算法可以与其他算法相结合，形成混合优化算法。例如，可以将 ABC 算法作为局部搜索的一部分，与遗传算法或粒子群算法等全局搜索算法相结合，从而兼顾全局搜索和局部搜索的能力。但 ABC 算法面临的主要挑战是如何在最短时间内找到全局最优解。为此需要将优化问题转化为寻找最优参数解的问题，通过最小化目标函数实现。随后，人工蜜蜂会随机地遇到一组主要的决策变量，并采用贪婪选择策略操作较精确的解，淘汰较差的解，并定期对其调整。

ABC 算法步骤如下：

（1）初始化和评估阶段。蜂群的大小为 s，其中，一半代表被雇佣的蜜蜂，另一半代表旁观的蜜蜂。所有被雇佣的蜜蜂分布在不同的食物来源位置，即

$$x_i = d_{\min} + \text{rand}[0,1]\left(d_{\max} - d_{\min}\right) \tag{13-7}$$

式中　$d_{\min}$、$d_{\max}$——DC-DC 变换器占空比的最小值和最大值。

（2）确定新的食物来源位置。每只被雇佣的蜜在其附近的新位置，即

$$x_{i-\text{new}} = x_i + \varphi_i\left[x_i - x_k\right] \tag{13-8}$$

式中　k——随机选取的索引且不等于 i；

φ_i——在[−1,1]之间任意选取的变量。

当蜜蜂探索到一个新的食物来源地点时，它会检查该位置的花蜜数量。如果新位置的花蜜比之前的位置更多，那么该蜜蜂将继续留在更新的位置。否则，它会被调回原来的位置。在不同的食物来源位置，受雇的蜜蜂通过摇摆舞的动作将花蜜的数量传递给围观的蜜蜂。围观蜜蜂通过贪婪搜索过程选择最好的食物源位置，并成为侦察兵去探索一个新的地方。通过比较与各种食物位置相关的概率因子来确定花蜜最多的食物来源位置，即

$$p_i = \frac{fit_i}{\sum_{N=1}^{N_p} fit_N} \tag{13-9}$$

式中　fit_i——其中为第 i 个位置的适合度因子。

当光伏系统的输出功率没有进一步提高，DC-DC 变换器便得到最佳的占空比工作。且每当输出功率发生变化时，满足下式，整个过程就会重新启动，即

$$\left|\frac{P_{pv}-P_{pv\_old}}{P_{pv\_old}}\right| \geqslant \Delta P_{pv}\% \tag{13-10}$$

二、固定功率控制

光伏系统中的有功频率控制是指通过调节光伏发电系统的输出功率，以使得系统连接到电网时能够满足电网对有功功率的需求，并保持电网频率稳定。固定功率控制是其中一种常见的控制策略，通过固定光伏系统的输出功率来实现对有功频率的控制。固定功率控制的原理是在光伏发电系统中设置一个固定的输出功率值，当光照条件发生变化时，系统会根据输出功率的设定值自动调节光伏阵列的工作状态，使得系统输出的有功功率保持在设定值附近。固定功率控制的目的是保证光伏系统与电网的有功功率平衡，避免过多或过少的能量注入电网，从而维护电网的稳定运行。

固定功率控制可以通过软件或硬件的方式来实现。在软件层面上，可以通过控制光伏逆变器的工作模式和参数来实现固定功率控制。常见的方法包括调节光伏阵列的工作点、改变逆变器的直流输入电压或者直流侧的电流限制等。在硬件层面上，可以通过增加光伏阵列的数量或者容量来实现固定功率控制。

固定功率控制的一个重要问题是如何确定合适的输出功率设定值。一种常见的策略是根据电网的需求和光照条件来确定输出功率的设定值。例如，在变化较小且稳定的时段，可以根据电网的基础负荷来设置固定功率值，保持系统输出的功率与电网需求基本匹配。而在变化较大的时段，可以根据光照强度和预测模型来估计光伏阵列的最大功率点，并将固定功率设定值设置为该最大功率点的一定比例，以满足电网的需求。

固定功率控制具有一定的优点和局限性。其优点包括控制简单、稳定性高、实施成本低等。由于固定功率控制不需要实时监测电网频率和光照强度，因此对控制系统的要求较低，适用于规模较小、光照条件变化较缓慢的光伏系统。然而，固定功率控制无法适应光照强度快速变化和电网负荷波动较大的情况，可能导致光伏系统输出功率与电网需求之间的不匹配。

随着光伏技术的不断发展和智能化水平的提高，固定功率控制正逐渐向更为灵活和精确地控制策略演进。例如，基于天气预报和多智能体系统的控制策略可以更好地预测光照条件和电网负荷，并实现动态调节光伏系统输出功率的目标。此外，结合储能技术和虚拟电厂的发展也将为光伏系统的有功频率控制提供更多选择和优化方案。固定功率控制是光伏系统中常见的一种对有功频率进行控制的策略。它通过在光伏发电系统中设置一个固定的输出功率值来维持光伏系统与电网的功率平衡，以保证电网的稳定运行。但固定功率控制也存在一定

局限性，无法适应光照强度和电网负荷快速变化的情况。未来，随着相关技术的发展，光伏系统的有功频率控制将朝着更加智能、灵活和精确的方向演进。

三、负载调节控制

光伏系统的负载调节控制是指通过对光伏系统中连接的负载进行调节，使其能够适应光伏系统的电压和频率变化，从而保证系统的稳定性和正常运行。

有功频率控制主要是为了保持光伏系统的输出电压和频率稳定，以便与电网连接。在实际应用中，光伏系统需要将其直流电能转换为交流电能，并通过逆变器将交流电能输送到电网中。因此，有功频率控制中的负载调节控制通常是通过调节逆变器的输出功率来实现的。

逆变器的输出功率控制是实现有功频率控制中的负载调节控制的关键。在实际应用中，光伏系统需要将其直流电能转化为交流电能，并通过逆变器将交流电能输送到电网中。由于光伏系统的输出电压和频率都不稳定，因此需要对逆变器的输出功率进行调节以保证系统稳定。逆变器的控制策略是指如何通过逆变器来实现有功频率控制中的负载调节控制。

有功频率控制中的负载调节控制是光伏系统中非常重要的一个环节，它可以保证光伏系统的输出电压和频率稳定，以便与电网连接。在实际应用中，有功频率控制中的负载调节控制通常是通过调节逆变器的输出功率和控制策略来实现的。因此，正确的负载调节控制策略是非常重要的。

第四节 有功频率优化

光伏发电是一种清洁、可再生的能源形式，具有广阔的应用前景。然而，由于光伏系统输出功率的波动性和不稳定性，与传统发电方式存在一定的差异。这种波动性可能会对电网的稳定性和品质产生一定的影响，其中之一就是光伏频率扰动的问题。光伏频率扰动是指光伏系统接入电网后，由于太阳辐射强度的变化等因素导致输出功率波动，进而引起电网频率的变化。这种频率变化可能会对电力系统的运行产生不利影响，例如引起电气设备的异常运行、损坏以及对接入电网的其他用户造成供电质量下降等问题。

为了解决光伏频率扰动问题，并优化光伏系统的运行，电池容量的合理运用成了研究的焦点。电池储能技术可以在光伏系统输出功率波动时提供稳定的电能供给，从而减小光伏频率扰动对电网的影响。通过设定电价判断，且考虑频率扰动的情况下对光伏系统进行充放电，可以有效平衡光伏系统的发电与负荷需求，并保证系统稳定性和可靠性。通过对光伏频率扰动与电池容量的运行优化进行全面的研究分析，旨在为光伏系统的设计、运行和管理提供科学合理的建议和决策依据，同时也对光伏发电技术的普及和推广具有重要的

理论和实践价值。

光伏调频贡献电量是指光伏系统通过调整输出功率，对电力系统的频率稳定性产生的积极影响，以及由此带来的节省传统发电成本的量化指标。一次调频实际贡献电量是指在调频期间，实际发电输出与参考发电输出之间的差异所形成的积分电量。当实际发电输出小于参考发电输出时，这个差值为正数，表示光伏系统对电网提供了额外的电量；当实际发电输出超过参考发电输出时，这个差值为负数，表示光伏系统向电网提供了较少的电量。

图 13-2 所示为某时段电网频率的变化曲线。在 t_s 时刻，频率已经超出了频率死区，此时系统进入了调频阶段，$P(t_s-\Delta t)$为调频的参考发电出力。

当不考虑光伏出力被电网安全约束限制时，光伏逆变器的有功频率下垂控制曲线如图 13-3 所示。

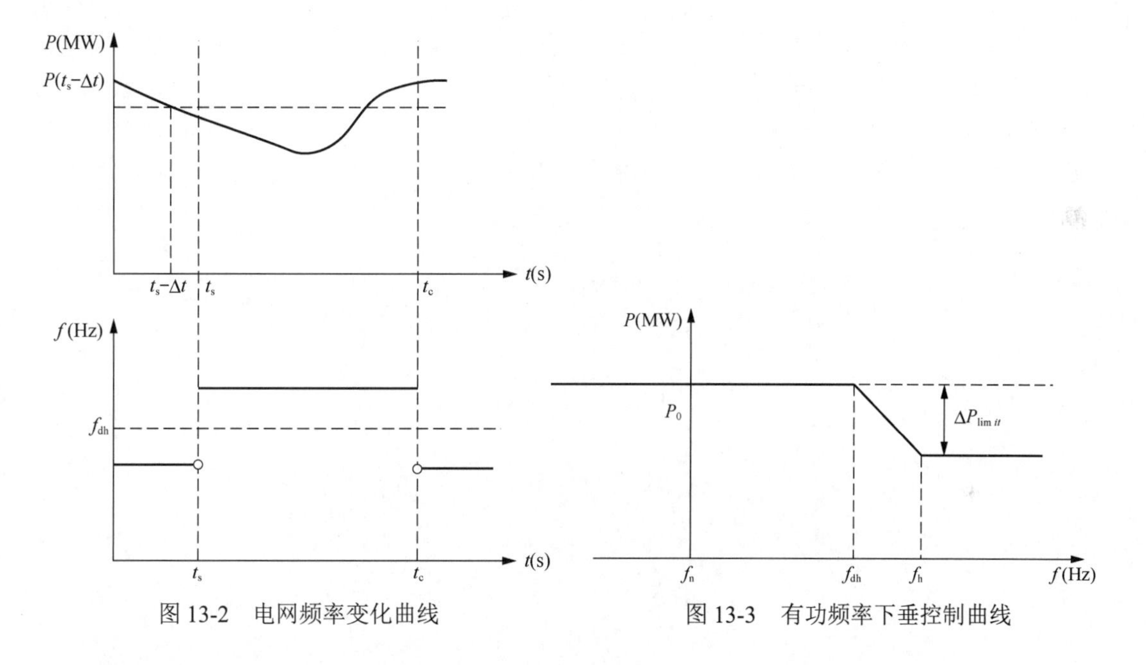

图 13-2　电网频率变化曲线　　　　图 13-3　有功频率下垂控制曲线

光伏基于频率变化的调节功率的计算式为

$$\Delta P_{\mathrm{f}}=\begin{cases}0 & f\leqslant f_{\mathrm{dh}}\\ \dfrac{f-f_{\mathrm{dh}}}{f_{\mathrm{h}}-f_{\mathrm{dh}}}\Delta P_{\mathrm{limit}} & f_{\mathrm{dh}}<f<f_{\mathrm{h}}\\ \Delta P_{\mathrm{limit}} & f\geqslant f_{\mathrm{h}}\end{cases} \tag{13-11}$$

光伏阵列的输出受太阳光照强度的影响，具有很大的不确定性。在日出和日落时段，光伏阵列只能输出较小的功率，因为此时太阳的角度较低，光线穿过大气层的路径较长，导致光照强度较弱。而在夜间，光伏阵列无法接收到太阳的光线，因此输出功率降为零。这种情况主要是由于光伏技术的工作原理决定的。光伏阵列中的太阳能电池将太阳能转化为电能，但太阳光的强度会随着时间、天气和地理位置的变化而改变。光伏阵列通常被设计为在太阳高照射强度的时候输出最大功率。然而，在光照较弱或完全没有太阳光的情况下，光伏阵列的输出功率会相应减小或降为零。

电网对光伏电站的一次调频功率需求为根据下垂特性函数计算得出的下调功率 $\Delta P_f(t)$和调频参考发电出力 $P(t_s-\Delta t)$较小值，即

$$\Delta P_{reg}(t)=\min\left\{\Delta P_f(t),P\left(t_s-\Delta t\right)\right\} \tag{13-12}$$

光伏系统的有功频率优化可以减少对电网和其他设备的干扰，提高供电质量。在实际应用中，还需要结合天气条件和负载变化等因素，采用反馈控制系统进行实时调节和优化，以实现光伏系统的最佳性能。这将有助于推动光伏系统的可持续发展并促进清洁能源的利用。

第十四章
光伏发电及并网展望

进入 21 世纪以来，我国的光伏发电与并网技术获得了充分的发展，光伏发电并网前景无可限量。但是，由于光伏并网技术起步较晚，发展难度较高，因此还有很大的上升空间。就目前而言，未来可预见的光伏并网技术发展方向包括以下几个方面：减少光伏并网发电成本，尽可能提高光伏发电与并网技术的效率，同时提升对太阳能资源的利用率；在现代科学技术的支持下，我们必须有效地整合新能源和科技，努力开创光伏并网技术的新方向和新融合；优化光伏并网技术，丰富组件级产品，以更加先进更加全面的组件和技术推动光伏并网发电技术走向美好的未来。

光伏材料的逐步优化，是光伏并网系统未来发展的重要途径之一。太阳能光伏材料和系统的最新进展已经显著提高了效率、成本和耐用性。由于这些进步，光伏发电已成为一种更现实的应用选择，包括发电、抽水和太空探索。

（1）薄膜太阳能电池的发明是光伏技术的一大重大进展，薄膜太阳能电池由比 C-Si 太阳能电池薄得多的材料构成，它们更轻，生产成本更低。薄膜太阳能电池也比 C-Si 太阳能电池更灵活，使其能够用于更广泛的应用。与传统的晶体硅太阳能电池相比，这类太阳能电池对光伏材料的需求量小，一般仅有几微米厚，制备工艺简单。薄膜适合大面积沉积，制作成本低，且有较低的温度系数，即使在较高的环境温度下也具有良好的性能。此外，因其质量轻便，可以与建筑完美结合形成光伏建筑一体化（BIPV），减少占地面积。总之，薄膜太阳能电池具有材料用量少、灵活性强、制造成本低等优势，未来将有望成为光伏市场的主流，在更广泛的领域中具有广阔的应用前景。

（2）太阳能光伏材料和系统的其他最新进展包括开发新材料，如钙钛矿，其有可能实现比 C-Si 太阳能电池更高的效率，开发可以降低光伏组件成本的新制造工艺，以及开发新的光伏应用，例如太阳能汽车。专家指出，钙钛矿太阳能电池凭借高效率、低成本、低能耗、应用场景丰富等特点，在降低光伏成本革命中备受关注，但其耐用性和稳定性仍需进一步提高。据美国《华尔街日报》网站近日报道，单结钙钛矿电池的理论转换效率可达 33%，而钙钛矿/硅串联电池的理论转化效率可达 43%，都超过单晶硅电池 29.4%的理论转换效率。今年 6 月，阿卜杜拉国王科技大学称，该校研制的钙钛矿/硅串联太阳能电池的转换效率高达 33.7%，创下世界纪录。此外，钙钛矿电池还具有轻、薄、可弯曲等特点，可铺设在传统硅基电池无法覆盖的墙壁表面或列车车顶，操作工序十分简单，且价格几乎减半。基于以上优势，钙钛矿太阳能电池前景不可限量。

（3）在高效晶硅电池中，隧穿氧化物钝化接触太阳电池（tunnel oxide passivated contact solar cell，TOPCon）因其优异的表面钝化效果以及与传统产线兼容性好的优势而受到持续关注。该电池最显著的特征是其高质量的超薄氧化硅和重掺杂多晶硅的叠层结构，对全背表面实现了高效钝化，同时载流子选择性地被收集，具有制备工艺简单、使用 N 型硅片无光致衰减问题和与传统高温烧结技术相兼容等优点。TOPCon 太阳电池有着优良的钝化特性以及与产业链的良好兼容特性，具有巨大的潜力。然而，对于重掺杂多晶硅层，现有的 LPCVD、PECVD

技术具有工艺复杂、污染环境、成本高等问题，而最新研究的溅射法制备的 TOPCon 电池效率又远低于传统方式，所以我们还要继续探究新的环保节能的制备方式。未来 TOPCon 电池在大面积的工业生产上也会得到更好的应用，将逐渐取代当前的 PERC 电池；在效率方面也将逐步接近硅基太阳电池理论极限。此外，TOPCon 电池的全区域钝化也能很好地与钙钛矿电池结合成叠层电池，将成为未来太阳电池效率提升的重要途径。

（4）碳纳米管作为光伏电池材料的研究也是光伏领域的突破之一，碳纳米管具有独特的一维结构和优异的光特性，是构建光伏电池的理想材料。碳纳米管具有优异的光电性能，被认为是制作光伏电池的理想候选材料，有良好的化学稳定性、灵活的加工性以及碳元素储量丰富的特点有利于碳纳米管基光伏电池的工业化生产和应用。碳纳米管在作为导电电极时，主要应用在新一代光伏电池，包括染料敏化、钙钛矿有机光伏电池。这类光伏电池主要依靠碳纳米管优异的导电性和机械稳定性以达到载流子的高效收集。尤其是在机械性能方面，碳纳米管可以很好地取代 ITO 作为柔性光伏电池的电极材料。目前碳纳米管被广泛用于取代昂贵的 Pt、Au 或 ITO 作为导电电极，改进方式包括对碳纳米管复合，表面修饰以及金属或金属氧化物的掺杂，这些方法提高了光伏电池的转换效率。然而这类光伏电池的工业化应用仍然有许多挑战需要克服，例如碳纳米管的导电性和光学透明度低于 ITO 电极，仍需通过开发新的碳纳米管制备技术来提升这类性能。

除了光伏材料的进步，光伏组件也取得了实质性的进步。如今，光伏系统具有许多有助于提高效率、耐用性和可靠性的组件，其中包括但不仅限于光伏支架和光伏板。

（1）作为太阳能系统的重要组成部分，光伏支架结构的承载能力设计至关重要。它由薄壁钢构件组成，在受到应力后容易发生弯曲和扭转屈曲。2023 年开始一种减小支架受损的方法备受关注，该方法用于光伏模块的控制系统，具有控制模块，该控制模块用于根据支撑扭转检测模块发送给控制模块的一组第一反馈信号、一组第二反馈信号和扭转结果信号来控制每个驱动模块的操作。该系统具有与控制模块电连接的支撑扭转检测模块。控制模块，用于根据支撑件扭转检测模块发送给控制模块的一组第一反馈信号、一组第二反馈信号和扭转结果信号来控制每个驱动模块的操作，使得支撑件的扭转角度小于设定角度。该组第一反馈信号由每个第一检测单元输出的第一反馈信息提供，该组第二反馈信号由每个第二检测单元输出的第二反馈信息提供，扭曲结果信号由支架正常信号和支架扭曲信号提供。该系统降低了支架发生扭转的概率，从而降低了支架损坏的风险，同时该系统避免了当驱动模块根据单个反馈信号操作时，由于单个反馈信号反馈的组件不准确而导致光伏组件倾斜，从而使支架断裂的风险，减少了支架损坏的概率，具有优秀的使用价值。

（2）光伏板也是光伏系统的重要组成部分，光伏板的清洁与否极大程度上决定了光伏发电效率的高低。光伏电池板表面积聚的灰尘会减少入射到电池板上的阳光量，从而降低电池板的输出，从而降低其效率。目前正在实施多种做法来清洁光伏电池板，其中一些包括面板的手动清洁、压电制动器、电动窗帘系统、使用纳米膜的自清洁机制和机器人系统。不同大小的颗粒灰尘对光伏板的影响各不相同，因此所采用的清洁技术的选择应取决于灰尘的特性及其在光伏组件安装区域的特性。尽管研究人员提出了使用自主清洁机器人和自动雨刷清洁太阳能电池板的各种方法，但它们大多是预先定义的，只可以在一定的时间间隔内运行。增强这些所提出的清洁系统的控制算法可以帮助更好地清洁面板，并有助于优化清洁任务。基于输出参数，如电压或电流参数，并考虑太阳辐照度水平和温度，可以实现基于强化学习的机器学习算法来跟踪受影响的太阳能电池板。这些机器学习算法可以帮助确定输出参数变化的原因，无论是由于灰尘颗粒还是由于辐照度或温度的变化，并且可以采取正确的行动来决定是否清洁面板，这样有助于优化清洁系统，并对参数的变化做出非常快速的响应，并有助于提高太阳能光伏系统的效率，符合光伏系统未来发展方向。

光伏逆变器是光伏系统的重要组成部分，近年来智能逆变器想法的提出引起了广泛讨论。当逆变器具有自容性、自修复性并提供辅助服务时，它可以被称为“智能逆变器”，智能逆变器具有与电网交互并提供补充服务的能力，具有调节电网电压和频率的能力，以及为电网维护提供自主辅助服务的能力，为未来设计的太阳能逆变器将具有自我管理、自我适应、自我安全和自我治愈的能力。内部开关短路是逆变器故障的一个潜在原因，可能会危及系统，智能逆变器能够及时检测到这些故障并采取措施将其解决，拥有普通逆变器无法比拟的自我修复能力、改变和适应环境的能力以及安全性。此外，智能逆变器具有多种操作模式且能够在它们之间切换，而不会对设备的正常性能产生负面影响。人工智能在太阳能发电厂的使用进一步为其在包含智能电网的环境中的灵活性铺平了道路，显而易见，智能逆变器的设计符合未来光伏系统的发展方向，具有极其广阔的前景。

智能逆变器用途广泛，能力优异。智能逆变器可以根据从内部和外部环境中收集的信息，主动客观地做出决策。例如，通过向电网提供辅助服务，逆变器可以被设计为在异常条件下提高电能质量。首次安装时，逆变器设置为电网友好型配置，当逆变器设置为电网形成模式时，可以在自然灾害等造成的大范围停电后创建独立的微电网。当电压非常高时，无功功率损耗在总功率损耗中的比例通常占主导地位，而非电阻功率损耗比例。静态 VAR（无功伏安）补偿是智能光伏逆变器无功功率容量的一种用途，这种补偿器能够响应来自监控和数据采集（SCADA）系统的指令，或者自行降低或提高线路下的交流电压，这种实现的主要好处是所用组件的低成本。鉴于智能逆变器的日益普及，其长期目标是减少对昂贵的电网加固措施的需求，智能逆变器比传统逆变器具有更大的影响，因为它们能够检测孤岛现象并将电力转换为更高的频率，而不会错过最大功率点，这增加了智能逆变器带来改进的可能性。电网可以通过使用智能逆变器和现有基础设施来支持更多的可再生能源。随着电网的智能化，一些电能质量问题恶化，包括谐振和谐波失真、闪烁、与电压和频率有关的稳定性以及系统的整体可靠性下降，现代智能逆变器中的有源电力滤波器，可以减少或消除其中的一些谐波；此外，在精心设计的控制器架构的帮助下，智能逆变器可以执行虚拟解调器的功能，从而降低网络中谐波谐振中的可能性。

在未来的不断发展中，智能逆变器可能具有以下能力：在穿越能力方面，智能逆变器可以通过执行穿越操作来提供 VAR 支持并保持系统连接；在线路损耗方面，在 IEEE 1547.8 和 UL 1741 标准发布后，智能逆变器能够在系统中注入和吸收 VAR，因此，线路损耗可能会大幅减少，从而节省成本；在电压功率因数校正的调节方面，避免公用事业罚款的一个好方法是使用带有专用控制器的智能逆变器来执行系统中的电压调节和本地负载的功率因数校正；在虚拟失谐方面，具有专用控制器的智能逆变器可以使用虚拟失谐来减轻网络谐波谐振现象的影响，谐波也可以通过该步骤来减少；在缓解临时过电压（TOV）现象方面，智能逆变器可用于单线接地故障和双线接地故障的健康阶段，以有效缓解 TOV；在防孤岛检测方面，智能逆变器能够使用给定的技术分析瞬态故障；在逆潮流方面，通过智能逆变器进行电压调节，可以缓解由 DER 的内向功率流产生的电压尖峰，它还帮助分布式能源（DER）的广泛采用，如风能和太阳能以及电动汽车（PEV）；在发电方面，真正的发电是可行的，除此之外，补充服务的无功发电/吸收可以利用智能逆变器的未使用容量来实现；在电力系统恢复方面，智能逆变器可以通过保持恒定的 VAR 水平来帮助恢复电力系统，同时为黑启动和启动功率提供实际功率；在增强功率传输能力方面，在线路中点安装智能逆变器使其能够以 STATCOM 的方式成功执行分路校正，从而提高线路的输电能力，这种在热约束条件下增加的容量将允许将额外的 DER 集成到系统中。这里也有许多经济收益，不需要新的输电线路；在次同步谐振方面，借助具有专门控制的智能逆变器，可以减少次同步谐振（SSR），智能逆变器可能能够完全取代对 STATCOM 的需求。正是智能逆变器可能会具有的这些能力，使智能逆变器在光伏发电与并网系统中具有广阔的前景。

除了光伏材料与光伏组件的进展，光伏并网技术在有功频率和无功电压协调控制方面也取得了长足的长进。

（1）快速频率响应技术是有功无功协调控制中重要的一环。随着大容量、高比例的新能源集中接入电网，电力结构发生了巨大变化，可供电网使用的快速频率响应资源逐渐减少。如果发生大功率直流闭锁，将对电网频率安全构成严重威胁，电网频率调节压力和安全运行风险将持续增加。近年来一种基于等效建模的光伏发电厂快速频率响应技术逐渐走入人们视线。根据等效建模原理，通过光伏阵列、光伏逆变器、光伏变压器、元变换器和收集器的参数，建立了单个光伏电站的等效模型。基于光伏电站单机等效建模，根据光伏电站快速频率响应的性能要求，结合光伏电站的特点，进行了光伏电站快速响应的可行建设方案和项目实施案例研究，得出以下结论：对于现有的光伏电站，光伏电站的快速频率响应功能可以通过修改 AGC 系统、安装快速频率响应装置或修改逆变器来实现。对于新型光伏发电厂，在设计中可能需要具有快速频率响应功能的产品。为了进行抗干扰性能验证，光伏电源的快速频率响应装置可以正确地识别站点。快速频率响应功能没有故障，频率响应没有故障，在瞬态频率扰动期间，电站有功功率输出稳定。在 AGC 协调测试中，协调控制逻辑设计满足电网安全运行的要求。两个实际案例的分析表明，快速频率响应装置可以使光伏电站在一次调频和功率快速调节方面具有更好的调节效果。它可以实现 AGC/AVC 与光伏电站快速频率响应功能的集成，使光伏电站在一次调频和快速功率调节方面具有良好的调节效果。

（2）电压调节也是光伏并网技术中不可或缺的一环。直流微电网由于其直流特性，与光伏发电高度兼容，然而，随着光伏电源越来越多地集成到直流微电网中，传统的最大功率点跟踪（MPPT）算法可能会导致过电压和功率波动等问题，由于光伏的间歇性和随机性，保持直流母线电压的稳定性变得很有挑战性。因此，为了降低存储系统的投资和维护成本，PV 需要创新的控制方法来提供 DC 总线电压调节服务。近年来科研人员提出了一种新的基于特性曲线拟合的有功功率控制策略，直流微电网光伏电源电压调节策略。首先，为了灵活准确地调节光伏输出功率，他们提出了一种特性曲线拟合方法。使用与真实 PV 的 P-U 曲线非常相似的 PV 特性曲线，增强了控制性能和鲁棒性。对比研究结果表明，电压过冲可以减轻 95%，响应速度可以提高 80%。之后他们基于所提出的有功功率控制方法，设计了一种新型的 V-P 型下垂控制，使光伏电源能够提供主要的电压调节服务。使用这种控制策略，光伏源可以根据电压水平和辐照度自适应地参与系统电压调节或保持在 MPPT 模式。当辐照度足够且直流母线电压超过其标称值时，光伏电源将回退其与电压偏差相关的一些最大可用功率。电压调节能力随着辐照度的降低而减弱。一个真实的项目分析验证了这种策略可以在 30%的减载过程中将电压偏差降低约 25%，这可以通过参数设置来进一步改进。该控制策略易于实现，因为它不需要额外的传感器、通信网络或复杂的计算。这大大降低了安装和维护成本，从而增强了该策略的实用性。然而，至关重要的是要考虑光伏电源标称点的设置，以实现太阳能发电效益和电压调节能力之间的平衡。因此，在经济效益和电压调节能力之间存在权衡。考虑到这些因素，可以在最佳标称点选择方面进一步完善所提出的策略，以扩大光伏电源的渗透和开发，适用于分布式电源和大型光伏电站。

并网保护方面也是光伏并网技术未来发展方向之一。孤岛保护是光伏并网保护中极为关键的一环。光伏电站与电网之间的联络线故障对光伏电站来说是一个严重的故障，这将导致光伏电站运行到一个无意的孤岛，孤岛电压和频率的失控将不可避免地导致电站逆变器的断开，这种情况将给光伏运营商带来巨大损失，并对电网造成影响。最近科技工作者们根据联络线故障情况下光伏电站的运行特点提出了一种基于小容量储能、继电保护和光伏逆变器协同策略的联络线故障穿越方法，通过分析光伏逆变器的运行顺序和联络线故障时的保护，指出尽管保护重合闸或 LVRT 功能运行，但光伏逆变器仍不可避免地与电网分离，非孤岛的频率和电压与光伏逆变器的功率和辅助负载的特性密切相关。同时根据光伏逆变器和 ES 逆变器各自的特点，提出了在联络线故障情况下，小容量 ES、继电保护和光伏逆变器的协同策略，以实现联络线故障穿越。该控制策略仅在联络线故障的情况下有效，ES 的常规功能不会受到影响。此方法开发了 ES 的新应用功能，具有简单可靠，易于在实际工程中应用的特点。此方法开创性地提出了针对孤岛保护的协同策略，对未来光伏并网技术具有开创性价值。

人工智能在光伏发电与并网系统中具有广阔发展前景。

（1）近年来提出了智能逆变器与光伏发电系统太阳辐射预测的人工智能模型，新发现的策略利用 Pearson 相关性来帮助将相关数据输入到 ANN 模型中。这提高了模型的计算能力，允许进行更精确的预测，这在处理极端异常值和动态场景时尤其有用。准确预测未来太阳照射的可能策略包括研究高斯过程回归的使用，根据这项研究的结果，现在可能会开发概率可再生能源管理系统，这将促进能源交易平台的运作，并为智能电网运营商提供关键支持。除了深度学习和神经网络，估计太阳辐照度的其他常见方法包括多基因遗传编程和机器学习分类器，如多层感知器神经网络和 Naive Bayes 方法，深度学习和神经网络的出现为这两种技术的发展铺平了道路。

（2）基于人工智能的最大功率跟踪方法也是光伏并网系统在人工智能领域提出的产物。在 DC/DC 转换过程中，逆变器必须从光伏阵列中获得最大功率，扰动和观测方法使用爬山算法来找到 PV 曲线的最大值，由于步长增加，系统不可信。得益于自动智能，任务剖面的优化和控制可以更快地进行，由于遗传算法的优化，模糊逻辑控制器和神经网络控制器在考虑任务剖面时都遵循相同的最大操作点，瞬态显示跟踪功率输出中的谐波和干扰，而功率消耗显示由特定 MPP 算法引起的输出功率损耗。研究表明，虽然一些 MPPT 算法，如 P&O 和增量电导方法，很容易构建，但它们存在响应时间慢、功率损耗大和输出瞬态等缺点。一旦发现问题且 LVRT 未能解决，电网将与 DG 断开。限制瞬态电压和防止频率失控需要控制 DG 断开和重新连接。两种操作模式都由单个控制结构控制，当外部回路独立操作时，外部回路充当电流回路的参考发生器，静态控制开关便于控制器切换，对于静态开关基础控制方法，在响应和瞬态中存在相当大的延迟。人工智能方法允许在模式之间无缝切换。除了输出稳定、实现简单的基于模型预测控制的过渡控制器外，还使用了基于模糊逻辑的过渡控制器来建立参考轨迹并平滑过渡。

（3）基于人工智能的光伏系统故障诊断方法为光伏发电与并网系统做出了很大贡献。近年来，基于人工智能、数据驱动、智能故障分类方法在诊断并网光伏转换器故障方面显示出了可靠性和有效性。并网的光伏逆变器依赖于故障预测方法，如快速聚类和高斯混合模型，逆变器电流、电压和 IGBT 温度的实时信息，可以借助于高斯混合模型来预测缺陷，并且可以使用快速聚类方法来组织可比数据的聚类。在数字小波变换（DWT）的帮助下，可以从逆变器输出电压数据中收集诸如信号强度、能量等的信息，然后，使用一个输入层、一个输出层和一个隐藏层来训练 ANN。可以通过使用径向基函数网络（RBFN）对并网光伏系统中的故障进行分类，使用小波方法对逆变器输出的时间序列数据进行预处理，用具有高斯核的径向基函数网络（RBFN）由这些特征提供数据。

除此之外，人工智能在光伏发电与并网系统还有智能逆变器控制器动作的人工智能模型，基于人工智能的光伏电站监控系统，基于人工智能的孤岛运行和故障穿越保护系统，基于人工智能的光伏系统大数据和分析支持等智能化技术，这些技术都能够随着时代的进步而发展优化，具有广阔的发展前景和优化潜力，对光伏并网系统智能化具有深远影响。

在 21 世纪的今天，面向广阔的发展未来，作为具有广泛来源的清洁能源，太阳能在光伏发电与并网技术中的应用将会越来越广泛，光伏发电与并网技术在并网发电中的占比也将越来越大。光伏发电技术的清洁无污染以及技术先进等关键性优势为它赢得了越来越多能源市场以及能源专家的青睐，能源专家以及能源机构应加大对光伏发电与并网技术的开发研究与应用，进一步增强太阳能供电的可靠性，延长光伏并网系统组件的使用寿命，降低光伏并网系统的发电成本。

参考文献

[1] Adams W G, Day R E. V. The action of light on selenium[J]. Proceedings of the Royal Society of London, 1877, 25(171-178): 113-117.

[2] Fritts C E. On a new form of selenium cell, and some electrical discoveries made by its use[J]. American Journal of Science, 1883, 3(156): 465-472.

[3] Plummer J D, Griffin P B. Material and process limits in silicon VLSI technology[J]. Proceedings of the IEEE, 2001, 89(3): 240-258.

[4] Chapin D M, Fuller C S, Pearson G L. A new silicon pn junction photocell for converting solar radiation into electrical power[M]//Semiconductor Devices: Pioneering Papers. 1991: 969-970.

[5] Carlson D E, Wronski C R. Solar cells using discharge-produced amorphous silicon[J]. Journal of Electronic Materials, 1977, 6: 95-106.

[6] De Angelis F, Fantacci S, Selloni A, et al. Time-dependent density functional theory investigations on the excited states of Ru (II)-dye-sensitized TiO_2 nanoparticles: the role of sensitizer protonation[J]. Journal of the American Chemical Society, 2007, 129(46): 14156-14157.

[7] Mannino G, Alberti A, Deretzis I, et al. First evidence of $CH_3NH_3PbI_3$ optical constants improvement in a N_2 environment in the range 40°～80° C[J]. The Journal of Physical Chemistry C, 2017, 121(14): 7703-7710.

[8] Jeon N J, Na H, Jung E H, et al. A fluorene-terminated hole-transporting material for highly efficient and stable perovskite solar cells[J]. Nature Energy, 2018, 3(8): 682-689.

[9] Helmers H, Lopez E, Höhn O, et al. 68.9% efficient GaAs - based photonic power conversion enabled by photon recycling and optical resonance[J]. physica status solidi (RRL) – Rapid Research Letters, 2021, 15(7): 2100113.

[10] Ruiz-Preciado M A, Gota F, Fassl P, et al. Monolithic two-terminal perovskite/CIS tandem solar cells with efficiency approaching 25%[J]. ACS Energy Letters, 2022, 7(7): 2273-2281.

[11] Kjaer S B, Pedersen J K, Blaabjerg F. A review of single-phase grid-connected inverters for photovoltaic modules[J]. IEEE transactions on industry applications, 2005, 41(5): 1292-1306.

[12] Li W, He X. Review of nonisolated high-step-up DC/DC converters in photovoltaic grid-connected

applications[J]. IEEE Transactions on industrial electronics, 2010, 58(4): 1239-1250.

[13] Pavesi L, Dal Negro L, Cazzanelli M, et al. Optical gain in silicon nanocrystals[C]//Silicon-based and Hybrid Optoelectronics III. SPIE, 2001, 4293: 162-172.

[14] Cullis A G, Canham L T, Calcott P D J. The structural and luminescence properties of porous silicon[J]. Journal of applied physics, 1997, 82(3): 909-965.

[15] 袁川来，石东宁，胡桥坤，等．光伏并网系统谐振抑制技术研究[J].电工技术，2021（09）：34-37. DOI:10.19768/j.cnki.dgjs.2021.09.010.

[16] 周雪松，郭帅朝，马幼婕，等．基于 LADRC 和准 PR 的三相 LCL 型光伏并网逆变器谐波谐振抑制策略[J]．太阳能学报，2023，44（03）：465-474.DOI:10.19912/j.0254-0096.tynxb.2021-1319.

[17] 靳瑞敏．新型太阳电池材料器件应用[M]．北京：化学工业出版社，2018.

[18] 张兴，曹仁贤．太阳能光伏并网发电及其逆变控制[M]．北京：机械工业出版社，2011.

[19] 季哲．太阳能光伏发电技术及其应用[J]．百科论坛电子杂志，2018.

[20] 朴政国，周京华．光伏发电原理、技术及其应用[M]．北京：机械工业出版社，2020.

[21] 魏光普，张忠卫．高效率太阳电池与光伏发电新技术[M]．北京：科学出版社，2017.

[22] 杨树人，王宗昌，王兢．半导体材料（第三版）[M]．北京：科学出版社，2013.

[23] 蒋宽宽．单晶硅电池组件-光伏发电全生命周期碳排放[J]．智能城市，2021，7（10）：117-118. DOI:10.19301/j.cnki.zncs.2021.10.059.

[24] Yang S, Yu Z, Ma W, et al. Research on Carbon Emission of Solar Grade Polysilicon Produced by Metallurgical Route Using Digital Simulation Technology[J]. Silicon, 2023: 1-12.

[25] Wang B, Chen Z, Zhao F. Cu_2O Heterojunction Solar Cell with Photovoltaic Properties Enhanced by a Ti Buffer Layer[J]. Sustainability, 2023, 15(14): 10876.

[26] Stryczewska H D, Boiko O, Stępień M A, et al. Selected Materials and Technologies for Electrical Energy Sector[J]. Energies, 2023, 16(12): 4543.

[27] Yang G, Yang W, Gu H, et al. Perovskite Solar Cell Powered Integrated Fuel Conversion and Energy Storage Devices[J]. Advanced Materials, 2023: 2300383.

[28] Chuchvaga N, Zholdybayev K, Aimaganbetov K, et al. Development of Hetero-Junction Silicon Solar Cells with Intrinsic Thin Layer: A Review[J]. Coatings, 2023, 13(4): 796.

[29] Gerling L G, Masmitja G, Ortega P, et al. Passivating/hole-selective contacts based on V_2O_5/SiOx stacks deposited at ambient temperature[J]. Energy Procedia, 2017, 124: 584-592.

[30] Albadri A M. Characterization of Al_2O_3 surface passivation of silicon solar cells[J]. Thin Solid Films, 2014, 562: 451-455.

[31] Hegedus S, Desai D, Thompson C. Voltage dependent photocurrent collection in CdTe/CdS solar cells[J]. Progress in Photovoltaics: Research and Applications, 2007, 15(7): 587-602.

[32] Bittau F, Potamialis C, Togay M, et al. Analysis and optimisation of the glass/TCO/MZO stack for thin

film CdTe solar cells[J]. Solar Energy Materials and Solar Cells, 2018, 187: 15-22.

[33] Handbook of photovoltaic science and engineering[M]. John Wiley & Sons, 2011.

[34] Tributsch H. Reaction of excited chlorophyll molecules at electrodes and in photosynthesis[J]. Photochemistry and Photobiology, 1972, 16(4): 261-269.

[35] Lindroos J, Savin H. Review of light-induced degradation in crystalline silicon solar cells[J]. Solar Energy Materials and Solar Cells, 2016, 147: 115-126.

[36] Nakamura M, Yamaguchi K, Kimoto Y, et al. Cd-free Cu (In, Ga)(Se, S) 2 thin-film solar cell with record efficiency of 23.35%[J]. IEEE Journal of Photovoltaics, 2019, 9(6): 1863-1867.

[37] Liu Y, Yan W, Zhu H, et al. Study on bandgap predications of ABX3-type perovskites by machine learning[J]. Organic Electronics, 2022, 101: 106426.

[38] Gabor N M, Song J C W, Ma Q, et al. Hot carrier–assisted intrinsic photoresponse in graphene[J]. Science, 2011, 334(6056): 648-652.

[39] Zhisheng Y, Weifang K E, Yanxiang W. Lead-free Cu based hybrid perovskite solar cell[J]. Journal of the Chinese Ceramic Society, 2018, 46(4): 455-460.

[40] 吴双应，段淑珍，肖兰，等.立体环境风下菲涅尔聚光光伏系统电输出特性[J/OL]．中国电机工程学报：1-10 [2023-09-20].DOI:10.13334/j.0258-8013.pcsee.221365.

[41] Al-Shetwi A Q, Hannan M A, Jern K P, et al. Power quality assessment of grid-connected PV system in compliance with the recent integration requirements[J]. Electronics, 2020, 9(2): 366.

[42] Barakat S, Ibrahim H, Elbaset A A. Multi-objective optimization of grid-connected PV-wind hybrid system considering reliability, cost, and environmental aspects[J]. Sustainable Cities and Society, 2020, 60: 102178.

[43] Zhao E, Han Y, Lin X, et al. Harmonic characteristics and control strategies of grid-connected photovoltaic inverters under weak grid conditions[J]. International Journal of Electrical Power & Energy Systems, 2022, 142: 108280.

[44] Zou B, Peng J, Li S, et al. Comparative study of the dynamic programming-based and rule-based operation strategies for grid-connected PV-battery systems of office buildings[J]. Applied energy, 2022, 305: 117875.

[45] Ali M N, Mahmoud K, Lehtonen M, et al. An efficient fuzzy-logic based variable-step incremental conductance MPPT method for grid-connected PV systems[J]. Ieee Access, 2021, 9: 26420-26430.

[46] Naderipour A, Kamyab H, Klemeš J J, et al. Optimal design of hybrid grid-connected photovoltaic/wind/battery sustainable energy system improving reliability, cost and emission[J]. Energy, 2022, 257: 124679.

[47] Ramanan P, Karthick A. Performance analysis and energy metrics of grid-connected photovoltaic systems[J]. Energy for Sustainable Development, 2019, 52: 104-115.

［48］张凯珂，冉茂宇．植物布置模式对光伏组件和屋面被动降温及水分蒸发的影响[J]．太阳能学报，2022，43（10）：88-93.DOI:10.19912/j.0254-0096.tynxb.2021-0145.

［49］Husain A A F, Hasan W Z W, Shafie S, et al. A review of transparent solar photovoltaic technologies[J]. Renewable and sustainable energy reviews, 2018, 94: 779-791.

［50］Kane A, Verma V, Singh B. Optimization of thermoelectric cooling technology for an active cooling of photovoltaic panel[J]. Renewable and Sustainable Energy Reviews, 2017, 75: 1295-1305.

［51］Ma T, Li Z, Zhao J. Photovoltaic panel integrated with phase change materials (PV-PCM): technology overview and materials selection[J]. Renewable and Sustainable Energy Reviews, 2019, 116: 109406.

［52］Wu S, Xiong C. Passive cooling technology for photovoltaic panels for domestic houses[J]. International Journal of Low-Carbon Technologies, 2014, 9(2): 118-126.

［53］Sridharan N V, Sugumaran V. Convolutional neural network based automatic detection of visible faults in a photovoltaic module[J]. Energy Sources, Part A: Recovery, Utilization, and Environmental Effects, 2021: 1-16.

［54］Khodayar M, Khodayar M E, Jalali S M J. Deep learning for pattern recognition of photovoltaic energy generation[J]. The Electricity Journal, 2021, 34(1): 106882.

［55］Chow S K H, Lee E W M, Li D H W. Short-term prediction of photovoltaic energy generation by intelligent approach[J]. Energy and Buildings, 2012, 55: 660-667.

［56］Hu B, Xu S, Wu R, et al. Theoretical and experimental study on overall stability for the thin-walled double cantilever photovoltaic stent under uniform pressure[J]. Solar Energy, 2023, 255: 507-521.

［57］Liu B, Song C, Wang Q, et al. Forecasting of China’s solar PV industry installed capacity and analyzing of employment effect: based on GRA-BiLSTM model[J]. Environmental Science and Pollution Research, 2022, 29(3): 4557-4573.

［58］He X H, Ding H, Jing H Q, et al. Mechanical characteristics of a new type of cable-supported photovoltaic module system[J]. Solar Energy, 2021, 226: 408-420.

［59］Moscatiello C, Boccaletti C, Alcaso A N, et al. Performance evaluation of a hybrid thermal–photovoltaic panel[J]. IEEE Transactions on Industry Applications, 2017, 53(6): 5753-5759.

［60］Liao M, Kong L Y, Ding H L. Design of an analog control circuit for the automatic sun-tracking PV bracket system[J]. Advanced Materials Research, 2014, 1049: 678-681.

［61］Rahmani F, Robinson M A, Barzegaran M R. Cool roof coating impact on roof-mounted photovoltaic solar modules at texas green power microgrid[J]. International Journal of Electrical Power & Energy Systems, 2021, 130: 106932.

［62］Chen T, Wang Y, Durlak P, et al. Real time assistance for stent positioning and assessment by self-initialized tracking[C]//Medical Image Computing and Computer-Assisted Intervention–MICCAI 2012: 15th International Conference, Nice, France, October 1-5, 2012, Proceedings, Part I 15. Springer Berlin

Heidelberg, 2012: 405-413.

[63] Tchakounté H, Fapi C B N, Kamta M, et al. Performance comparison of an automatic Smart Sun tracking system versus a manual Sun tracking[C]//2020 8th International Conference on Smart Grid (icSmartGrid). IEEE, 2020: 127-132.

[64] Liu H, Jia L. Effect of boundary conditions on tensile bending strength of glass under four-point bending[J]. Construction and Building Materials, 2023, 384: 131479.

[65] Singh J P, Guo S, Peters I M, et al. Comparison of glass/glass and glass/backsheet PV modules using bifacial silicon solar cells[J]. IEEE Journal of Photovoltaics, 2015, 5(3): 783-791.

[66] Gisin F, Pantic-Tanner Z. Design advances in PCB/backplane interconnects for the propagation of high speed Gb/s digital signals[C]//6th International Conference on Telecommunications in Modern Satellite, Cable and Broadcasting Service, 2003. TELSIKS 2003. IEEE, 2003, 1: 184-191.

[67] Murray P T, Shin E. Thin film, nanoparticle, and nanocomposite fabrication by through thin film ablation[C]//Nanostructured Thin Films Ⅱ. SPIE, 2009, 7404: 75-82.

[68] Pattanaik P A, Pilli N K, Singh S K. Design, simulation & performance evaluation of three phase grid connected PV panel[C]//2015 IEEE Power, Communication and Information Technology Conference (PCITC). IEEE, 2015: 195-200.

[69] Rahman M M, Khan I, Alameh K. Potential measurement techniques for photovoltaic module failure diagnosis: A review[J]. Renewable and Sustainable Energy Reviews, 2021, 151: 111532.

[70] Zhang Z, Ma M, Wang H, et al. A fault diagnosis method for photovoltaic module current mismatch based on numerical analysis and statistics[J]. Solar Energy, 2021, 225: 221-236.

[71] Niazi K A K, Akhtar W, Khan H A, et al. Hotspot diagnosis for solar photovoltaic modules using a Naive Bayes classifier[J]. Solar Energy, 2019, 190: 34-43.

[72] Mellit A, Kalogirou S. Assessment of machine learning and ensemble methods for fault diagnosis of photovoltaic systems[J]. Renewable Energy, 2022, 184: 1074-1090.

[73] Spagnuolo G, Lappalainen K, Valkealahti S, et al. Identification and diagnosis of a photovoltaic module based on outdoor measurements[C]//2019 IEEE Milan PowerTech. IEEE, 2019: 1-6.

[74] 李智华，张宇浩，吴春华，等. 基于动态指标的光伏组件健康程度诊断[J/OL]. 电网技术：1-12[2023-09-20].DOI:10.13335/j.1000-3673.pst.2022.1052.

[75] 任惠，夏静，卢锦玲，等. 基于红外图像和改进 MobileNet-V3 的光伏组件故障诊断方法[J]. 太阳能学报，2023，44(08):238-245.DOI:10.19912/j.0254-0096.tynxb.2022-0519.

[76] Elibol E, Özmen Ö T, Tutkun N, et al. Outdoor performance analysis of different PV panel types[J]. Renewable and Sustainable Energy Reviews, 2017, 67: 651-661.

[77] Karabulut M, Kusetogullari H, Kivrak S. Outdoor performance assessment of new and old photovoltaic panel technologies using a designed multi-photovoltaic panel power measurement system[J]. International

Journal of Photoenergy, 2020, 2020: 1-18.

[78] Tammaro M, Salluzzo A, Rimauro J, et al. Experimental investigation to evaluate the potential environmental hazards of photovoltaic panels[J]. Journal of Hazardous Materials, 2016, 306: 395-405.

[79] Guenounou A, Malek A, Aillerie M. Comparative performance of PV panels of different technologies over one year of exposure: Application to a coastal Mediterranean region of Algeria[J]. Energy Conversion and Management, 2016, 114: 356-363.

[80] Chowdhury M S, Rahman K S, Chowdhury T, et al. An overview of solar photovoltaic panels' end-of-life material recycling[J]. Energy Strategy Reviews, 2020, 27: 100431.

[81] Gu W, Ma T, Ahmed S, et al. A comprehensive review and outlook of bifacial photovoltaic (bPV) technology[J]. Energy Conversion and Management, 2020, 223: 113283.

[82] 王成山，肖朝霞，王守相. 微网中分布式电源逆变器的多环反馈控制策略[J]. 电工技术学报，2009，24（02）: 100-107.DOI:10.19595/j.cnki.1000-6753.tces.2009.02.016.

[83] Hsieh G C, Hung J C. Phase-locked loop techniques. A survey[J]. IEEE Transactions on industrial electronics, 1996, 43(6): 609-615.

[84] Dunning J, Garcia G, Lundberg J, et al. An all-digital phase-locked loop with 50-cycle lock time suitable for high-performance microprocessors[J]. IEICE transactions on electronics, 1995, 78(6): 660-670.

[85] Tamyurek B. A high-performance SPWM controller for three-phase UPS systems operating under highly nonlinear loads[J]. IEEE transactions on power electronics, 2012, 28(8): 3689-3701.

[86] Zhang K, Kang Y, Xiong J, et al. Direct repetitive control of SPWM inverter for UPS purpose[J]. IEEE transactions on power electronics, 2003, 18(3): 784-792.

[87] Kallmann H, Pope M. Photovoltaic effect in organic crystals[J]. The Journal of Chemical Physics, 1959, 30(2): 585-586.

[88] Goldstein B, Pensak L. High-Voltage Photovoltaic Effect[J]. Journal of applied physics, 1959, 30(2): 155-161.

[89] Williams D E, Friedland B, Madiwale A N. Modern control theory for design of autopilots for bank-to-turn missiles[J]. Journal of Guidance, Control, and Dynamics, 1987, 10(4): 378-386.

[90] Bellman R, Kalaba R E. Dynamic programming and modern control theory[M]. New York: Academic Press, 1965.

[91] Wang S M, Yuan X H, Huang Q, et al. Daily consumption monitoring method of photovoltaic microgrid based on genetic wavelet neural network[J]. International Journal of Low-Carbon Technologies, 2023, 18: 167-174.

[92] Qaiyum S, Margala M, Kshirsagar P R, et al. Energy Performance Analysis of Photovoltaic Integrated with Microgrid Data Analysis Using Deep Learning Feature Selection and Classification Techniques[J]. Sustainability, 2023, 15(14): 11081.

[93] Sanna C, Gawronska M, Salimbeni A, et al. Experimental assessment of ESS integration in a microgrid supplied by photovoltaic[C]//2017 AEIT International Annual Conference. IEEE, 2017: 1-6.

[94] Merabet A, Dhar R K. Solar photovoltaic microgrid simulation platform for energy management testing[C]//2019 Algerian Large Electrical Network Conference (CAGRE). IEEE, 2019: 1-5.

[95] Saleh S A, Kanukollu S, Al-Durra A. Performance Assessment of Frequency Selective Grounding for Grid-Connected Photovoltaic Systems[J]. IEEE Transactions on Power Delivery, 2022, 38(2): 1138-1147.

[96] Lone A H, Gedam A I, Sekhar K R. Voltage Support and Imbalance Mitigation during Voltage Sags by Renewable Energy Fed Grid Connected Inverters[C]//2023 IEEE IAS Global Conference on Renewable Energy and Hydrogen Technologies (GlobConHT). IEEE, 2023: 1-6.

[97] Hasanisadi M, Khoei M, Tahami F. An improved active islanding detection method for grid-connected solar inverters with a wide range of load conditions and reactive power[J]. Electric Power Systems Research, 2023, 224: 109714.

[98] Farnell C, Soria E, Jackson J, et al. Cyber Protection of Grid-Connected Devices Through Embedded Online Security[C]//2021 IEEE Design Methodologies Conference (DMC). IEEE, 2021: 1-6.

[99] Jia K, Gu C, Xuan Z, et al. Fault characteristics analysis and line protection design within a large-scale photovoltaic power plant[J]. IEEE Transactions on Smart Grid, 2017, 9(5): 4099-4108.

[100] Del Río A M, Ramírez I S, Márquez F P G. Photovoltaic Solar Power Plant Maintenance Management based on IoT and Machine Learning[C]//2021 International Conference on Innovation and Intelligence for Informatics, Computing, and Technologies (3ICT). IEEE, 2021: 423-428.

[101] Xu X, Han H, LI H, et al. Modeling of Photovoltaic Power Generation Systems Considering High-and Low-Voltage Fault Ride-Through[J]. Frontiers in Energy Research, 2022, 10: 935156.

[102] Ma W, Ma M, Zhang Z, et al. Anomaly Detection of Mountain Photovoltaic Power Plant Based on Spectral Clustering[J]. IEEE Journal of Photovoltaics, 2023.

[103] Guosheng Y, Wenhuan W, Yanfei L, et al. Research on service model of protection relay based on occurrence sequence of Petri net[C]//2018 2nd IEEE Conference on Energy Internet and Energy System Integration (EI2). IEEE, 2018: 1-6.

[104] Jiao F, Tan Y, He K, et al. Improved Discrete Cuckoo Algorithm Based Relay Protection Setting Optimization[C]//2021 International Conference on High Performance Big Data and Intelligent Systems (HPBD&IS). IEEE, 2021: 212-216.

[105] Zheng S, Yang X, Du J, et al. Indexes and Methods of Multi-dimensional Comprehensive Evaluation of Relay Protection[C]//2022 4th International Conference on System Reliability and Safety Engineering (SRSE). IEEE, 2022: 307-311.

[106] Manditereza P T, Bansal R C. Development of Voltage-Actuated Protection Relay Prototype[C]//2019

IEEE PES Innovative Smart Grid Technologies Europe (ISGT-Europe). IEEE, 2019: 1-5.

[107] Guyonneau C, Aubree M. Customized storage, high voltage, photovoltaic power station: U.S. Patent 5,684,385[P]. 1997-11-4.

[108] Bo C, Xiaodong Z, Ling-Zhi Z, et al. Strategy for reactive control in low voltage ride through of photovoltaic power station [J]. Power system protection and control, 2012, 40(17): 6-12.

[109] 孔祥平，张哲，尹项根，等. 含逆变型分布式电源的电网故障电流特性与故障分析方法研究[J]. 中国电机工程学报，2013，33(34):65-74+13.DOI:10.13334/j.0258-8013.pcsee.2013.34.012.

[110] Xiangping K, Zhe Z, Xianggen Y, et al. Study on fault current characteristics and fault analysis method of power grid with inverter interfaced distributed generation[J]. Proceedings of the CSEE, 2013, 33(34): 65-74.

[111] Wang J B, Yang X, Bao W, et al. Strategy for Grid-Connection Control of Photovoltaic System[J]. Advanced Materials Research, 2015, 1070: 35-38.

[112] 樊懋，姚李孝，张刚. 光伏电站并网逆变器与无功补偿装置的协调控制策略[J]. 电网与清洁能源，2017, 33(10):107-115+123.

[113] Zhang X W, Zheng J J. Design of Monitoring System for Photovoltaic Power Station [M][J]. Electrotechnics and Electric, 2010, 9: 12-16.

[114] Smith M R. Management of treatment-related osteoporosis in men with prostate cancer[J]. Cancer Treatment Reviews, 2003, 29(3): 211-218.

[115] Guamán J, Guevara D, Vargas C, et al. Solar manager: Acquisition, treatment and isolated photovoltaic system information visualization cloud platform[J]. POWER, 2017, 42(170mA): 700Ma.

[116] Moreno-Garcia I M, Palacios-Garcia E J, Pallares-Lopez V, et al. Real-time monitoring system for a utility-scale photovoltaic power plant[J]. Sensors, 2016, 16(6): 770.

[117] Rosini A, Labella A, Bonfiglio A, et al. A review of reactive power sharing control techniques for islanded microgrids[J]. Renewable and Sustainable Energy Reviews, 2021, 141: 110745.

[118] Saidi A S. Impact of grid-tied photovoltaic systems on voltage stability of tunisian distribution networks using dynamic reactive power control[J]. Ain Shams Engineering Journal, 2022, 13(2): 101537.

[119] Ma W, Wang W, Chen Z, et al. Voltage regulation methods for active distribution networks considering the reactive power optimization of substations[J]. Applied Energy, 2021, 284: 116347.

[120] Liu J, Li L, Chen G, et al. High Precision IGBT Health Evaluation Method: Extreme Learning Machine Optimized by Improved Krill Herd Algorithm[J]. IEEE Transactions on Device and Materials Reliability, 2022, 23(1): 37-50.

[121] Chai Q, Zhang C, Xu Y, et al. PV inverter reliability-constrained volt/var control of distribution networks[J]. IEEE Transactions on Sustainable Energy, 2021, 12(3): 1788-1800.

[122] Singh H, Srivastava L. Recurrent multi-objective differential evolution approach for reactive power

management[J]. IET Generation, Transmission & Distribution, 2016, 10(1): 192-204.

[123] Kamwa I, Grondin R, Hébert Y. Wide-area measurement based stabilizing control of large power systems-a decentralized/hierarchical approach[J]. IEEE Transactions on power systems, 2001, 16(1): 136-153.

[124] Babouei S. Control chart patterns recognition using ANFIS with new training algorithm and intelligent utilization of shape and statistical features[J]. ISA transactions, 2020, 102: 12-22.

[125] Rubanenko O, Yanovych V. Analysis of instability generation of Photovoltaic power station[C]//2020 IEEE 7th international conference on energy smart systems (ESS). IEEE, 2020: 128-133.

[126] Li J, Chen S, Wu Y, et al. How to make better use of intermittent and variable energy? A review of wind and photovoltaic power consumption in China[J]. Renewable and Sustainable Energy Reviews, 2021, 137: 110626.

[127] Li P, Gu W, Long H, et al. High-precision dynamic modeling of two-staged photovoltaic power station clusters[J]. IEEE Transactions on Power Systems, 2019, 34(6): 4393-4407.

[128] Yang Y, Ma C, Lian C, et al. Optimal power reallocation of large-scale grid-connected photovoltaic power station integrated with hydrogen production[J]. Journal of Cleaner Production, 2021, 298: 126830.

[129] Gu B, Shen H, Lei X, et al. Forecasting and uncertainty analysis of day-ahead photovoltaic power using a novel forecasting method[J]. Applied Energy, 2021, 299: 117291.

[130] 刘成，冯斌，李昉. 无人机智能巡检技术在光伏电站的应用[J]. 电力勘测设计，2023(08): 71-75+95. DOI:10.13500/j.dlkcsj.issn1671-9913.2023.08.013.

[131] 邬邦发. 分布式光伏电站设计中的电气设计技术分析[J]. 农村电气化，2023（09）：8-11.DOI: 10.13882/j.cnki.ncdqh.2023.09.002.

[132] 张刘怀，希望·阿不都瓦依提，晁勤，等. 大容量光伏电站经 MMC-HVDC 并网的谐振分析与抑制[J].现代电子技术，2023，46（18）：133-139.DOI:10.16652/j.issn.1004-373x.2023.18.023.

[133] 王学友，周振华. 光伏智能清洗机器人在光伏电站中的应用与分析[J]. 电气时代，2023(09):31-33.

[134] Siecker J, Kusakana K, Numbi B P. A review of solar photovoltaic systems cooling technologies[J]. Renewable and Sustainable Energy Reviews, 2017, 79: 192-203.

[135] Li Z, Rahman S M M, Vega R, et al. A hierarchical approach using machine learning methods in solar photovoltaic energy production forecasting[J]. Energies, 2016, 9(1): 55.

[136] Abdel-Basset M, Hawash H, Chakrabortty R K, et al. PV-Net: An innovative deep learning approach for efficient forecasting of short-term photovoltaic energy production[J]. Journal of Cleaner Production, 2021, 303: 127037.

[137] Jie Y, Ji X, Yue A, et al. Combined multi-layer feature fusion and edge detection method for distributed photovoltaic power station identification[J]. Energies, 2020, 13(24): 6742.

[138] Wu F, Yang B, Hu A, et al. Inertia and damping analysis of grid-tied photovoltaic power generation

system with DC voltage droop control[J]. IEEE Access, 2021, 9: 38411-38418.

[139] Feldmann D, de Oliveira R V. Operational and control approach for PV power plants to provide inertial response and primary frequency control support to power system black-start[J]. International Journal of Electrical Power & Energy Systems, 2021, 127: 106645.

[140] Fu X. Statistical machine learning model for capacitor planning considering uncertainties in photovoltaic power[J]. Protection and Control of Modern Power Systems, 2022, 7(1): 5.

[141] Mudi J, Shiva C K, Vedik B, et al. Frequency stabilization of solar thermal-photovoltaic hybrid renewable power generation using energy storage devices[J]. Iranian Journal of Science and Technology, Transactions of Electrical Engineering, 2021, 45: 597-617.

[142] Rajan R, Fernandez F M, Yang Y. Primary frequency control techniques for large-scale PV-integrated power systems: A review[J]. Renewable and Sustainable Energy Reviews, 2021, 144: 110998.

[143] Vinayagam A, Aziz A, Balasubramaniyam P M, et al. Harmonics assessment and mitigation in a photovoltaic integrated network[J]. Sustainable Energy, Grids and Networks, 2019, 20: 100264.

[144] Karimi M, Mokhlis H, Naidu K, et al. Photovoltaic penetration issues and impacts in distribution network–A review[J]. Renewable and Sustainable Energy Reviews, 2016, 53: 594-605.

[145] Fekete K, Klaic Z, Majdandzic L. Expansion of the residential photovoltaic systems and its harmonic impact on the distribution grid[J]. Renewable energy, 2012, 43: 140-148.

[146] Long M, Liu E, Wang P, et al. Broadband photovoltaic detectors based on an atomically thin heterostructure[J]. Nano letters, 2016, 16(4): 2254-2259.

[147] Yang D, Wang X, Yan G, et al. Decoupling active power control scheme of doubly-fed induction generator for providing virtual inertial response[J]. International Journal of Electrical Power & Energy Systems, 2023, 149: 109051.

[148] Cai H, Xia Y, Yang P, et al. A Unified Active Frequency Regulating and Maximum Power Point Tracking Strategy for Photovoltaic Sources[J]. Electronics, 2023, 12(16): 3467.

[149] Li Z, Wei Z, Zhan R, et al. Frequency support control method for interconnected power systems using VSC-MTDC[J]. IEEE Transactions on Power Systems, 2020, 36(3): 2304-2313.

[150] Ouchen S, Benbouzid M, Blaabjerg F, et al. Direct power control of shunt active power filter using space vector modulation based on supertwisting sliding mode control[J]. IEEE Journal of Emerging and Selected Topics in Power Electronics, 2020, 9(3): 3243-3253.

[151] Egido I, Fernandez-Bernal F, Centeno P, et al. Maximum frequency deviation calculation in small isolated power systems[J]. IEEE Transactions on Power Systems, 2009, 24(4): 1731-1738.

[152] Mogilev I V, Ivanov B V, Mylnikov A V. Upgraded Algorithm for Implementing the Electronic Counting Frequency Meter Method for Measuring Frequency Deviation[J]. Measurement Techniques, 2023: 1-5.

[153] Feng J, Jiao B, Zhao J. Research on interruptible load supply curve simulation based on industrial classification[C]//IOP Conference Series: Earth and Environmental Science. IOP Publishing, 2021, 634(1): 012087.

[154] Tanaka K, Uchida K, Ogimi K, et al. Optimal operation by controllable loads based on smart grid topology considering insolation forecasted error[J]. IEEE transactions on smart grid, 2011, 2(3): 438-444.

[155] Plet C A, Graovac M, Green T C, et al. Fault response of grid-connected inverter dominated networks [C]//IEEE PES general meeting. IEEE, 2010: 1-8.

[156] Li Q, Zhao Y, Yang Y, et al. Demand-response-oriented load aggregation scheduling optimization strategy for inverter air conditioner[J]. Energies, 2022, 16(1): 337.

[157] Madeti S R, Singh S N. A comprehensive study on different types of faults and detection techniques for solar photovoltaic system[J]. Solar Energy, 2017, 158: 161-185.

[158] Triki-Lahiani A, Abdelghani A B B, Slama-Belkhodja I. Fault detection and monitoring systems for photovoltaic installations: A review[J]. Renewable and Sustainable Energy Reviews, 2018, 82: 2680-2692.

[159] Schilinsky P, Waldauf C, Hauch J, et al. Polymer photovoltaic detectors: progress and recent developments[J]. Thin solid films, 2004, 451: 105-108.

[160] Mellit A, Tina G M, Kalogirou S A. Fault detection and diagnosis methods for photovoltaic systems: A review[J]. Renewable and Sustainable Energy Reviews, 2018, 91: 1-17.

[161] Zhao Y, Lehman B, Ball R, et al. Outlier detection rules for fault detection in solar photovoltaic arrays[C]//2013 Twenty-Eighth Annual IEEE Applied Power Electronics Conference and Exposition (APEC). IEEE, 2013: 2913-2920.

[162] Garoudja E, Harrou F, Sun Y, et al. Statistical fault detection in photovoltaic systems[J]. Solar Energy, 2017, 150: 485-499.

[163] Ali M H, Rabhi A, El Hajjaji A, et al. Real time fault detection in photovoltaic systems[J]. Energy Procedia, 2017, 111: 914-923.

[164] Hong Y Y, Pula R A. Methods of photovoltaic fault detection and classification: A review[J]. Energy Reports, 2022, 8: 5898-5929.

[165] Chine W, Mellit A, Pavan A M, et al. Fault detection method for grid-connected photovoltaic plants[J]. Renewable Energy, 2014, 66: 99-110.

[166] Hu Y, Gao B, Song X, et al. Photovoltaic fault detection using a parameter based model[J]. Solar Energy, 2013, 96: 96-102.

[167] Basnet B, Chun H, Bang J. An intelligent fault detection model for fault detection in photovoltaic systems[J]. Journal of Sensors, 2020, 2020: 1-11.

[168] Li B, Delpha C, Diallo D, et al. Application of Artificial Neural Networks to photovoltaic fault

detection and diagnosis: A review[J]. Renewable and Sustainable Energy Reviews, 2021, 138: 110512.

[169] Khalil I U, Ul-Haq A, Mahmoud Y, et al. Comparative analysis of photovoltaic faults and performance evaluation of its detection techniques[J]. IEEE Access, 2020, 8: 26676-26700.

[170] AbdulMawjood K, Refaat S S, Morsi W G. Detection and prediction of faults in photovoltaic arrays: A review[C]//2018 IEEE 12th International Conference on Compatibility, Power Electronics and Power Engineering (CPE-POWERENG 2018). IEEE, 2018: 1-8.

[171] Zeb K, Islam S U, Khan I, et al. Faults and Fault Ride Through strategies for grid-connected photovoltaic system: A comprehensive review[J]. Renewable and Sustainable Energy Reviews, 2022, 158: 112125.

[172] Khan M A, Haque A, Kurukuru V S B, et al. Islanding detection techniques for grid-connected photovoltaic systems-A review[J]. Renewable and Sustainable Energy Reviews, 2022, 154: 111854.

[173] Wisz G, Sawicka-Chudy P, Wal A, et al. Structure Defects and Photovoltaic Properties of TiO_2: ZnO/CuO Solar Cells Prepared by Reactive DC Magnetron Sputtering[J]. Applied Sciences, 2023, 13(6): 3613.

[174] Kuklin S A, Safronov S V, Khakina E A, et al. New perylene diimide electron acceptors for organic electronics: Synthesis, optoelectronic properties and performance in perovskite solar cells[J]. Mendeleev Communications, 2023, 33(3): 314-317.

[175] Khokhar M Q, Yousuf H, Jeong S, et al. A Review on p-Type Tunnel Oxide Passivated Contact (TOPCon) Solar Cell[J]. Transactions on Electrical and Electronic Materials, 2023, 24(3): 169-177.

[176] Cai X, Wang S, Peng L M. Recent progress of photodetector based on carbon nanotube film and application in optoelectronic integration[J]. Nano Research Energy, 2023, 2(2): e9120058.

[177] Hu B, Xu S, Wu R, et al. Theoretical and experimental study on overall stability for the thin-walled double cantilever photovoltaic stent under uniform pressure[J]. Solar Energy, 2023, 255: 507-521.

[178] Ghodki M K. An infrared based dust mitigation system operated by the robotic arm for performance improvement of the solar panel[J]. Solar Energy, 2022, 244: 343-361.

[179] Rangarajan S S, Shiva C K, Sudhakar A V V, et al. Avant-garde solar plants with artificial intelligence and moonlighting capabilities as smart inverters in a smart grid[J]. Energies, 2023, 16(3): 1112.

[180] Yin Y. Fast frequency response technology of photovoltaic power plant based on equivalent modelling[J]. The Journal of Engineering, 2023, 2023(2): e12230.

[181] Cai H, Li J, Wang Y, et al. Exploiting Photovoltaic Sources to Regulate Bus Voltage for DC Microgrids[J]. Energies, 2023, 16(13): 5123.

[182] Wei C, Tu C, Wen A, et al. Tie line fault ride-through method of photovoltaic station based on cooperative strategy of energy storage, relay protection and photovoltaic inverters[J]. IET Generation, Transmission & Distribution, 2023, 17(7): 1613-1623.

[183] Wu L, Chen T, Ciren N, et al. Development of a Machine Learning Forecast Model for Global Horizontal Irradiation Adapted to Tibet Based on Visible All-Sky Imaging[J]. Remote Sensing, 2023, 15(9): 2340.

[184] Umar D A, Alkawsi G, Jailani N L M, et al. Evaluating the Efficacy of Intelligent Methods for Maximum Power Point Tracking in Wind Energy Harvesting Systems[J]. Processes, 2023, 11(5): 1420.

[185] Liu Y, Ding K, Zhang J, et al. Intelligent fault diagnosis of photovoltaic array based on variable predictive models and I–V curves[J]. Solar Energy, 2022, 237: 340-351.